Springer Labor Manual

Springer
Berlin
Heidelberg
New York
Barcelona
Budapest
Hongkong
London
Mailand
Paris
Santa Clara
Singapur
Tokio

Lj. Kraus
A. Koch
S. Hoffstetter-Kuhn

Dünnschichtchromatographie

Mit 69, zum Teil farbigen Abbildungen
und 28 Tabellen

Springer

Prof. Dr. Ljubomir Kraus (†)
Lehrstuhl für Pharmazeutische Biologie der Universität Hamburg
Bundesstraße 43
20146 Hamburg

Dr. Angelika Koch
Frohmestraße 14
22457 Hamburg

Dr. Sabrina Hoffstetter-Kuhn
Breitensteinstraße 29
72574 Bad Urach

Unter Mitarbeit von
Rita Richter
Övelgönner Straße 7
20257 Hamburg

ISBN 3-540-59309-8 Springer-Verlag, Berlin Heidelberg New York

Die Deutsche Bibliothek-CIP-Einheitsaufnahme

Kraus, Ljubomir:
Dünnschichtchromatographie : mit 28 Tabellen / Lj. Kraus ; A. Koch ; S. Hoffstetter-Kuhn. – Berlin ; Heidelberg ; New York ; Barcelona ; Budapest ; Hongkong ; London ; Mailand ; Paris ; Santa Clara ; Singapur ; Tokyo : Springer, 1996
(Springer labor manual)
ISBN 3-540-50309-8 (Berlin . . .)
ISBN 0-387-59309-8 (New York . . .)
NE: Koch, Angelika:; Hoffstetter-Kuhn, Sabrina:

Umschlaggestaltung: Struve & Partner
Herstellung: PRODUserv Springer Produktions-Gesellschaft, Berlin
Satz: Graphische Werkstätten Lehne GmbH, Grevenbroich-Kapellen
SPIN 10058411 52/3020 – 5 4 3 2 1 0 – Gedruckt auf säurefreiem Papier

Vorwort

Die Analytik von Stoffgemischen – und besonders die von pflanzlichen Drogen – ist heute ohne die Dünnschichtchromatographie nicht vorstellbar.

Dabei hat es Professor Kraus immer wieder geschmerzt, wenn er Studenten beobachtete, die diese Methode lustlos und nachlässig durchführten, weil sie die vorgefaßte Meinung hatten, Dünnschichtchromatographie sei sowieso nicht genau und reproduzierbar, so daß man sich dabei auch nicht viel Mühe geben müsse. Wir, seine Mitarbeiterinnen und Mitarbeiter, hatten viele Diskussionen mit ihm über dieses Thema geführt und sind zu dem Schluß gekommen, daß die Ablehnung der Methode in den mangelnden Kenntnissen über die theoretischen Grundlagen zu suchen ist.

Deshalb beschlossen Herr Kraus und ich, ein dem vorgefaßten Ziel entsprechendes, die Theorie mitumfassenden „Handbuch“ über die Dünnschichtchromatographie für alle naturwissenschatlich ausgerichteten Studenten und Assistenten, sowie für all diejenigen, die mit chromatographischen Methoden arbeiten, zu schreiben.

Es sollte dem Leser – und dann auch Anwender – die aufregend interessanten frühen Anfänge des kapillaren Fließens näherbringen, in ihm Interesse an den theoretischen Grundlagen wecken und dann Freude über das (reproduzierbare) Gelingen beim Nacharbeiten der zahlreichen praktischen Beispiele vermitteln.

Im Mittelpunkt steht die van Deemter-Gleichung. Sie belegt den Erfolg der H-Kammer, mit deren Hilfe sich auf kleinen 5 × 5 cm Platten optimale Trennungen durch Optimierung der Fließgeschwindigkeit erzielen lassen.

Ohne den unermüdlichen Einsatz bei der Durchführung und Ausarbeitung der Versuche von Frau Rita Richter wäre das Buch wohl nicht beendet worden. Ihr gilt unser herzlichster Dank.

Ebenso sei Frau Dr. Gudrun Lendrath und Herrn Claus Tschirch für die Überlassung ihrer Chromatogramme gedankt und Frau Todt für die zahlreichen Chromatogramme, die sie „fotogen“ angefertigt hat.

Frau Dr. Hoffstetter-Kuhn hat das gesamte Konzept überarbeitet und aufbereitet.

Hamburg, Herbst 1995

Angelika Koch

Inhaltsverzeichnis

1 Einleitung

Im Zuge der stürmischen Entwicklung chromatographischer Trennmethoden zur Charakterisierung komplexer Mischungen hat sich auch die Dünnschichtchromatographie (DC) im Laufe der letzten vierzig Jahre fest etablieren können. Dies ist vor allem darauf zurückzuführen, daß es sich hierbei um eine schonende, selektive Trenntechnik handelt, die sich trotz ihrer hohen Trennleistung und Empfindlichkeit durch einen geringen apparativen Aufwand auszeichnet. Die DC ist universell anwendbar und wird in vielen Bereichen der Chemie, wie z. B. der Pharmazeutischen und Klinischen Chemie sowie der Lebensmittel- und Biochemie in großem Umfang zur Analytik komplexer Mischungen eingesetzt.

Durch die Einführung geschlossener Trennkammern sowie der modernen HPTLC mit ihrer verbesserten Trennleistung konnte der Makel der schlechten Reproduzierbarkeit beseitigt werden.

Die verbesserte Trennleistung der HPTLC ist auf die Verwendung homogenerer und kompakterer Schichten zurückzuführen, wodurch sich gleichzeitig eine Verkürzung der Trennzeit und eine Erniedrigung des Dosiervolumens und der Nachweisgrenze ergeben.

Eine Optimierung der Trennleistung sowohl auf HPTLC-Platten als auch auf konventionellen Kieselgel 60-Platten läßt sich – unter Ausnutzung der van Deemter-Gleichung – durch eine Verkürzung der Trennstrecke erzielen. Die Trennung muß im Bereich des optimalen Flusses erfolgen. Dieser Bereich wird meist schon mit einer Trennstrecke von 3,5 cm erreicht. Diese Erkenntnis hat zur Entwicklung einer Horizontalkammer (H-Kammer) mit der dazugehörigen Plattengröße von 5 cm x 5 cm geführt.

In der H-Kammer lassen sich sowohl mit HPTLC-Platten als auch mit konventionellen Kieselgel 60-Platten in kürzester Zeit (ca. 3 min) optimale Trennungen erhalten. Man kann somit sagen, daß es sich aufgrund der Verwendung normaler Kieselgel 60-Platten um ein konventionelles DC-Verfahren handelt, also nicht um eine Mikro- oder Nano-Chromatographie.

Die H-Kammer hat sowohl Eingang in den DAC als auch in das EuAB gefunden. Ebenso akzeptiert die WHO die Kammer und das Plattenformat zur Kontrolle von Arzneipflanzen bzw. Naturstoffen. Mit Hilfe eines auf dem Markt erhältlichen Plattenschneiders lassen sich alle gängigen Platten auf die entsprechende Größe zurechtschneiden.

Im Rahmen dieses Buches werden wir besonders auf die Dünnschichtchromatographie auf 5 cm x 5 cm-DC-Platten in der H-Kammer eingehen. Zunächst werden wir die verschiedenen chromatographischen Methoden kurz vorstellen und auf die mathematische Beschreibung des chromatographischen Trennvorganges sowie auf die zur

Charakterisierung einer Trennung verwendeten chromatographischen Kenngrößen eingehen. Es folgen dann spezielle Kapitel über die Grundlagen der Dünnschichtchromatographie, die dort verwendeten stationären und mobilen Phasen sowie über ihre praktische Durchführung in der H-Kammer für 5 cm x 5 cm-Platten. Anschließend werden wir die wichtigsten Nachweismethoden und die dazu verwendeten Techniken vorstellen und kurz auf die quantitative Auswertung von Dünnschichtchromatogrammen eingehen. In Kap. 12 sind die verschiedenen Sprüh-, Tauch- und Derivatisierungsreagenzien, die in der DC Anwendung finden, beschrieben. In Kap. 13 wird anhand ausgewählter Versuchsbeispiele aus den verschiedensten Bereichen die Vielseitigkeit und Leistungsfähigkeit der DC in der H-Kammer veranschaulicht.

2 Einführung in die Chromatographie

2.1 Definition

Unter Chromatographie versteht man eine physikalisch-chemische Trennmethode, bei der die zu trennenden Komponenten zwischen zwei nur begrenzt bzw. nicht miteinander mischbaren Phasen – einer unbeweglichen und einer beweglichen – verteilt werden. Die unbewegliche Phase wird als stationäre Phase und die bewegliche, die über die stationäre Phase „fließt", als mobile Phase bezeichnet. Die Bewegung der mobilen Phase wird dabei durch das Schwerefeld, durch Kapillarkräfte oder durch einen Druckgradienten hervorgerufen.

Je nach den physikalischen und chemischen Eigenschaften der zu trennenden Substanzen halten sich diese unterschiedlich lange in den verschiedenen Phasen auf, so daß sie letztendlich voneinander getrennt werden können. Die Trennung erfolgt demnach entsprechend der Verteilung (engl: distribution) der einzelnen Stoffe in den beiden Phasen. Die chromatographische Trennung ist also ein Vorgang, bei dem sich ständig reversibel dispergierte oder gelöste Substanz zwischen zwei miteinander nur begrenzt mischbaren Phasen verteilt.

2.2 Geschichtliche Entwicklung der Chromatographie

Eigentlich beginnt die Geschichte der Chromatographie schon bei Aristoteles, als dieser Tonerden zum Reinigen von Meerwasser verwendete. Die Prinzipien dieses Trennvorganges blieben ihm allerdings noch verborgen. Erst viel später im 19. Jahrhundert entdeckten Thompson [1] und Way [2] die Gesetzmäßigkeiten des chromatographischen Ionenaustausches. Sie beschrieben das Beseitigen von Salzen aus dem Wasser anhand der Filtration über Tonerde. Die Tragweite dieser Entdeckung erkannten sie jedoch nicht. Auch Lemberg [3–5] hat in seinen Arbeiten das Prinzip des Ionenaustausches erkannt: „... die Bodensilicate gehen mit gelösten Stoffen chemische Wechselwirkungen ein; sollte man einen Boden lange Zeit mit Salzlösungen behandeln, so wird eine Substitution aller starken Basen durch andere gelingen." Im Jahre 1896 ließ sich Harm [6] ein Verfahren patentieren, in dem mit Hilfe der natürlichen Zeolithe als Ionenaustauscher Kalium- und Natriumionen aus wäßriger Lösung entfernt werden konnten.

Rümfels [7] berichtet 1903 über den technischen Einsatz von künstlichen zeolithischen Verbindungen zur Beseitigung von Kalium aus der Melasse. Gans [8–12] synthetisierte zu Anfang des 20. Jahrhunderts Zeolithe vom Typ $Na_2Al_2Si_3O_{10}$. Er bezeichnete sie aufgrund ihrer Eigenschaften, unabhängig von ihrer Herstellung, als chemische Verbindungen (künstliche Aluminiumsilicate = Permutite).

Eine neue Ära begann mit den Arbeiten von Liebknecht [13], Smith [14] und besonders von Adam und Holmes [15], die sich mit der Entwicklung synthetischer Harze befaßten. Es handelte sich um Produkte aus Phenolen bzw. aromatischen Aminen und Formaldehyd mit ausgezeichneten Austauschereigenschaften. Durch die Verwendung beider Typen (Anionen- und Kationenaustauscherharze) war es zum erstenmal gelungen, auf einem anderen Wege als durch Destillation aus Wasser alle Elektrolyte zu beseitigen. So wurde ein neues Verfahren etabliert, die Ionenaustauschchromatographie, welche schnell Eingang in die analytische Chemie fand.

Während Gaius Plinius Secundus der Ältere die ersten chromatographischen Trennungen an Papier beobachtete [16], kann Runge [17, 18] als Entdecker der Tüpfelreaktion und der Zirkularchromatographie bezeichnet werden. Goppelsröder (1836–1919) [19–21] kann als Mitentdecker der Kapillaranalyse angesehen werden. Während seiner fünfzigjährigen Arbeit hat er auch einige Grundregeln aufgestellt, die das Verhältnis zwischen der Höhe der Substanzen im Kapillarogramm und ihrer chemischen Struktur beschrieben. Eine von ihm entwickelte Methode wurde früher im Homöopathischen Arzneibuch als Identitätsprüfung verwendet [22]. Heute ist sie durch effizientere Methoden wie Papier- bzw. Dünnschichtchromatographie verdrängt worden.

Die Grundzüge der Adsorptionschromatographie wurden von dem russischen Botaniker Tswett im Jahre 1906 dargelegt [23]. Es gelang ihm, Pflanzenfarbstoffe (Chlorophylle) zu trennen, indem er ihre Petroletherlösung durch eine Calciumcarbonat-Säule schickte. Ebenso beschäftigte er sich mit der Trennung von Eilecithin. Obwohl er die Verwendung von mehr als 100 Sorptionsmitteln in Verbindung mit einer ganzen Reihe von Fließmitteln beschrieb, blieb seine Studie bis 1931 praktisch unbeachtet. Wirklich aufzublühen begann die Adsorptionschromatographie durch die „Heidelberger Schule“ um Kuhn, Winterstein und Lederer [24], indem sie diese Methode in der präparativen Chemie der Polyen-Farbstoffe einführten. Es wurden vor allem Trennmethoden für Carotinoide, Flavone, Steroide und Enzyme erarbeitet, die wegweisend auch für andere Arbeitsbereiche waren.

Bei der Suche nach Trennmöglichkeiten im Mikromaßstab führten 1938 die beiden russischen Wissenschaftler Ismailov und Schreiber [25] die ersten Versuche auf einer „offenen Säule“, also auf einer dünnen Schicht, durch. Die Weiterentwicklung der Chromatographie auf dünnen Schichten erfolgte 1947 durch Williams [26], der zwischen zwei Glasplatten Adsorptionsmittel brachte. Zwei Jahre später verbesserten zwei amerikanische Chemiker, Meinhard u. Hall [27], diese Methode, indem sie Stärke als Bindemittel für das Sorptionsmittel einführten. Sie bezeichneten diese Art der Chromatographie in „offenen Säulen“ als Oberflächenchromatographie (Surface chromatography). Im Jahre 1950 verwendeten dann Kirchner und Keller [28] als Trägermaterial für die dünnen Schichten zunächst Objektträger, die später größeren Glasplatten wichen. Als Schichtmaterial verwendeten sie bereits Aluminiumoxid und Kieselgel. Sie entwickelten das Verfahren weiter [29] und verwendeten es zur Trennung und Identifizierung von Terpenen in Zitrusfrüchteöl unter Anwendung von Kieselgel, dem sie zum erstenmal einen Fluoreszenz-Indikator (Zinksilikat und Zinkcadmiumsulfid) beimischten. Man konnte Substanzen auf diese Weise zerstörungsfrei unter kurzwelligem UV-Licht (254 nm) als fluoreszenzgeminderte Zonen beobachten. Kirchner, den man als Wegbereiter der Dünnschichtchromatographie bezeichnen kann, hat im Jahre 1967 alle seine Erfahrungen in einem umfangreichen DC-Buch zusammengefaßt [30].

1954 führte Reitsma [31, 32] breite Glasplatten ein, die er als „chromatoplates" bezeichnete. Auf diesen Platten konnte man mehrere Proben nebeneinander, zusammen mit den Standardsubstanzen chromatographieren. Dies war die eigentliche Geburtsstunde der Dünnschichtchromatographie. Durch die Arbeiten von Stahl [33–38], der mit den Firmen Merck und Desaga zusammenarbeitete, kam es dann zu einer Standardisierung sowohl der Sorbentien als auch der Gerätschaften, wie Streichgerät zur Beschichtung der Platten, Entwicklungskammern, Auftragekapillaren usw. Auf diese Weise hat sich die Dünnschichtchromatographie als Verfahren in der analytischen Chemie etabliert und wird durch die Standardisierung voll anerkannt.

Parallel zu dieser Entwicklung verliefen die Arbeiten von Martin und Synge [39], die die Grundlagen zur Verteilungschromatographie schufen. Sie füllten als erste Säulen mit Kieselgel, das mit einer bestimmten Menge an Wasser (stationäre Phase) beladen war. Das zu trennende Substanzgemisch wurde auf die Stirn der Säule gegeben und mit einem geeigneten Elutionsmittel (mobile Phase) „entwickelt". So gelang es, die Substanzen zwischen den beiden Phasen zu verteilen. Unvorteilhaft bei dieser Art der Trennung war zum damaligen Zeitpunkt die schwierige Standardisierung des Kieselgels. Consden, Gordon und Martin [40] ersetzten das Kieselgel als Trägermaterial der stationären Phase zunächst durch Cellulose und dann durch Filterpapierstreifen. So schufen sie die Papierchromatographie, die nach den ersten gelungenen Trennungen von Aminosäuren eine stürmische Entwicklung erfuhr. Für die Einführung der Flüssig-Flüssig-Verteilungschromatographie erhielten Martin und Synge im Jahre 1952 den Nobelpreis.

Im selben Jahr entwickelten James und Martin [41] die Verteilungschromatographie des Typs flüssig-gasförmig; damit wurde der Grundstein zur Gaschromatographie gelegt. Im Verlauf der weiteren Jahre wurden dann durch die Anwendung der Gaschromatographie sowohl die apparativen als auch die theoretischen Voraussetzungen für die Weiterentwicklung zur Flüssigkeitschromatographie geschaffen.
1963 fing Giddings [42] an, mit Säulen zu arbeiten, die er mit Kieselgel sehr kleiner und eng klassifizierter Korngröße gefüllt hatte. Dabei brachten die hohen Säulenvordrucke des verwendeten Fließmittels die erwünschte Schnelligkeit und Auflösung der Trennung [43]. Diese neue Methode erhielt den Namen Hochdruck- bzw. Hochleistungsflüssig(keits)chromatographie (HPLC).

2.3
Chromatographische Trennverfahren

2.3.1
Der chromatographische Prozeß

Der Verlauf einer chromatographischen Trennung zweier Komponenten x und y, die sich unterschiedlich lange in den beiden Phasen aufhalten, ist in Abb. 2.1 schematisch dargestellt. Nach dem Auftragen des Probengemisches (Abb. 2.1 a) stellt sich für jede Komponente ein charakteristisches Verteilungsgleichgewicht zwischen mobiler und stationärer Phase ein. In unserem Beispiel hält sich die Komponente x vorzugsweise in der stationären Phase und die Komponente y vorzugsweise in der mobilen Phase auf (Abb. 2.1 b). Komponente y wird dann schneller durch das chromatographische Bett bewegt als x. Weiterhin werden die Probenkomponenten durch die Bewegung der mobilen Phase entlang der stationären Phase wieder von der stationären Phase entfernt bzw. neuer stationärer Phase ausgesetzt, so daß sich das Verteilungsgleichgewicht der Komponenten zwischen beiden Phasen beim Durchlaufen des chromatographischen Bettes immer wieder neu einstellen muß (Abb. 2.1 c). Wenn sich dieser Vorgang sehr oft wiederholt, werden beide Komponenten schließlich voneinander getrennt (Abb. 2.1 d).

In Wirklichkeit findet eine sehr viel innigere Durchmischung zwischen stationärer und mobiler Phase statt, als sie in Abb. 2.1 dargestellt ist. Die Trennung findet nicht an

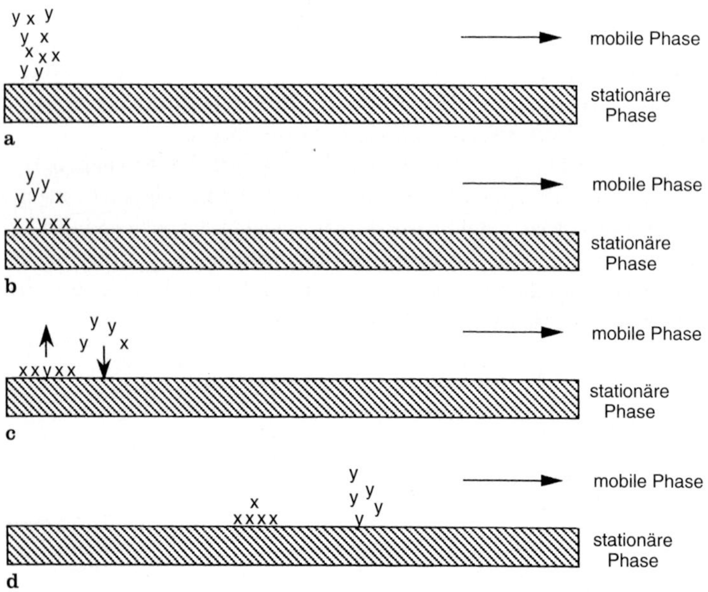

Abb. 2.1 Schematische Darstellung des chromatographischen Prozesses

der äußeren Oberfläche, sondern an der Oberfläche in den Poren der stationären Phase statt, in die die Probenkomponenten hineindiffundieren.

2.3.2
Klassifizierung chromatographischer Methoden

Die Auswahl und der Aggregatzustand der stationären und mobilen Phase sowie die Art der physikalisch-chemischen Kräfte, die für die Auftrennung verantwortlich sind, bestimmen den Typ der Chromatographie. Demzufolge kann man die chromatographischen Verfahren entweder nach der Ausführungsart oder dem zugrundeliegenden physikalisch-chemischen Trennprinzip einteilen. Die stationäre Phase kann fest oder flüssig sein, die mobile Phase flüssig oder gasförmig. Diese Zusammenhänge sind in Tabelle 2.1 wiedergegeben.

Man unterscheidet folgende vier Ausführungstechniken:

- Säulenchromatographie (SC) oder Flüssig(keits)chromatographie (LC von engl: liquid chromatography): die stationäre Phase befindet sich in einer Säule aus chemisch inertem Glas oder Edelstahl. Der Durchfluß der flüssigen mobilen Phase erfolgt durch Schwerkraft oder durch einen von Pumpen aufgebautem Druck.
- Gaschromatographie (GC): die mobile Phase besteht aus einem Trägergas, wie z. B.

Tabelle 2.1 Klassifizierung der chromatographischen Trennverfahren. Die Großbuchstaben geben die international gebräuchlichen Abkürzungen für die einzelnen Methoden an: L: liquid = flüssig, HP: high-performance = Hochleistungs-, TL: thin-layer = Dünnschicht, G: gaseous = gasförmig, S: solid = fest)

Phasenaufbau mobile/stationäre Phase	chemisch/physikalisches Trennprinzip	Ausführungstechnik
füssig/flüssig	Verteilung	LC, HPLC PC HPTLC
flüssig/fest	Adorption	LC, HPLC TLC, HPTLC
	Ionenaustausch	LC PC DC, HPTLC
	Gelfiltration	LC PC TLC, HPTLC
	selektive oder spezifische Bindungskräfte	LC, HPLC DC, HPTLC
gasförmig/flüssig	Verteilung	GLC
gasförmig/flüssig	Adsorption	GSC

Helium, Argon, Stickstoff oder Wasserstoff, das eine Säule oder Kapillare durchströmt, die mit stationärer Phase gefüllt ist.
- Dünnschichtchromatographie (DC oder TLC von engl: thin-layer chromatography): s. Kap. 4
- Papierchromatographie (PC): die Trennung wird auf speziellem Cellulosepapier als Trägermaterial durchgeführt. Die PC kann als absteigendes oder aufsteigendes Verfahren angewendet werden. Kapillarkräfte bewirken , daß die mobile Phase aufgesaugt und über das Papier transportiert wird. Die Trennung beruht auf dem Prinzip der Verteilung (s. u.).

Nach den zugrundeliegenden chemisch-physikalischen Vorgängen kann man die chromatographischen Methoden in zwei Hauptgruppen einteilen:
- Adsorptionschromatographie: die Trennung beruht auf der unterschiedlichen Adsorption der Teilchen an der stationären Phase
- Verteilungschromatographie: die Trennung erfolgt durch die unterschiedliche Verteilung (engl: partition) der Stoffe in zwei nicht mischbaren Phasen

Es sei hier angemerkt, daß der Begriff „Verteilung" hier zwei unterschiedliche Bedeutungen hat. Zum einen soll damit lediglich ausgedrückt werden, daß sich die Stoffe zwischen stationärer und mobiler Phase verteilen, ohne auf den zugrundeliegenden Mechanismus einzugehen (engl: distribution), und zum anderen bezeichnet „Verteilung" den physikalischen Prozeß, der bei der Verteilungschromatographie abläuft (engl: partition).

Diese beiden Trennprinzipien treten in den seltensten Fällen alleine auf, sondern stellen Grenzfälle dar, die die Haupttendenzen der chromatographischen Entwicklung wiedergeben. So beruht die chromatographische Trennung auf Aluminiumoxid vorwiegend auf Adsorptionsvorgängen, während auf Kieselgelschichten je nach der Handhabung adsorptions- oder verteilungschromatographische Trennungen oder eine Kombination aus beidem ablaufen.

Neben der klassischen Verteilungs- und Adsorptionschromatographie existieren heute eine ganze Anzahl chromatographischer Verfahren, die zwar z. T. nur Spezialfälle der beiden grundlegenden Trennprinzipien darstellen, jedoch aufgrund ihrer Sonderstellung getrennt betrachtet werden. Hierzu zählen:
- Umkehrphasen-Chromatographie oder Reversed-phase-Chromatographie
- Chromatographie an chemisch gebundenen Phasen
- Ionenaustauschchromatographie
- Ionenpaarchromatographie
- Ionenchromatographie
- Gelchromatographie
- Affinitätschromatographie

Im folgenden werden die Prinzipien der für die DC am wichtigsten erscheinenden Trennverfahren näher beschrieben.

2.3.3 Adsorptionschromatographie

Unter Adsorption versteht man die Grenzflächenreaktion zwischen einem gelösten (Adsorbat) und einem festem Stoff (Adsorbens), wobei sich das Adsorbat an der Phasengrenzfläche anreichert. In der Adsorptionschromatographie bildet der Festkörper die stationäre Phase. Die mobile Phase kann flüssig (LC, DC) oder gasförmig (GC) sein.

Je nach Stärke und Art der auftretenden Wechselwirkungskräfte unterscheidet man zwischen physikalischer (Physisorption) und chemischer Adsorption (Chemisorption). Bei der physikalischen Adsorption erreichen die Adsorptionsenthalpien Werte von 8–40 kJ/mol, während bei der Chemiesorption Enthalpien von 80–600 kJ/mol, die der Energie einer chemischen Bindung entsprechen, auftreten können. Adsorptionschromatographische Trennungen kommen durch physikalische Adsorption zustande. Chemisorption hingegen spielt in der Chromatographie keine Rolle und ist eher unerwünscht. Folgende Wechselwirkungskräfte sind für die physikalische Adsorption eines Moleküls an einer polaren stationären Phase wie z. B. Silicagel oder Aluminiumoxid verantwortlich:
- van-der-Waalssche-Kräfte (Kräfte zwischen induzierten Dipolen)
- Dipol-Dipol-Wechselwirkungen
- Wasserstoffbrückenbindungen
- Charge-transfer-Komplexbindung
- π-Komplexbindung

Damit eine chromatographische Trennung stattfinden kann, muß der Adsorptionsvorgang ungehemmt und reversibel sein, d. h. es muß sich ein temperaturabhängiges Gleichgewicht an der Phasengrenzfläche einstellen. Die Bindung an das aktive Zentrum der stationären Phase kann durch Konkurrenz mit einem zweiten Stoff oder dem Lösemittel bzw. der mobilen Phase wieder gelöst werden. Das Lösen der Bindung bezeichnet man als Desorption. Aufgrund der auftretenden Wechselwirkungskräfte wird ein Molekül umso stärker adsorbiert, je mehr einsame Elektronenpaare bzw. Doppelbindungen es besitzt oder, anders ausgedrückt, je polarer es ist. Folglich können Alkane kaum in Wechselwirkung mit der stationären Phase treten, während z. B. Carbonsäuren besonders stark adsorbiert werden. Desweiteren kann ein Probenmolekül nur dann adsorbiert werden, wenn seine Polarität höher ist als die der mobilen Phase. Die Stärke der Adsorption hängt jedoch nicht nur von der Polarität des Moleküls ab, sondern auch von seiner sterischen Struktur. Daher lassen sich auch Isomere mit Hilfe der Adsorptionschromatographie trennen. Homologe Moleküle lassen sich hingegen schlecht durch Adsorptionschromatographie auftrennen, da ihre aliphatischen Reste von den aktiven Zentren der stationären Phase abgewandt sind und lediglich als unterschiedlich lange Ketten in die mobile Phase hineinragen.

Das Gleichgewicht eines reversiblen Adsorptionsvorgangs ist von der Temperatur, der Konzentration des adsorbierten Stoffes in der mobilen Phase und dem Verhältnis von adsorbierter Menge zur Gesamtmenge an Adsorbens abhängig. Durch Auftragung der Gleichgewichtskonzentration an Adsorbat in der mobilen Phase gegen das Verhältnis von adsorbierter Menge zur Gesamtmenge an Adsorbens bei konstanter Temperatur erhält man die sog. Adsorptionsisotherme. Die „ideale“ Adsorptionsiso-

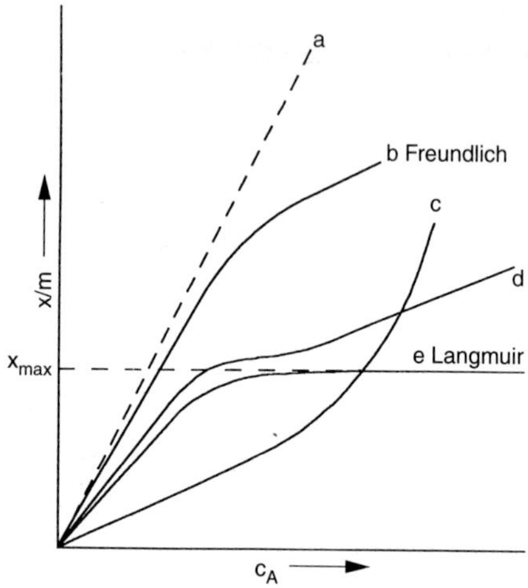

Abb. 2.2 Verlauf von Adsorptionsisothermen

therme verläuft linear, d. h. die Adsorptionsenthalpie ist unabhängig von der Substanzkonzentration, und es erfolgt keine Sättigung des Adsorbens (Kurve a in Abb. 2.2). Nimmt die Adsorptionsenthalpie logarithmisch mit der Belegung ab, so folgt die Isotherme der von Freundlich gefundenen empirischen Gl. 2-1 (Kurve b in Abb. 2.2)

$$\frac{x}{m} = k \cdot c^{1/n} \qquad (2\text{–}1)$$

x adsorbierte Menge [g] oder [mol]
m Gesamtmenge an Adsorbens [g] oder [mol]
c Konzentration des Stoffes in der Lösung im Gleichgewichtszustand [mol/l]
k,n stoffspezifische, temperatur- und lösemittelabhängige Konstanten

Ist die Adsorptionsenthalpie unabhängig von der Belegung und kommt es jedoch zu einer Sättigung des Adsorbens in Form einer monomolekularen Bedeckung, so folgt die Adsorptionsisotherme dem Langmuirschen Verlauf (Kurve e in Abb. 2.2):

$$\frac{x}{m} = \frac{x_{max} \cdot c}{c + b} \qquad (2\text{–}2)$$

x_{max} maximal adsorbierte Menge
b stoffspezifische, temperatur- und lösemittelabhängige Konstanten

Besonders bei der physikalischen Adsorption, mit der wir es ja hier zu tun haben, beobachtet man manchmal eine Adsorption in mehreren Schichten übereinander. Bei dieser mehrmolekularen Adsorption weist die zugehörige Adsorptionsisotherme einen Wendepunkt auf (Kurve d in Abb. 2.2). Schließlich kann die Adsorptionsisotherme in seltenen Fällen auch einen konkaven Verlauf aufweisen (Kurve c in Abb. 2.2). Ganz gleich, welche Form die Adsorptionsisotherme auch besitzt, es lassen sich nur beim Arbeiten im linearen Bereich reproduzierbare chromatographische Ergebnisse erhalten, da nur hier die Retentionszeiten von der Probenmenge unabhängig sind und man symmetrische Banden erhält (Abb. 2.3 a). Befindet man sich hingegen im gekrümmten Verlauf einer Adsorptionsisotherme, so verlagert sich der Konzentrations-

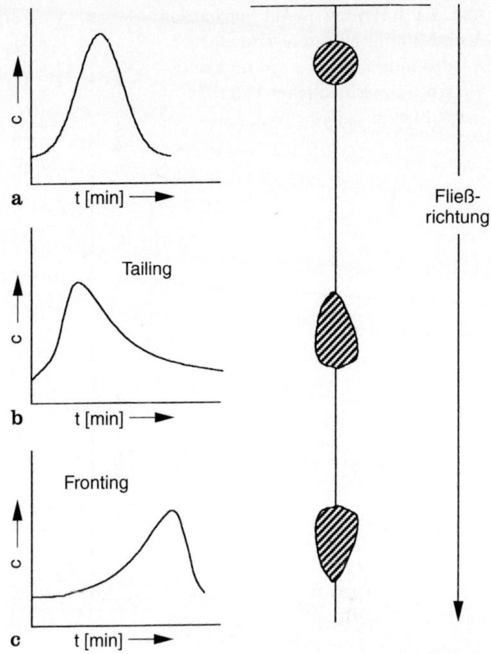

Abb. 2.3 (a) Tailing und (b) Fronting als Folge der Abhängigkeit der Retentionszeit von der Probenkonzentration

schwerpunkt der eluierten Substanz vom Mittelpunkt entweder zum Anfang (Tailing) oder zum Ende der Substanzbande (Leading oder Fronting). Ein Tailing tritt dann auf, wenn die adsorbierte Menge mit steigender Gleichgewichtskonzentration an Adsorbat in der Lösung abnimmt, weil sich hierbei die Retentionszeit verkürzt (Abb. 2.3 b, konvexer Verlauf der Adsorptionsisotherme). Umgekehrt kommt es durch Erhöhung der Retentionszeit zu einem Leading oder Fronting der Substanzbande, wenn die adsorbierte Menge mit steigender Konzentration zunimmt (Abb. 2.3 c, konkaver Verlauf der Adsorptionsisotherme).

Aus der graphischen Darstellung der Adsorptionsisotherme zweier zu trennender Substanzen lassen sich wichtige Schlußfolgerungen auf die Qualität der Trennung ziehen. Abbildung 2.4 zeigt die sich für zwei zu trennende Substanzen in Abhängigkeit der Polarität der mobilen Phase ergebenden Isothermenverläufe mit den entsprechenden Trennmustern [44]. Bei geringer Polarität der mobilen Phase zeigen die Adsorptionsisotherme einen linearen Verlauf mit großer Steigung (Abb. 2.4 a), d. h. die beiden Substanzen werden stark adsorbiert. Der Unterschied der beiden Steigungen ist bei der gewählten Konzentration c jedoch zu gering, um eine Trennung zu erzielen: die Substanzflecken überlagern sich teilweise. Erhöht man die Polarität der mobilen Phase, so werden die Substanzen nicht mehr so stark adsorbiert, und eine Trennung wird möglich (Abb. 2.4 b). Der gekrümmte Kurvenverlauf macht sich nicht störend bemerkbar, da die gewählte Konzentration noch im linearen Bereich der Kurven liegt. Bei weiterer Erhöhung der Polarität der mobilen Phase nimmt die Steigung weiter ab und die Kurvenkrümmung weiter zu, so daß der lineare Bereich kleiner wird. Dies führt bei gleichbleibender Konzentration der beiden Substanzen zu asymmetrischen Substanzflecken, die ein Tailing aufweisen (Abb. 2.4 c).

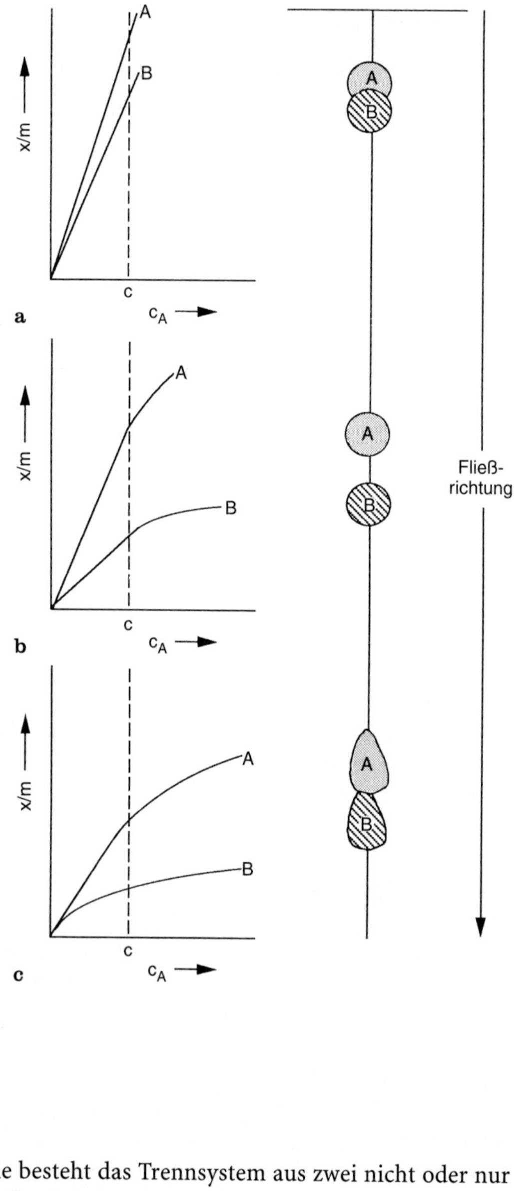

Abb. 2.4 Trennung zweier Substanzen A und B aufgrund unterschiedlicher Adsorptionsisothermen in mobilen Phasen unterschiedlicher Polarität (nach Martin [44])

2.3.4 Verteilungschromatographie

In der Verteilungschromatographie besteht das Trennsystem aus zwei nicht oder nur begrenzt miteinander mischbaren Flüssigkeiten (Phasen) und einer in beiden Flüssigkeiten löslichen Substanz. Sowohl bei der Flüssig-Flüssig- als auch der Flüssig-Gas-Verteilungschromatographie stellt eine Flüssigkeit, die durch Aufsaugen auf ein festes, poröses Trägermaterial gebracht wird, die stationäre Phase dar. Als Trägermaterial wird in den meisten Fällen Kieselgel verwendet, das polare Lösemittel aufnehmen kann. Die Trennung zweier Substanzen beruht auf der unterschiedlichen Löslichkeit (Verteilung) in den beiden Phasen. Die Verteilung eines Stoffes zwischen zwei Phasen wird durch das Nernstsche Verteilungsgesetz beschrieben: Eine Substanz verteilt sich

Abb. 2.5 Verteilungsisothermen

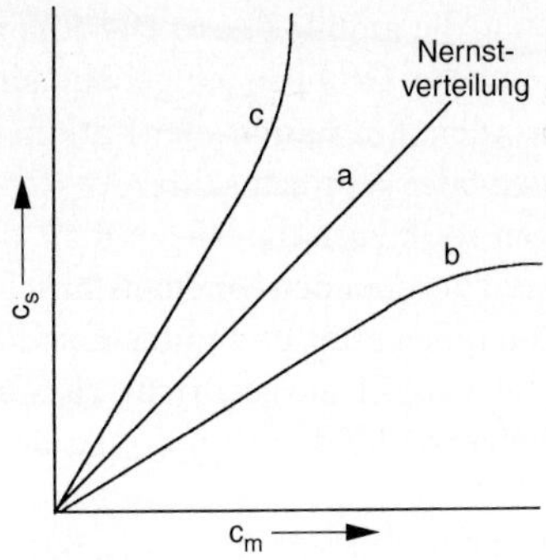

in zwei nur begrenzt mischbaren Phasen (Flüssigkeiten) in einem konstanten substanzspezifischen Verhältnis, das durch den Nernstschen Verteilungskoeffizienten a wiedergegeben wird:

$$\frac{c_s}{c_m} = \alpha \tag{2-3}$$

c_s Konzentration des Stoffes in Phase 1 [mol×l⁻¹]
c_m Konzentration des Stoffes in Phase 2 [mol×l⁻¹]

Der Verteilungskoeffizient α eines Stoffes ist abhängig von der Beschaffenheit der beiden Phasen, der Temperatur und dem Druck. Trägt man bei konstanter Temperatur die Konzentrationen eines Stoffes in der stationären Phase c_s gegen die in der mobilen Phase c_m auf, so erhält man die sogenannten Verteilungsisothermen (Abb. 2.5). Im Idealfall ist α unabhängig von der Gesamtkonzentration eines Stoffes, und die Verteilungsisotherme hat die Form einer Geraden mit der Steigung α (Abb. 2.5 a). Diese Art der Verteilung nennt man Nernstverteilung. Sie liegt dann vor, wenn der Stoff in beiden Phasen den gleichen Molekularzustand aufweist.

Die konzentrationsabhängigen Dissoziations- und Assoziationsvorgänge, Komplexbildungen und Säure-Base-Reaktionen, die in beiden Phasen in unterschiedlicher Weise erfolgen können, beeinflussen die Gleichgewichtsverhältnisse weitgehend. Es treten Abweichungen von der Nernstverteilung auf (Abb. 2.5 b und c), die sich wie im Falle der Adsorptionschromatographie in einem Tailing (b) oder Fronting (c) des Substanzspeaks bzw. -flecks äußern.

Die verteilungschromatographische Trennung zweier Substanzen wird dann erreicht, wenn die Verteilungskoeffizienten von der Konzentration unabhängig sind, und wenn sich die beiden Verteilungskoeffizienten hinreichend voneinander unterscheiden.

2.3.5
Ionenaustauschchromatographie

Bei der Ionenaustauschchromatographie werden Ionen gleichsinniger Ladung zwischen zwei nicht mischbaren Phasen reversibel ausgetauscht. Dabei bildet der flüssige oder feste Ionenaustauscher die stationäre Phase und die – meist wäßrige – Probenlösung die mobile Phase. Der Ionenaustauscher besteht aus einem Gel oder Harz, in das ionische Gruppen eingebaut sind, die durch bewegliche Gegenionen neutralisiert werden. Ein saurer oder Kationenaustauscher besitzt entweder stark saure SO_3^--Gruppen oder schwach saure CO_2^--Gruppen, ein basischer oder Anionenaustauscher dagegen stark basische NR_3^+, NR_2H^+ oder schwach basische NH_3^+-Gruppen. Dem auf Diffusion beruhenden Ionenaustausch sind häufig Adsorptionsvorgänge überlagert, so daß die Ionen aufgrund unterschiedlicher Wechselwirkungskräfte zum Austauschermaterial sowohl ausgetauscht als auch adsorptionschromatographisch verteilt werden. Folgende beiden Reaktionen beschreiben den Ionenaustausch:

Kationenaustausch: $n\ A_KB + M^{n+} \Leftrightarrow (A_K)_nM + n\ B^+$
Anionenaustausch: $m\ A_AC + X^{m-} \Leftrightarrow (A_A)_mX + m\ C^-$

A_K	Kationenaustauschermatrix
A_A	Anionenaustauschermatrix
B, M	Kation
C, X	Anion

Dabei stehen die Ionen der in der mobilen Phase gelösten Substanz (M^{n+}, bzw. X^{m-}) im Austauschgleichgewicht mit den Ionen einer an die Austauschermatrix gebundenen Substanz (B^+ bzw. C^-). Da der Ionenaustausch stöchiometrisch verläuft, kann er mit Hilfe des Massenwirkungsgesetzes beschrieben werden. Die Trennung zweier geladener Substanzen beruht auf der unterschiedlichen Größe ihrer Gleichgewichtskonstanten. Die Gleichgewichtseinstellung ist abhängig von der Ionengröße und -ladung (d. h. ihrer Ladungsdichte) sowie von der Temperatur, der Ionenkonzentration und der Art des Ionenaustauschers.

Man unterscheidet drei Arten von Austauschreaktionen, die sowohl an einem Kationen- als auch einem Anionenaustauscher ablaufen können:

a) Neutralsalzspaltung: $A_KH + MX \Leftrightarrow A_KM + H^+ + X^-$
$A_AOH + MX \Leftrightarrow A_AX + M^+ + OH^-$

b) Neutralisation: $A_KH + MOH \Leftrightarrow A_KM + H_2O$
$A_AOH + HX \Leftrightarrow A_AX + H_2O$

c) Doppelte Umsetzung: $A_KM_1 + M_2X \Leftrightarrow A_KM_2 + M_1^+ + X^-$
$A_AX_1 + MX_2 \Leftrightarrow X_1^- + M^+ + A_AX_2$

Die Trennung verschiedener Ionen wird durch die Selektivität, d. h. durch die Eigenschaft eines Austauschers, unter gleichen Bedingungen die verschiedenen Ionen in unterschiedlichem Maße auszutauschen, beeinflußt. Die Selektivität hängt ab von der Größe und der Ladung der Ionen, dem Vernetzungsgrad der Matrix und der Austauchkapazität des Austauschers. Die Austauschkapazität ist umso größer, je mehr ionische Gruppen der Austauscher enthält, und wird vom pH-Wert der mobilen Phase beeinflußt. Starke Ionenaustauscher besitzen über einen weiteren pH-Bereich ($>$ pH 3 für saure und $<$ pH 9 für basische) eine hohe Austauschkpazität als schwache ($>$ pH 8 für saure und $<$ pH 6 für basische), da ihre austauschenden Gruppen über einen großen pH-Bereich vollständig dissoziert vorliegen.

2.3.6
Reversed-phase-Chromatographie

Im Gegensatz zur üblichen Adsorptions- bzw. Verteilungschromatographie verwendet man in der Reversed-phase- (RP-) oder Umkehrphasen-Chromatographie eine unpolare (hydrophobe) stationäre Phase und eine polare (hydrophile) mobile Phase. Dazu wird das ursprünglich polare Trägermaterial mit einer unpolaren Phase imprägniert, oder es findet eine chemische Umsetzung des Trägers statt. Im letzteren Falle spricht man auch von chemisch gebundenen Phasen. Die am meisten verwendeten stationären Phasen in der Reversed-phase-Chromatographie werden durch die Umsetzung der Silanol-Gruppen des Silicagels mit Dialkyldichlorsilanen erhalten. Die Alkylreste, die zwischen 2 und 18 C-Atome enthalten können, bilden eine monomere Schicht auf dem Kieselgel und werden auch als „Bürsten" bezeichnet. Die am häufigsten verwendete stationäre Phase ist die sog. C_{18}- oder RP-18-Phase, die man durch Umsetzung des Kieselgels mit Octadecylsilan (ODS) erhält. Daneben sind vor allem C_8-, Cyclohexyl- und Phenylphasen im Gebrauch (s. Abschn. 5.2.4.1)

Durch die Umkehrung der Polarität der Phasen erfolgt auch die Elution der Substanzen in umgekehrter Reihenfolge, d. h. unpolare Substanzen werden stärker zurückgehalten als polare. Der der Reversed-phase-Chromatographie zugrundeliegende Trennmechanismus beruht sowohl auf der Verteilung der zu trennenden Substanzen zwischen dem Alkylrest als stationärer Phase und dem Lösemittel als mobiler Phase als auch auf Adsorption der polaren Substanzen an der unpolaren stationären Phase.

2.3.7
Chromatographie an chemisch gebundenen Phasen

Wie in Abschn. 2.3.6 bereits erwähnt, kann man durch chemische Umsetzung des häufig polaren Trägermaterials die Polarität und damit die Selektivität von stationären Phasen verändern und dem jeweiligen Trennproblem anpassen. Neben den dort beschriebenen Umkehrphasen gibt es eine ganze Reihe spezieller chemisch gebundener Phasen wie z. B. Diol-, Amino-, Nitril- und Nitrophasen (s. Abschn. 5.2.4.2), wobei die Trennung sehr wahrscheinlich auf zusätzlichen spezifischen Wechselwirkungen zwischen diesen funktionellen Gruppen und den Probensubstanzen beruht. Schließlich sei auf den Einsatz chiraler Phasen für die Trennung chiraler Substanzen hingewiesen (s. Abschn. 5.2.4.3).

2.3.8
Ionenpaarchromatographie

Die Ionenpaarchromatographie stellt eine Alternative zur Ionenaustauschchromatographie dar und wird heute zum größten Teil in Verbindung mit Reversed-phase-Chromatographie eingesetzt. Hierzu wird der mobilen Phase eine organische ionische Verbindung zugesetzt, die mit den entgegengesetzt geladenen Probenkomponenten ein Ionenpaar bildet. Die gebildeten Ionenpaare lassen sich dann an der Umkehrphase trennen. Die Methode kann zur Trennung von Gemischen aus Säuren, Basen und neutralen Substanzen sowie zur Trennung amphoterer Substanzen herangezogen werden. Durch entsprechende Wahl des Gegenions läßt sich die Selektivität beeinflussen (s. Tabelle 5.8).

2.3.9 Gelchromatographie

Die Gel(permeations)- oder Ausschlußchromatographie unterscheidet sich von allen anderen chromatographischen Methoden grundsätzlich dadurch, daß die Trennung von Substanzen nicht durch unterschiedliche Wechselwirkungen mit stationärer und mobiler Phase zustande kommt, sondern durch einen sterischen Ausschluß in Abhängigkeit von der Molekülgröße.

Die stationäre Phase – meist ein Gel – stellt ein poröses Material dar, in dessen Poren die zu trennenden Teilchen je nach ihrer Größe hineindiffundieren. Je kleiner die Teilchen sind, desto größer ist das Porenvolumen, das ihnen zur Verfügung steht und desto länger werden sie im Gel zurückgehalten. Demgegenüber werden Teilchen, die zu groß sind, um überhaupt in die Poren hineinzuwandern (die also ausgeschlossen werden), am schnellsten eluiert, da ihnen nur das Volumen zwischen den einzelnen Körnern des Gels zur Verfügung steht. Die flüssige mobile Phase ist gleichzeitig Quellmittel für die stationäre Phase und bildet so mit dem Trägermaterial eine Einheit.

Da die Elutionszeit nur von der Größe des Moleküls und damit von seinem Molekulargewicht abhängig ist, kann man mit Hilfe der Gelchromatographie Molekulargewichtsbestimmungen durchführen.

3 Mathematische Modelle des chromatographischen Trennvorganges

Die mathematische Erfassung der während der Chromatographie ablaufenden Adsorptions- und Verteilungsprozesse ist äußerst schwierig. Man gliedert daher die zahlreichen Möglichkeiten der zu berücksichtigenden Parameter in Teilprozesse auf. Es existieren vier Theorien, die teilweise ineinander übergreifen, nämlich die kinetische Theorie, die Boden-Theorie, die molekularstatistische oder „random-walk"-Theorie und die dynamische Theorie. Im folgenden soll in vereinfachter Form ein kurzer Überblick über die Grundzüge dieser Modelle gegeben werden, die im wesentlichen für säulenchromatographische Methoden entwickelt wurden. Deren Übertragung auf die DC wird in Kap. 4 diskutiert.

3.1 Die kinetische Theorie

Die kinetische Theorie beschreibt die auf der Trennstrecke ablaufenden Vorgänge. Die Komponenten passieren die Trennstrecke mit unterschiedlicher Geschwindigkeit. Der mit der Bewegung der mobilen Phase einhergehende Stofftransport besitzt eine konstante Geschwindigkeit, die Zeitunterschiede für die einzelnen Komponenten werden durch unterschiedliche Aufenthaltszeiten in der stationären Phase, bedingt durch Adsorption oder Verteilung, hervorgerufen. Die Aufenthaltszeit einer Substanz in der stationären Phase wird als Nettoretentionszeit t_s bezeichnet. Die Gesamtaufenthaltszeit einer Substanz in einer chromatographischen Trennstrecke oder Gesamtreten-

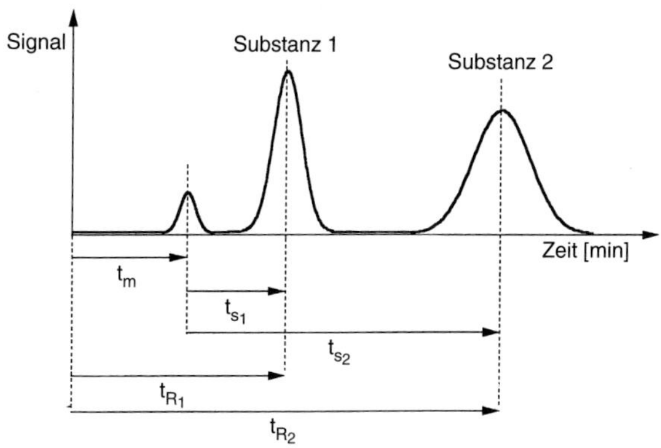

Abb. 3.1 Zusammenhang zwischen Nettoretentionszeit, Retentionszeit und Totzeit in einem Chromatogramm. Die Totzeit t_m entspricht der Zeit, die eine nicht mit der stationären Phase in Wechselwirkung tretende Substanz für die gleiche Trennstrecke benötigt wie die Substanzen 1 und 2.

tionszeit t_R ergibt sich aus der Summe der Nettoretentionszeit und der Aufenthaltszeit in der mobilen Phase t_m (oft auch als Durchflußzeit oder Totzeit bezeichnet):

$$t_R = t_s + t_m \tag{3-1}$$

Die Darstellung der Menge der getrennten Substanzen in Abhängigkeit von der Zeit in Abb. 3.1 verdeutlicht die Zusammenhänge zwischen den Nettoretentionszeiten und Retentionszeiten zweier getrennter Substanzen und der Totzeit des chromatographischen Prozesses.

3.2 Die Boden-Theorie

In der Boden-Theorie, die von Martin und Synge [39] entwickelt wurde, wird die chromatographische Trennstrecke in einzelne „theoretische Trennstufen" oder „theoretische Böden" zerlegt. Dabei versteht man unter einer theoretischen Trennstufe die Strecke, auf der sich das Gleichgewicht zwischen Adsorption und Desorption bzw. das Verteilungsgleichgewicht jeweils neu eingestellt hat. Der gesamte chromatographische Prozeß wird als eine Folge vieler aufeinanderfolgender Adsorptions- bzw. Verteilungsprozesse betrachtet, die immer wieder zu einer neuen Gleichgewichtseinstellung führen. Je mehr Trennstufen sich auf der Trennstrecke befinden, desto besser wird die Trennung eines Substanzgemisches sein. Zwischen der Anzahl der theoretischen Böden auf der gesamten Trennstrecke N und der Zahl der Trennstufen pro Längeneinheit besteht folgender Zusammenhang:

$$N = N_1 \cdot L \tag{3-2}$$

L Länge der Trennstrecke [cm]
N_1 Zahl der Trennstufen/cm

Nur wenn der Stoffaustausch zwischen stationärer und mobiler Phase thermodynamisch reversibel abläuft, stellt sich das Verteilungsgleichgewicht zwischen beiden Phasen spontan ein. Bei einem realen chromatographischen Prozeß kommt es jedoch zu einer Verbreiterung der Substanzzonen, die auf folgenden Ursachen beruht:

1) Eddy-Diffusion oder Streudiffusion: Sie rührt daher, daß die mobile Phase und damit auch die zu trennenden Teilchen auf mehr oder weniger großen Umwegen durch die Kanäle zwischen den Partikeln des chromatographischen Betts wandern und dadurch manche die Trennstrecke schneller und manche langsamer durchwandern.
2) Molekulardiffusion: Sie kommt durch das Konzentrationsgefälle zwischen der Substanzzone und der umgebenden mobilen Phase zustande und ist umso größer, je größer der Diffusionskoeffizient der betreffenden Substanz ist. Während sich die Molekulardiffusion in der Säulenchromatographie lediglich als Longitudinaldiffusion parallel zur Trennstrecke äußert, macht sie sich in der DC in alle Richtungen bemerkbar (s. Abschn. 4.4).
3) Laminare Strömungsverteilung: Da die mobile Phase laminar zwischen den Partikeln der stationären Phase durchfließt, ist die Strömung in der Mitte eines Strö-

mungskanals größer als in der Nähe des Partikels. Dadurch wandern Moleküle, die sich in der Mitte des Kanals befinden, schneller als solche, die sich am Rand befinden. Je breiter die Kanäle sind, desto größer ist folglich auch der Geschwindigkeitsgradient von der Mitte zum Rand.

4) Massenaustausch zwischen mobiler und stationärer Phase: Die Austauschvorgänge zwischen mobiler und stationärer Phase erfolgen nicht augenblicklich, sondern benötigen eine kurze Zeitspanne, während der die mobile Phase weiter durch das chromatographische Bett transportiert worden ist.
5) Diffusion in die Poren: Die stationäre Phase bzw. das Trägermaterial der stationären Phase setzt sich aus Partikeln zusammen, die eine Porenstruktur aufweisen, in denen der chromatographische Prozeß stattfindet. Diese Poren sind mit mobiler Phase gefüllt, die sich nicht bewegt. Ein Molekül, das durch Diffusion in eine Pore hineingerät (und dort mit der Oberfläche des Partikels in Wechselwirkung tritt), wird dann nicht mehr von der mobilen Phase weitertransportiert, bis es wieder aus der Pore herausdiffundiert. Je kleiner die Partikel der stationären Phase sind, desto kleiner sind auch ihre Poren und damit die resultierende Zonenverbreiterung. Die Diffusionsgeschwindigkeit ist außerdem abhängig von der Viskosität der mobilen Phase: je geringer die Viskosität, desto höher ist die Diffusionsgeschwindigkeit in die Poren und wieder hinaus und desto geringer ist die Verbreiterung der Substanzzone.

Die beschriebenen Effekte führen zu einer symmetrischen Verbreiterung der Substanzzonen während der Wanderung durch das chromatographische Bett, die mit einer Gaußverteilung beschrieben werden kann. Trägt man die Intensität der Substanzzone in Abhängigkeit von der Zeit auf, so erhält man eine Gaußsche Glockenkurve (Abb. 3.2). Die Halbwertsbreite ist abhängig von der Strömungsgeschwindigkeit und Viskosität der mobilen Phase, der Form, Größe und Packungsdichte der stationären Phase sowie von der Filmdicke und Viskosität im Falle einer flüssigen stationären Phase.

Die sich aus der Zonenverbreiterung ergebende „Höhe" der theoretischen Trennstufe wird als theoretische Trennstufenhöhe H oder HETP (von engl: height equivalent to a theoretical plate) bezeichnet. Sie entspricht der Strecke, auf der sich das

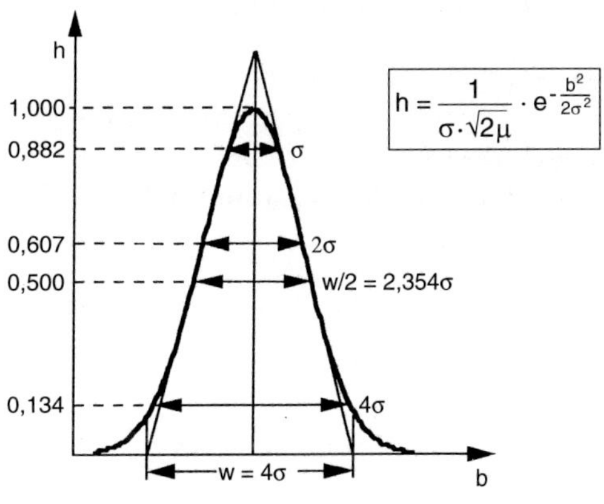

Abb. 3.2 Gaußkurve mit b Zonenbreite, w/2 Halbwertsbreite, σ Standardabweichung und w Basisbreite

chromatographische Gleichgewicht einmal einstellt und ist gleich dem Kehrwert der längennormierten Trennstufe N_l:

$$H = 1/N_l = L/N \tag{3-3}$$

Abweichungen von der symmetrischen Form der Substanzzone (Tailing oder Fronting) haben ihre Ursache in gekrümmten Adsorptions- bzw. Verteilungsisothermen (s. Abschn. 2.3.3 und 2.3.4).

3.3 Die molekularstatistische Theorie

Die von Giddings [45] entwickelte molekularstatistische Theorie stellt eine Erweiterung der Boden-Theorie dar und betrachtet die Wanderung eines Teilchens durch das chromatographische Bett als einen Prozeß, bei dem zufällige intermolekulare Zusammenstöße und Diffusionseffekte eine Zonenverbreiterung der anfangs schmalen Substanzzone bewirken. Die Zonenverbreiterung b nach N Schritten auf einer Trennstrecke der Länge H verursacht ein Konzentrationsprofil, das sich mathematisch mit Hilfe der Gaußverteilung in der Form

$$h = \frac{1}{H \cdot \sqrt{2\pi N}} \cdot e^{-\frac{b^2}{2H^2N}} \tag{3-4}$$

beschreiben läßt, wobei H die theoretische Trennstufenhöhe und N die theoretische Trennstufenzahl sind. Die Ordinatenwerte h geben die Wahrscheinlichkeit an, mit der eine Substanz in einer Entfernung b vom Maximum der Substanzbande anzutreffen ist. Die Standardabweichung σ ist $H\sqrt{N}$.

Die Gesamtverbreiterung der Zone, ausgedrückt als ihre Varianz σ^2, setzt sich nun aus den verschiedenen zonenverbreiternden Effekten σ_i zusammen, so daß gilt:

$$\sigma^2 = \sum \sigma_i^2 \tag{3-5}$$

Der Anteil der Molekulardiffusion an der Zonenverbreiterung kann mit Hilfe der Einsteinschen Diffusionsgleichung beschrieben werden:

$$\sigma^2 = 2 \cdot D \cdot t \tag{3-6}$$

D Diffusionskoeffizient $[cm^2 \cdot s^{-1}]$
t Wanderungszeit [s]

Würde die Zonenverbreiterung nur auf der Molekulardiffusion beruhen, ergäbe sich für die theoretische Trennstufenhöhe:

$$H = \frac{L}{N} = \frac{\sigma^2}{L} = \frac{2 \cdot D \cdot t}{L} \tag{3-7}$$

3.4 Die dynamische Theorie

Die von van Deemter, Zuiderweg und Klinkenberg [46] aufgestellte Gl. 3-8 wurde ursprünglich zur theoretischen Behandlung der Gaschromatographie entwickelt und beschreibt den Zusammenhang zwischen der Bodenhöhe H und der linearen Geschwindigkeit der mobilen Phase u:

$$H = 2\lambda d_p + 2\,\frac{\gamma D}{u} + \frac{8}{\pi^2} \cdot \frac{k'}{(1+k')^2} \cdot \frac{d_f^2}{D_f} \tag{3-8}$$

λ statistische Unregelmäßigkeit der Packung
d_p Partikeldurchmesser des Packungsmaterials [μm]
D Diffusionskoeffizient in der mobilen Phase [$cm^2 \cdot s^{-1}$]
γ Labyrinthfaktor der Porenkanäle
k' Kapazitätsfaktor oder Massenverteilungsverhältnis (s. Abschn. 4.2.3)
d_f Dicke des Flüssigkeitsfilms der stationären Phase auf dem Trägermaterial [μm]
D_f Diffusionskoeffizient in der (flüssigen) stationären Phase [$cm^2 \cdot s^{-1}$]

Diese Gl. stellt die Grundlage für die Auswahl optimaler experimenteller Bedingungen in der Gaschromatographie dar. Keulemans und Kwantes [47] haben sie in eine vereinfachte Form gebracht:

$$H = A + \frac{B}{u} + C \cdot u \tag{3-9}$$

A, B und C charakterisieren die Teilprozesse, die zur Bandenverbreiterung der Substanzzonen beitragen: A berücksichtigt das laminare Strömungsprofil und die Streudiffusion, die der Partikelgröße der stationären Phase direkt proportional ist, B die Longitudinaldiffusion der Substanzmoleküle in der mobilen Phase und C die Verzögerung des Massenübergangs zwischen mobiler und stationärer Phase und die Diffusion in die Poren (vgl. Abschn. 3.2).

Die van Deemter-Gleichung läßt sich graphisch in Form einer Hyperbel darstellen (Abb. 3.3). Das Minimum der Kurve gibt die optimale Strömungsgeschwindigkeit u an, d. h. die Geschwindigkeit, bei der die Zonenverbreiterung am geringsten ist. Die Kurve kann anhand experimenteller Daten ermittelt werden, indem man H bei ver-

Abb. 3.3 Abhängigkeit der theoretischen Trennstufenhöhe von der linearen Strömungsgeschwindigkeit (van Deemter-Gleichung) [46]

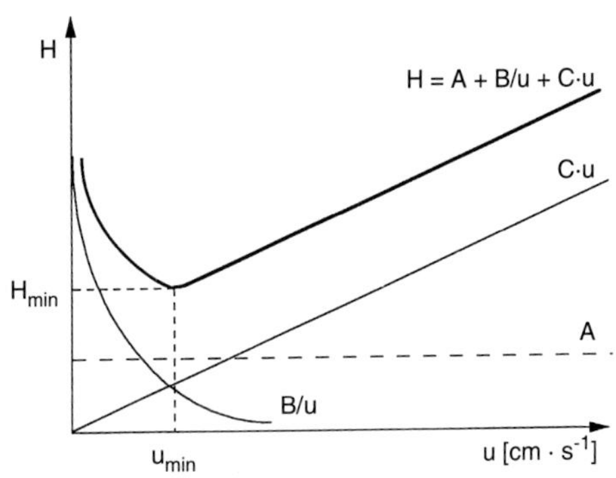

schiedenen Strömungsgeschwindigkeiten berechnet. Der Term A, d. h. die Streudiffusion, ist unabhängig von der Strömungsgeschwindigkeit. Weiter läßt sich erkennen, daß sich die Molekulardiffusion („Longitudinaldiffusion" im Falle der Säulenchromatographie), berücksichtigt in Term B, bei geringer Geschwindigkeit stark auf die Bodenhöhe auswirkt, wohingegen sie bei höheren Geschwindigkeiten vernachlässigt werden kann. Dagegen macht sich der verzögerte Stoffaustausch (Term C) bei steigender Geschwindigkeit immer stärker bemerkbar.
Welche Schlußfolgerungen sich aus der van Deemter-Gleichung für die Praxis der DC ergeben, wird in Abschn. 4.5 diskutiert.

4 Grundlagen der Dünnschichtchromatographie

Das nachfolgende Kapitel soll einen kurzen Einblick in die Grundlagen der DC geben. Darüberhinaus werden die wichtigsten Faktoren, die die Reproduzierbarkeit und die Trennleistung in der DC beeinflussen, vorgestellt. Für eine umfassendere Abhandlung der theoretischen Grundlagen der DC siehe [48, 49].

4.1 Allgemeines

Vom apparativen Aufwand betrachtet ist die Durchführung einer dünnschichtchromatographischen Trennung denkbar einfach. Man benötigt eine Platte (Träger), die das chromatographische Bett (Adsobens, Sorbens) trägt, und einen Trog oder eine Trennkammer, deren Boden mit einem Lösemittel(gemisch), dem sog. Fließmittel(gemisch), bedeckt ist, das die mobile Phase bildet. Die aufzutrennenden Proben werden auf die DC-Platte aufgetragen, welche dann zum Entwickeln in die Trennkammer gebracht wird. Dabei versteht man unter Entwickeln den Vorgang, daß das Fließmittel aufgrund von Kapillarkräften in die DC-Schicht eindringt und beim Vorwärtsbewegen die aufgetragenen Substanzen in Fließrichtung transportiert. Dabei werden diese aufgrund der unterschiedlichen Wechselwirkungen mit der stationären Phase in ihre Einzelkomponenten aufgetrennt.

In der Praxis werden verschiedene Entwicklungstechniken herangezogen. Die gebräuchlichste Methode ist die aufsteigende, lineare Technik. Hierbei wird die DC-Platte so in die Trennkammer eingestellt, daß das Fließmittel die DC-Schicht unterhalb der Startlinie, auf der die Proben aufgetragen sind, benetzt. Wenn die Fließmittelfront eine bestimmte Höhe erreicht hat, wird die Platte aus der Trennkammer genommen und die Fließmittelfront markiert.

Bei der horizontalen, linearen Technik wird das Fließmittel über einen Docht, einen Kapillarspalt oder ein Sinterglasfritte auf die horizontal liegende Platte aufgebracht. Ein Vorteil dieser Methode ist der, daß das Fließmittel nicht gegen die Schwerkraft wandern muß. In seltenen Fällen kann auch die absteigende Entwicklungstechnik herangezogen werden.

Bei der zweidimensionalen linearen Entwicklung wird die Probe in einer Plattenekke aufgetragen und zunächst linear entwickelt. Nach dem Trocknen wird die Platte um 90° gedreht und in einem zweiten Fließmittel nochmals entwickelt. Dabei ist die Chromatogrammbahn aus der ersten Entwicklung die Startlinie der zweiten.
Neben diesen linearen Methoden gibt es die radialen Entwicklungstechniken: bei der cirkularen Methode werden die Proben ringförmig um einen Mittelpunkt aufgetra-

gen, auf dem das Fließmittel zugegeben wird. Die Substanzen wandern dann mit dem Fließmittel von innen nach außen und besitzen die Form konzentrischer Kreissegmente. Wird das Fließmittel entlang eines äußeren Kreisbogens aufgetragen und sind die Proben ringförmig außen angeordnet, spricht man von einer anticirkularen Entwicklung. Das Chromatogramm entwickelt sich dann zur Mitte des Kreises hin. Im Rahmen dieses Buches beschränken wir uns auf lineare Entwicklungstechniken.

Zu erwähnen sei hier noch die Durchlaufentwicklung, bei der das Fließmittel kontinuierlich außerhalb der Trennkammer verdampft. Sie eignet sich besonders zur Auftrennung langsam wandernder Substanzen, da diesen hier eine größere Trennstrecke zur Verfügung steht.

Außerdem gibt es die Möglichkeit der Mehrfachentwicklung, bei der die DC-Platte mehrmals hintereinander entweder mit dem gleichen Fließmittel oder einem anderen entwickelt wird, wobei jedem Durchlauf eine Zwischentrocknung vorangeht. Bei dieser Methode wandert die Fließmittelfront also mehrfach durch die Substanzzonen, was eine bessere Auflösung von langsam wandernden Substanzen bewirken soll.

Zur Untersuchung physikalischer und chemischer Einwirkungen auf Substanzen, die sich auf der DC-Platte befinden, kann man schließlich die TRT- (Trennung-Reaktion-Trennung-)Technik heranziehen. Hierbei werden die Substanzen zunächst wie gewöhnlich in einer Richtung getrennt. Dann führt man eine Reaktion auf der Platte durch und entwickelt dann entsprechend der zweidimensionalen DC mit demselben Laufmittel. Wenn die Reaktion keine Veränderungen der Substanzen bewirkt hat, befinden sie sich nach der Entwicklung auf der Diagonalen der Platte.

Die Bewegung der mobilen Phase beruht bei der DC auf dem Kapillareffekt. Durch die Schichtung der Sorbens- bzw. Trägerpartikel auf der Dünnschichtplatte entstehen zwischen ihnen enge Kanäle. Diese verhalten sich wie Kapillaren, so daß sich ein Fließmittel aufgrund des entstehenden Kapillardrucks über die Schicht bewegt. Die Abhängigkeit des Kapillardrucks von verschiedenen Parametern ergibt sich aus der Definition der Kapillarität: In einem engen Rohr oder einer Kapillare steigt die Flüssigkeit solange hoch, bis das Gewicht G der Flüssigkeitssäule gleich der zur Oberflächenverringerung strebenden Kraft F ist. Mit

$$G = V \cdot \rho \cdot g \tag{4–1}$$

V Volumen der Kapillare = $\pi \cdot r^2 \cdot h$ [m^3]
ρ Dichte des Fließmittels [$g \cdot m^{-1}$]
g Erdbeschleunigung: 9,81 $m \cdot s^{-2}$

und

$$F = \sigma \cdot L \tag{4–2}$$

σ Oberflächenspannung [$N \cdot m^{-1}$]
L Umfang der Kapillare = $2 \cdot \pi \cdot r$ [m]

ergibt sich:

$$\pi \cdot r^2 \cdot h \cdot \rho \cdot = 2\sigma \cdot \pi \cdot r \tag{4–3}$$

r Radius der Kapillare [m]
h Steighöhe der Flüssigkeit [m]

Wenn man Gl. 4–3 nach h auflöst, erhält man:

$$h = \frac{2\sigma}{r \cdot \rho \cdot g} \qquad (4\text{–}4)$$

Man erkennt, daß die Steighöhe direkt proportional zur Oberflächenspannung des Fließmittels und umgekehrt proportional zu seiner Dichte ist. Bei horizontaler Entwicklung wirkt die Schwerkraft G der Kapillarkraft F nicht entgegen, so daß keine maximale Steighöhe existiert.

Die Fließgeschwindigkeit u des Fließmittels entlang der Trennstrecke ist nicht konstant, da die Wanderungsgeschwindigkeit der Fließmittelfront – und damit die Fließgeschwindigkeit – umgekehrt proportional ihrer Entfernung vom Startpunkt ist (s. Abschn. 4.3.5). Desweiteren ist auch die lokale Fließgeschwindigkeit Schwankungen unterworfen, die umso größer sind, je uneinheitlicher die Geometrie des chromatographischen Bettes ist (s. Abschn 4.5). Schließlich wandert das Fließmittel an der Stelle eines Substanzflecks immer langsamer als die Fließmittelfront. Mit anderen Worten ist die Frontgeschwindigkeit des Substanzflecks geringer als die der Front.

Die in Kap. 3 vorgestellten Modelle des chromatographischen Prozesses wurden für die Gas- und Flüssigkeitschromatographie entwickelt und beschreiben daher lediglich die Wanderung einer Substanzzone entlang der Trennsäule. Die Molekulardiffusion macht sich nur entlang der Trennstrecke, jedoch nicht senkrecht dazu bemerkbar (daher spricht man häufig auch von Longitudinaldiffusion). In der DC hingegen wirkt sich die Molekulardiffusion in allen Richtungen auf die Verbreiterung der Substanzzone aus. In den meisten Fällen wird die Zonenverbreiterung durch die in Kap. 3 vorgestellten Modelle hinreichend beschrieben. Will man jedoch die Substanzkonzentration des Fleckes bestimmen, so muß das zweidimensionale dynamische Modell von Belenky et al. [50] herangezogen werden (s. Abschn. 4.4).

4.2 Chromatographische Kenngrößen in der Dünnschichtchromatographie

In der Dünnschichtchromatographie werden die getrennten Substanzen innerhalb der chromatographischen Trennstrecke erfaßt. Man spricht deshalb von inneren Chromatogrammen. Sie werden erhalten, indem der chromatographische Trennvorgang abgebrochen wird, bevor die mobile Phase das Ende der Trennstrecke erreicht hat. Im Gegensatz dazu spricht man von äußeren Chromatogrammen, wenn der chromatographische Prozeß solange fortgesetzt wird, bis die getrennten Substanzen die Trennstrecke nacheinander mit der mobilen Phase verlassen und ihre Konzentration in Abhängigkeit von der Zeit oder dem Elutionsvolumen registriert wird, wie es bei der Säulen- und Gaschromatographie der Fall ist. Daraus ergeben sich für die DC zum Teil andere Kenngrößen als für die beiden anderen genannten chromatographischen Methoden.

4.2.1 Retentionsfaktor

Zur qualitativen Bewertung eines inneren Chromatogramms wird anstelle der Nettoretentionszeit t_s (s. Abschn. 3.1) der Retentionsfaktor (engl: retardation factor) oder R_f-Wert herangezogen, der als Quotient aus der Entfernung der Substanzzone und der Fließmittelfront vom Start definiert ist:

$$R_f = \frac{Z_S}{Z_F - Z_0} \qquad (4\text{-}5)$$

R_f Retentionsfaktor
Z_S Entfernung der Substanzzone vom Start [mm]
Z_F Entfernung der Fließmittelfront vom Eintauchspiegel [mm]
Z_0 Entfernung zwischen Eintauchspiegel und Startlinie [mm]

Der R_f-Wert errechnet sich als Quotient aus den beiden auf dem Chromatogramm meßbaren Wegstrecken (Abb. 4.1) und ist stets kleiner 1. Manchmal findet man in der Literatur auch die Bezeichnung hR_f, bei der es sich lediglich um R_f-Werte multipliziert mit 100 handelt.

In der Dünnschichtchromatographie ist eine einwandfreie Reproduzierbarkeit des R_f-Wertes wegen der schwer kontrollierbaren experimentellen Einflüsse oft nicht gewährleistet. Man hat daher einen Retentionsfaktor eingeführt, der sich auf eine Standardsubstanz bezieht. Dieser sogenannte R_{St}-Wert ist definiert als:

$$R_{st} = \frac{Z_S}{Z_{st}} \qquad (4\text{-}6)$$

Z_S Entfernung der Substanzzone vom Start [mm]
Z_{st} Entfernung der Standardsubstanz vom Start [mm]

und kann aus einem Chromatogramm wie in Abb. 4.1 ersichtlich ermittelt werden. Anstatt R_{St}-Werte heranzuziehen, ist es häufig üblich, daß Standardsubstanzen mit bekanntem R_f-Wert als Vergleichsproben verwendet werden, die dann der Zuordnung der getrennten Substanzen dienen, wie z. B. im DAB.

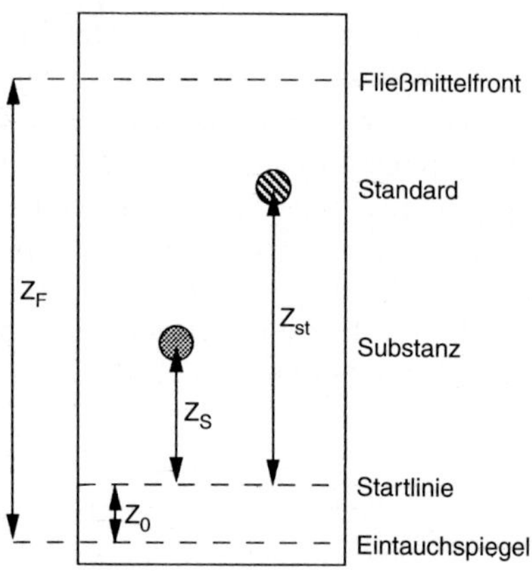

Abb. 4.1 Graphische Ermittlung des R_f-Wertes und R_{st}-Wertes aus einem inneren Chromatogramm

Während sich der R_f-Wert gemäß Gl. 4-5 lediglich aus der Lage des Substanzfleckes im Chromatogramm ergibt, stellt der thermodynamische oder „wahre" Retentionsfaktor R'_f einen Zusammenhang zur Gesamtretentions-, Nettoretentions- und Totzeit her. Er ist definiert als der Bruchteil der Aufenthaltszeit eines Probenmoleküls in der mobilen Phase:

$$R'_f = \frac{t_m}{t_R} = \frac{t_m}{t_m + t_s} \qquad (4\text{–}7)$$

bzw. als der Bruchteil der Probenmoleküle in der mobilen Phase:

$$R'_f = \frac{m_m}{m_m + m_s} \qquad (4\text{–}8)$$

m_m Masse der Probenmoleküle in der mobilen Phase [g]
m_s Masse der Probenmoleküle in der stationären Phase [g]

Gleichung 4–7 kann z. B. zur Übertragung dünnschichtchromatographischer Trennungen auf die Säulenchromatographie verwendet werden. Aus Gl. 4–8 kann die Martin-Synge-Gleichung hergeleitet werden, die den R'_f-Wert mit dem Verteilungskoeffizienten $\alpha = c_s/c_m$ und dem Phasenverhältnis V_s/V_m in Beziehung setzt, wobei V_s das Volumen der stationären Phase und V_m das der mobilen Phase wiedergibt. Aus Gl. 4–8 folgt nämlich:

$$R'_f = \frac{c_m \cdot V_m}{c_m \cdot V_m + c_s \cdot V} = \frac{V}{V_m + \left(c_s/c_m\right) \cdot V_s} \qquad (4\text{–}9)$$

Das Phasenverhältnis ist numerisch gleich dem sog. Phasenquerschnittsverhältnis A_s/A_m, das man in der DC dem Phasenverhältnis vorzieht. Nach Umformen und Einsetzen von A_s/A_m erhält man die Martin-Synge-Gleichung [51]:

$$R'_f = \frac{1}{1 + \alpha \cdot \left(A_s/A_m\right)} \qquad (4\text{–}10)$$

A_m Querschnitt der mobilen Phase [mm^2]
A_s Querschnitt der stationären Phase [mm^2]

Anstelle des Ausdrucks $\alpha \cdot A_s/A_m$ verwendet man in der Adsorptionschromatographie den von Snyder [51] eingeführten Ausdruck $K \cdot W_a/V_m$, wobei K die Verteilung des Sorbens zwischen mobiler und stationärer Phase beschreibt und W_a die Masse des Adsorbens bedeutet.

Der gemessene R_f-Wert ist nur dann gleich dem wahren R'_f-Wert, wenn

1) A_s/A_m bzw. V_m/W_a längs der gesamten Schicht konstant ist,
2) sich die chemische Zusammensetzung der Phasen längs der Schicht nicht ändert,
3) die Frontgeschwindigkeit des Substanzflecks gleich der Geschwindigkeit der Fließmittelfront ist,
4) sich keine Fließmittelmoleküle oder andere bewegliche Moleküle vor der Entwicklung in der Schicht befinden (wenn – mit anderen Worten – keine Vorbeladung stattgefunden hat, vgl. Abschn. 4.6.2).

Daher sind die in der Praxis beobachteten R_f-Werte immer kleiner als die wahren R_f'-Werte. Zwischen dem R'_f-Wert und dem R_f-Wert besteht folgender Zusammenhang:

$$R_f' = \xi \cdot R_f \tag{4-11}$$

wobei ξ einen Wert zwischen 1.0 und 1.6 besitzt [49].

Zu 1) Die Fließmittelkonzentration nimmt pro Einheit Schichtvolumen gegen die Front hin kontinuierlich bis auf Null ab. Dieser Gradient wird als frontaler Volumengradient oder einfach Frontgradient bezeichnet. Er hat seine Ursache in der Veränderung des Phasenquerschnittsverhältnisses A_s/A_m bzw. V_m/W_a längs des Fließmittelkonzentrationsprofils und ist dafür verantwortlich, daß der gemessene R_f-Werte in der Praxis etwa 8 – 15 % niedriger ist als der wahre Wert. Dieser Effekt ist umso größer, je weiter der Startfleck vom Eintauchspiegel entfernt ist, weil er dann länger mit dem Frontgradienten mitläuft.

4.2.2
R_m-Wert

Die theoretischen Grundlagen für das Studium der Verhältnisse zwischen der chemischen Struktur und dem R_f-Wert haben Martin und Synge [51, 53] gelegt. In ideal verdünnten Lösungen ist der Verteilungskoeffizient α einer Substanz A eine Funktion der freien Enthalpie μ_A, die für den Übergang von einem Mol der Substanz A aus der einen in die andere Phase notwendig ist:

$$\ln \alpha = \frac{\Delta\mu_A}{R \cdot T} \tag{4-12}$$

$\Delta\mu_A$ freie Lösungsenthalpie der Substanz A [$J \cdot mol^{-1}$]
R allgemeine Gaskonstante: 8.314 $J \cdot K^{-1} \cdot mol^{-1}$
T absolute Temperatur [K]

Daraus folgt:

$$\Delta\mu_A = R \cdot T \cdot \ln \alpha \tag{4-13}$$

$\Delta\mu_A$ setzt sich in erster Näherung aus den freien Teilenthalpien der unterschiedlichen Atome und funktionellen Gruppen im Molekül, den sog. Gruppenkonstanten, zusammen:

$$\Delta\mu_A = m \cdot \Delta\mu_x + n \cdot \Delta\mu_y \ldots \tag{4-14}$$

Hier entsprechen x, y, z ... den Atomen oder funktionellen Gruppen (z. B. $-CH_2$-, -COOH, -OH usw.) und m, n, o ... deren Anzahl im Molekül. Aus Gl. 4–10 folgt weiterhin:

$$\alpha = \frac{A_m}{A_s} \cdot \left(\frac{1}{R_f'} - 1\right) \tag{4-15}$$

Wenn wir diesen Ausdruck in Gl. 4-13 einsetzen, erhalten wir für die Differenz der freien Enthalpie:

$$\Delta\mu_A = R \cdot T \cdot \ln \frac{A_m}{A_s} \left(\frac{1}{R_f'} - 1\right) \tag{4-16}$$

oder:

$$\frac{\Delta\mu_A}{R \cdot T} = \ln \frac{A_m}{A_s} + \ln\left(\frac{1}{R_f'} - 1\right) \qquad (4\text{-}17)$$

Umformung in den dekadischen Logarithmus ergibt:

$$\frac{\Delta\mu_A}{2.303 \cdot R \cdot T} = \log \frac{A_m}{A_s} = \log\left(\frac{1}{R_f'} - 1\right) \qquad (4\text{-}18)$$

Für den zweiten Term auf der rechten Seite der Gl. 4–18 haben Bate-Smith und Westall [54] die Bezeichnung R_m eingeführt:

$$R_m = \log\left(\frac{1}{R_f} - 1\right) \text{ bzw. } R_m' = \log\left(\frac{1}{R_f'} - 1\right) \qquad (4\text{-}19)$$

wobei R_m aus dem gemessenen R_f-Wert ermittelt wird und R'_m aus dem (korrigierten) R'_f-Wert. Durch Einsetzen dieses Ausdruckes in Gl. (4-18) und Zusammenfassung aller Konstanten erhalten wir für die Änderung der freien Lösungsenthalpie der Substanz A beim Verteilungsprozeß:

$$\Delta\mu_A = b \cdot R_m' + k \qquad (4\text{-}20)$$

b, k Proportionalitätskonstanten $[J \cdot mol^{-1}]$

Die Proportionalitätskonstante k wird auch als Schichtkonstante bezeichnet [55]. Nach Gl. 4-14 setzt sich die Änderung der freien Enthalpie $\Delta\mu_A$ additiv aus den Teilenthalpien der einzelnen Atome oder funktionellen Gruppen, die das Molekül bilden, zusammen. Den R_m-Wert einer Substanz kann man sich nun ebenfalls zusammengesetzt aus Inkrementen für die einzelnen Atome oder funktionellen Gruppen vorstellen, so daß man anstelle von Gl. 4-20 schreiben kann:

$$\Delta\mu_A = mR_{m(x)} + nR_{m(y)} + oR_{m(z)} + \ldots + k \qquad (4\text{-}21)$$

wobei die Werte $mR_{m(x)}$, $nR_{m(y)}$, $oR_{m(z)}$ den R_m-Werten der einzelnen funktionellen Gruppen x, y, z entsprechen. Die ganzen Zahlen m, n, o, ... geben die Anzahl der einzelnen Gruppen im Molekül an.

Gleichung 4–21 kann zur Strukturaufklärung von Substanzen mit Hilfe der Dünnschichtchromatographie herangezogen werden, indem man die R_f-Werte oder andere äquivalente Größen mißt und daraus mit Gl. 4–19 die R_m-Werte ermittelt. So läßt sich z. B. eine lineare Abhängigkeit der R_m-Werte einer homologen Reihe von der Anzahl der Kohlenstoffatome feststellen.

Da Gl. 4–21 auf thermodynamischen Überlegungen beruht, gilt sie theoretisch nicht nur für die Verteilungs-, sondern auch für die Adsorptions- und Ionenaustauschchromatographie, vorausgesetzt, daß die entsprechenden Isothermen einen linearen Verlauf haben. Wie in Abschn. 2.3 dargelegt, sind die Adsorptions- und Verteilungsisothermen über einem bestimmten Konzentrationsbereich häufig annähernd linear. Üblicherweise sind die entsprechenden Substanzzonen in der Mitte bzw. in den ersten zwei Dritteln eines Dünnschichtchromatogramms zu finden. Bei Verwendung von Fließmitteln aus zwei und drei Komponenten findet eine langsame Änderung der Zusammensetzung des Fließmittels während der chromatographisachen Entwicklung statt. Dadurch kommt es zur Bildung einer zweiten bzw. einer dritten Fließmittelfront

(s. Kap. 6). Brenner et al [56] und Pataki [57] haben nachgewiesen, daß sich auch unter diesen Umständen R_m-Werte ermitteln lassen, wenn man die R_f-Werte bezogen auf die jeweilige Front mißt. Man bezeichnet dann die R_f-Werte als αR_f, βR_f und γR_f. Dabei entspricht αR_f dem R_f-Wert, den man messen würde, wenn sich keine weiteren Fronten ausbilden würden.

4.2.3
Kapazitätsfaktor

Der Kapazitätsfaktor oder die Verteilungszahl k' ist ein Maß für die Tendenz eines Stoffes, sich bevorzugt in der mobilen oder stationären Phase aufzuhalten. Er ist definiert als das Verhältnis von Nettoretentionszeit zu Totzeit und gibt an, um wieviel länger sich die Substanz in der stationären als in der mobilen Phase aufhält:

$$k' = \frac{t_s}{t_m} = \alpha \cdot \frac{A_s}{A_m} \text{ bzw. } K \cdot \frac{W_a}{V_m} \qquad (4\text{-}22)$$

W_a = Gewicht des Absorbens [g]

Folglich zeigt ein großer k'-Wert an, daß sich die Substanz größtenteils in der stationären Phase aufhält und damit eine lange Retentionszeit aufweist. k' steht mit dem R_f-Wert in folgendem Zusammenhang:

$$R_f = \frac{1}{k' + 1} \qquad (4\text{-}23)$$

4.2.4
Trennstufenhöhe und Bodenzahl

Die Trennstufenhöhe ist ein Maß für die Qualität der chromatographischen Schicht und kann aus einem Dünnschichtchromatogramm mit Hilfe der folgenden Gleichung ermittelt werden:

$$H = \frac{w^2}{16 \cdot Z_S} \text{ bzw. } H = \frac{(w/2)^2}{5.54 \cdot Z_S} \qquad (4\text{-}24)$$

w Basisbreite des Substanzflecks in Fließrichtung (~ Fleckdurchmesser) [mm]
w/2 Halbwertsbreite des Substanzflecks in Fließrichtung (~ halber Fleckdurchmesser) [mm]
Z_S Entfernung der Substanzzone vom Start [mm]

Für die Trennstufen- oder Bodenzahl N über die gesamte Trennstrecke $Z_F - Z_0$ erhält man mit $N = (Z_F - Z_0)/H$:

$$N = 16 \cdot \frac{Z_S \cdot (Z_f - Z_0)}{w^2} \text{ bzw. } N = 5.54 \cdot \frac{Z_S \cdot (Z_f - Z_0)}{w/2^2} \qquad (4\text{-}25)$$

Bei densitometrischer Auswertung erfolgt die Berechnung von H bzw. N über die Halbwertsbreite der Substanzzone (s. Abb. 3.2), bei visueller Auswertung über die Basisbreite.

In der Praxis gestaltet sich die Bestimmung der Zonenbreite des Substanzfleckes häufig als relativ schwierig. Während bei der densitometrischen Auswertung die Bandenbreite weitgehend unabhängig von der aufgebrachten Menge ist, hängt sie bei der visuellen Auswertung von der Sichtbarkeitsgrenze des Substanzflecks und damit sowohl von der aufgetragenen Menge als auch dem verwendeten Nachweisreagenz ab. Nach Stahl [58] läßt sich die Basisbreite nur dann richtig bestimmen, wenn die Sichtbarkeitsgrenze etwa 1/8 der Maximalkonzentration im Fleckmittelpunkt beträgt.

4.2.5 Selektivität

Die Selektivität eines chromatographischen Systems stellt ein Maß für seine Fähigkeit dar, zwei Substanzen voneinander trennen zu können. Sie ist umso größer, je stärker die Unterschiede der Wechselwirkungen sind, die die zu trennenden Substanzen mit der mobilen und/oder stationären Phase eingehen. Die Selektivität α ist definiert als:

$$\alpha = \frac{\alpha_A}{\alpha_B} - 1 \qquad (4\text{-}26)$$

α_A Verteilungskoeffizient der Substanz A
α_B Verteilungskoeffizient der Substanz B

Häufig wird als Maß für die Selektivität auch der sog. Trennfaktor β angegeben:

$$\beta = \frac{\alpha_A}{\alpha_B} \qquad (4\text{-}27)$$

In der DC wird die Selektivität oftmals auch als das Verhältnis der R_f-Werte eines Stoffpaares A, B angegeben:

$$\alpha = \frac{R_{s,A}}{R_{f,B}} < 1 \qquad (4\text{-}28)$$

Die Selektivität gibt also die relative Position zweier Substanzflecken zueinander in einem Chromatogramm an.

4.2.6 Auflösung

Während die Selektivität lediglich den Abstand zweier Peaks im Chromatogramm berücksichtigt, gehen bei der Definition für die Auflösung R zusätzlich die Peakbreiten der jeweiligen Peaks mit ein. Nach Snyder [52] ist die Auflösung in der DC definiert als:

$$R_s = \frac{1}{4}(\alpha - 1)\sqrt{N}\left[\frac{K'}{(1 + K')}\right] \qquad (4\text{-}29)$$

Sie wird also von drei Faktoren beeinflußt: der Selektivität α, der Qualität der chromatographischen Schicht und von den R_f-Werten der beiden zu trennenden Substanzen.

Die Auflösung kann aus einem inneren Chromatogramm mit Hilfe folgender Gl. ermittelt werden:

$$R = \frac{d}{w_A/2 + w_B/2} \tag{4-30}$$

d Abstand der Fleckmittelpunkte [mm]
w_A Basisbreite der Substanz A in Fließrichtung [mm]
w_B Basisbreite der Substanz B in Fließrichtung [mm]

Wenn $w_A/2 + w_B/2 = d$, wird $R = 1$. In diesem Fall sind beide Substanzen gerade vollständig oder basisliniengetrennt. Man spricht auch von einer 4σ-Trennung (vgl. Abb. 3.2). In der Chromatographie ist keine maximale, sondern eine optimale Auflösung das Ziel. Jede über das notwendige Maß hinausgehende Auflösung geht immer auf Kosten der Analysenzeit. Daher sollte R 1,0 – 1,5 betragen, bei auftretendem Tailing oder Fronting etwas mehr.

4.2.7 Trennzahl

Zur Beurteilung der Trennung kann auch die von Kaiser [59] eingeführte Trennzahl TZ herangezogen werden, die aus einem Densitogramm der getrennten Substanzen folgendermaßen ermittelt werden kann:

$$TZ = \frac{Z_F - Z_0}{w_0/2 + w_1/2} - 1 \tag{4-31}$$

Die bei halber Peakhöhe gemessenen Fleckbreiten w/2 werden gegen ihre Wanderungsstrecken Z_S aufgetragen. Die erhaltenen Punkte werden zur Ermittlung von $w_0/2$ und $w_1/2$ durch eine Gerade miteinander verbunden: die extrapolierte Fleckbreite bei Z_F entspricht $w_1/2$ und die am Startpunkt $w_0/2$. Die so erhaltene Trennzahl gibt die maximal mögliche Zahl vollständig getrennter Substanzen im Bereich von $R_f = 0 - 1$ an.

4.3 Wichtige Parameter in der Dünnschichtchromatographie

4.3.1 Dielektrizitätszahl

Die Dielektrizitätszahl oder relative Dielektrizitätskonstante ε_r ist eine Stoffkonstante, die angibt, um wieviel sich die Kapazität eines Kondensators erhöht, wenn sich zwischen den Kondensatorplatten statt eines Vakuums ein nicht leitender Stoff, ein sogenanntes Dielektrikum, befindet:

$$\varepsilon_r = \frac{C}{C_0} \tag{4-32}$$

C Kondensatorkapazität mit Dielektrikum
C_0 Kondensatorkapazität im Vakuum

Abb. 4.2 Anordnung von Molekülen mit permanentem Dipolmoment. (a) Kettenassoziation „hintereinander" (Erhöhung des Dipolmoments); (b) Assoziation „nebeneinander" (Entstehung eines Quadrupols, Erniedrigung des Dipolmoments)

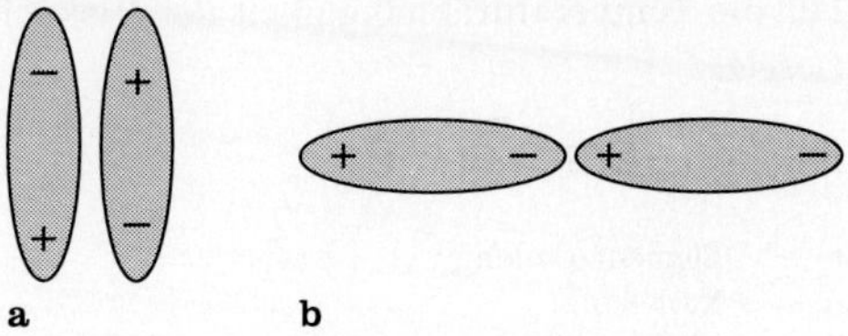

Die Dielektrizitätszahlen sind vom Druck und der Temperatur abhängig und können sehr unterschiedliche Werte annehmen. Wasser z. B. hat eine sehr hohe Dielektrizitätszahl von 78,54 (bei 298 K und 1.013 bar), Methanol eine mittlere von 32,66, während unpolare organische Lösemittel wie Benzol (2,24) und Hexan (1,88) sehr viel niedrigere Dielektrizitätszahlen aufweisen. Substanzen mit hoher Dielektrizitätszahl verhindern den Austausch von Ladungen und wirken isolierend. In der Dünnschichtchromatographie verringern sie die Adsorption einer polaren Substanz am Sorbens.

4.3.2
Dipolmoment

Dipol-Dipol-Wechselwirkungen zwischen Molekülen mit permanentem Dipolmoment werden durch Coulombsche Kräfte hervorgerufen. Je nach der Ladungsverteilung kommt es zu unterschiedlichen Anordnungen der Moleküle (Abb. 4.2). Die Anordnung „nebeneinander" kommt dort zur Geltung, wo die Entfernungen zwischen den beiden Ladungen im Molekül nicht zu unterschiedlich sind. Dort, wo dies nicht der Fall ist, überwiegt die Anordnung „hintereinander" [60], welche viel häufiger auftritt.

Dipol-Dipol-Wechselwirkungen treten überwiegend zwischen Molekülen auf, die eine Nitril- (–CN), Nitro- ($-NO_2$), Amid- bzw. Lactam- (–CONH), Carbonyl- (–C=O) oder eine Hydroxyl- (–OH) oder Halogengruppe besitzen. Die Assoziation findet zwischen den Molekülen der mobilen Phase, zwischen den Molekülen der zu trennenden Substanzen und denen der mobilen oder stationären Phase und zwischen den Molekülen der stationären und mobilen Phase statt.

4.3.3
Viskosität

Die Viskosität ist eine physikalisch-chemische Größe, die die innere Reibung in Gasen und Flüssigkeiten beschreibt. Der Zusammenhalt der Moleküle ist um so größer, je stärker die zwischenmolekularen Kräfte sind, die bei der lamellenartigen Verschiebung entstehen. Je höher die Viskosität der mobilen Phase ist, desto geringer ist die Fließgeschwindigkeit. Der Viskositätskoeffizient η stellt ein Maß für die auftretenden Reibungskräfte dar. Er kann mit Hilfe des Hagen-Poiseuilleschen Gesetzes aus dem Flüssigkeitsvolumen V, das in der Zeit t ein Rohr vom Radius r und der Länge L unter dem Einfluß einer Druckdifferenz Δp durchfließt, ermittelt werden:

$$\eta = \frac{\pi \cdot \Delta p \cdot r^4 \cdot t}{8 \cdot V \cdot L} \; [\mathrm{Pa} \cdot \mathrm{s}] \qquad (4\text{–}33)$$

Für die Temperaturabhängigkeit der Viskosität einer Flüssigkeit gilt das Arrhenius-Gesetz:

$$\eta = A \cdot e^{-E_a/RT} \quad [Pa \cdot s] \tag{4-34}$$

e Elementarladung
A Konstante
E_a Aktivierungsenergie $[J \cdot mol^{-1}]$

Folglich nimmt die Viskosität einer Flüssigkeit mit steigender Temperatur ab. Dies hat zur Folge, daß die Strömungsgeschwindigkeit der mobilen Phase mit der Temperatur zunimmt.

4.3.4 Oberflächenspannung

Infolge der Oberflächen- oder Grenzflächenspannung versucht jede Flüssigkeit, eine minimale Oberfläche bei einem gegebenen Volumen, d. h. Kugelgestalt, anzunehmen. Die Oberflächenspannung σ kann nach der sogenannten Steighöhenmethode ermittelt werden gemäß:

$$\sigma = \frac{r \cdot \rho \cdot g \cdot h}{2 \cdot \cos\theta} \quad [N \cdot m^{-1}] \tag{4-35}$$

r Radius der Kapillaren, in der die Flüssigkeit aufsteigt [cm]
ρ Dichte der Flüssigkeit $[g \cdot cm^{-1}]$
g Erdbeschleunigung: $9.81\ m \cdot s^{-2}$
h Steighöhe der Flüssigkeit [cm]
θ Randwinkel zwischen der Festkörperfläche der Kapillare und der benetzenden Flüssigkeit

Durch die Oberflächenspannung wird die Ausbreitung des Fließmittels entsprechend gehemmt.

4.3.5 Geschwindigkeitskoeffizient (Fließkonstante)

Der Geschwindigkeitskoeffizient oder die Fließkonstante κ ist ein Maß für die Wanderungsgeschwindigkeit der Fließmittelfront und damit für die Entwicklungsgeschwindigkeit eines Chromatogramms in einer bestimmten Träger- bzw. Sorbensschicht bei einer definierten Laufstrecke. Für das Fließverhalten der mobilen Phase gilt folgende quadratische Beziehung:

$$Z_F^2 = \kappa \cdot t \tag{4-36}$$

Z_F Entfernung der Fließmittelfront vom Eintauchspiegel [cm]
t Laufzeit [s]
κ Geschwindigkeitskoeffizient $[cm^2 \cdot s^{-1}]$

Der Geschwindigkeitskoeffizient ist von der Oberflächenspannung, der Viskosität des Fließmittels und dem Radius r der durch die Partikel der stationären Phase gebildeten Kanäle abhängig gemäß:

$$\kappa = k \cdot \frac{r \cdot \sigma}{\eta} \qquad (4\text{–}37)$$

k Konstante, die von der Korngröße, Packungsdichte und Schichtdicke der stationären Phase abhängt
r Kapillarradius (Porendurchmesser) [cm]
σ Oberflächenspannung [$N \cdot m^{-1}$]
η Viskosität [$Pa \cdot s$]

Damit ist κ dem Radius der Kanäle und der Oberflächenspannung des Fließmittels direkt und seiner Viskosität umgekehrt proportional. Da sich bei DC-Schichten der Porendurchmesser nicht genau angeben läßt, zieht man es vor, k und r zu einer neuen Konstanten K zusammenzufassen, so daß anstelle von Gl. 4–37 gilt:

$$\kappa = K \cdot \frac{\sigma}{\eta} \qquad (4\text{–}38)$$

Der Quotient aus der Oberflächenspannung und der Viskosität σ/η wird als Permeations- oder Durchdringungsfaktor bezeichnet. Zwischen diesem und der Fließkonstante besteht ein linearer Zusammenhang, vorausgesetzt, man verwendet dieselbe DC-Platte. Die Beziehung ist jedoch nur dann gültig, wenn die Platte nicht vorbedampft wird. Ansonsten muß sie um den Faktor $V_m/(V_m-V_v)$ ergänzt werden, wobei V_m das gesamte Flüssigkeitsvolumen der Schicht und V_v das durch Vorbedampfen aus der Kammeratmosphäre aufgenommene Volumen ist.

Aus Gl. 4–36 folgt durch Differentiation dZ_F/dt für die Wanderungsgeschwindigkeit der Fließmittelfront (Frontwanderungsgeschwindigkeit oder Fließgeschwindigkeit) u_F:

$$u_F = \frac{\kappa}{2 \cdot Z_F} \; [cm \cdot s^{-1}] \qquad (4\text{–}39)$$

Die Frontwanderungsgeschwindigkeit ist also der Entfernung der Fließmittelfront vom Start umgekehrt proportional, d. h. sie nimmt mit zunehmender Frontwanderungsstrecke ab.
Durch Einsetzen von Gl. 4–38 in Gl. 4–39 erhält man weiterhin:

$$u_F = K \cdot \frac{\sigma}{2 \cdot Z_F \cdot \eta} \qquad (4\text{–}39)$$

Je größer die Viskosität und je kleiner die Oberflächenspannung des Fließmittels, desto langsamer wandert die Front. Folglich sind die Fließgeschwindigkeit und somit auch die Entwicklungszeit des Chromatogramms vom eingesetzten Fließmittel abhängig.

4.4 Dynamische Theorie der DC von Belenky

Mit Hilfe der von Belenky [50] entwickelten dynamischen Theorie der DC läßt sich die Konzentration in den Substanzflecken berechnen, wenn folgende Voraussetzungen erfüllt sind:

Abb. 4.3 Graphische Darstellung der Diffusion eines Substanzfleckes in der Dünnschichtchromatographie

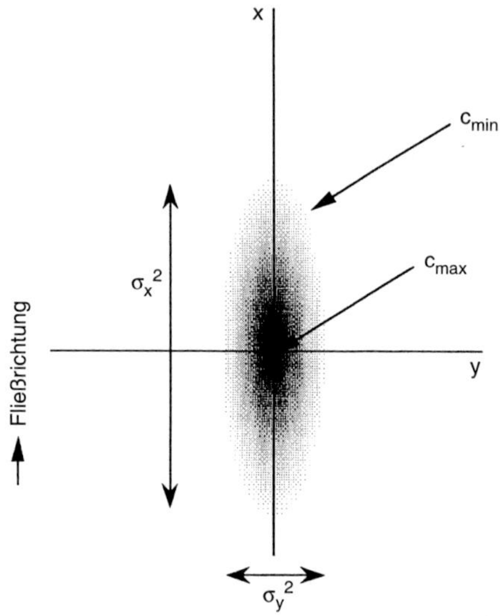

- Es dürfen keine Fließmittelgradienten vorliegen.
- Der Diffusionskoeffizient muß in Fließrichtung und senkrecht dazu gleich sein.
- Die Adsorptionsisotherme muß linear sein.
- Die Fließgeschwindigkeit u soll konstant sein (was in der Praxis jedoch nicht zutrifft, s. Abschn. 4.3.5).

Während der chromatographischen Entwicklung findet die Molekulardiffusion in alle Richtungen statt. Zusätzlich kommt es durch die Diffusion in die Poren und den verzögerten Massenaustausch zu einer zusätzlichen Fleckvergrößerung in Fließrichtung. Stellt man sich den Substanzfleck in einem Koordinatensystem mit der x-Achse in Fließrichtung und der y-Achse quer dazu vor, so läßt sich die Substanzkonzentration c zur Zeit t an jedem beliebigen Ort mit Hilfe einer zweidimensionalen Gauß-Verteilung beschreiben (Abb. 4.3). Die Fleckbreiten in x- und y-Richtung entsprechen dann den Standardabweichungen σ_x (longitudinal) und σ_y (transversal). Für die entsprechenden Varianzen gilt:

$$\sigma_x^2 = 2 \cdot \left(D + \frac{1 - R_f}{R_f} \cdot u \cdot \tau\right) \cdot R_f \cdot t \qquad (4\text{–}40)$$

$$\sigma_y^2 = 2 \cdot D \cdot R_f \cdot t \qquad (4\text{–}41)$$

Dabei berücksichtigt die Konstante τ [s] den verzögerten Stoffaustausch. Sie ist von der Korngröße abhängig und entspricht dem C-Term der van Deemter-Gleichung.

Es zeigt sich, daß die Fleckverbreiterung der Zeit und dem R_f-Wert direkt proportional sind. Man beobachtet also nicht nur mit Erhöhung der Laufzeit, sondern auch mit steigendem R_f-Wert eine Vergrößerung des Substanzfleckes. Dies läßt sich folgendermaßen erklären: Wenn die Substanz einen kleinen R_f-Wert zeigt, bedeutet dies, daß sie von der Schicht sorbiert wird, in der mobilen Phase kaum gelöst ist und daher eine geringe Wanderungsgeschwindigkeit besitzt. Zeigt die Substanz hingegen einen großen R_f-Wert, so ist das ein Ausdruck dafür, daß sie kaum von der Schicht sorbiert wird, gut löslich in der mobilen Phase ist und eine Wanderungsgeschwindigkeit besitzt, die der der Front der mobilen Phase sehr nahe kommt. Durch den zeitlich langen Aufenthalt in der mobilen Phase kommt es folglich auch zu einer wesentlich stärkeren Diffusion der Substanz in alle Richtungen, obwohl die Entwicklungszeit gleich ist (Farbabb. 4.4 siehe S. 197)

Durch die zusätzliche Fleckvergrößerung in x-Richtung nimmt der Substanzfleck die Form einer Ellipse an. Die Abweichung von der Kugelgestalt hängt dabei von seiner Wanderungsgeschwindigkeit bzw. von seinem R_f-Wert ab: bei kleinen R_f-Werten gibt es nur wenige Übergänge in die mobile Phase, und der Substanzfleck bleibt rund (und kompakt). Bei großen R_f-Werten geht die Substanz nur geringe Wechselwirkungen mit der stationären Phase ein, so daß es zu keiner Diffusion in die Poren kommt: die Fleckverbreiterung beruht nur auf der in alle Richtungen gleichermaßen wirkenden Molekulardiffusion, so daß der Fleck nun eine diffuse Kugelgestalt annimmt.

Nach Stillstand der mobilen Phase kommt es zu einer weiteren Diffusion der Moleküle in alle Richtungen; für diese Diffusion gilt die Einsteinsche Beziehung:

$$\sigma^2 = \sigma_0^2 + 2 \cdot D \cdot t \qquad (4\text{–}42)$$

σ^2 Varianz
σ^2_0 Varianz, die die Diffusion während des Entwicklungsvorganges beschreibt
t Zeit

Folglich findet eine zusätzliche Fleckverbreiterung nach der Entwicklung des Chromatogramms statt, die durch das Trocknen der Schicht zum Stillstand gebracht werden kann.

4.5 Anwendung der van Deemter-Gleichung auf die DC

Obwohl die van Deemter-Gleichung für die Gaschromatographie entwickelt wurde, kann sie bis zu einem gewissen Grad auch zur Beschreibung der Zonenverbreiterung in der DC herangezogen werden. Somit lassen sich Aussagen über die optimale Wahl der Fließgeschwindigkeit, der Porendurchmesser und des Packungsmaterials treffen. Die van Deemter-Gleichung kann für die DC in der folgenden Form geschrieben werden:

$$H = A + \frac{B}{u} + Cu = 2\lambda d_p + \frac{2\gamma D}{u} + \frac{\omega d_p}{D} \cdot u \qquad (4\text{–}43)$$

d_p Partikeldurchmesser oder Korngröße [μm]
λ Konstante, die von der geometrischen Anordnung der Schicht abhängt
γ Labyrinthfaktor
ω Konstante [μm^{-1}]

Der **A-Term** berücksichtigt die lokalen Unterschiede in der Fließgeschwindigkeit und die damit verbundene Streudiffusion, die zu einer Fleckverbreiterung in Fließrichtung führt. Die Güte einer Packung ist gekennzeichnet durch eine möglichst einheitliche Schichtung der Partikel in dem Sinne, daß die Abstände zwischen den Partikeln zu möglichst gleich breiten Kanälen führen. Die Breite der Kanäle und damit die Fließgeschwindigkeit durch die Schicht sind umso einheitlicher (λ wird umso kleiner), je einheitlicher die Partikelgrößenverteilung ist. Dadurch vermindert sich die Streudiffusion. Eine weitere Ursache für die lokalen Unterschiede in der Fließgeschwindigkeit ist das laminare Strömungsprofil: in breiten Kanälen ist der Geschwindigkeitsgradient von der Mitte zum Rand größer als in engen. Da die Breite der Kanäle mit dem Partikeldurchmesser abnimmt, nehmen die lokalen Unterschiede in der Fließgeschwindigkeit mit kleiner werdendem Partikeldurchmesser ab. Da der Partikeldurchmesser d_p dem A-Term direkt proportional ist, könnte man zunächst annehmen, daß eine stete Verkleinerung des Korndurchmessers über eine ständige Verkleinerung des A-Terms zu einer optimalen Erniedrigung der Bodenhöhe führt. Dies kann jedoch in der Praxis nicht realisiert werden, da unterhalb eines bestimmten Grenzwertes die Kanäle so eng werden, daß kleinste Sorbenspartikel sie verstopfen.

Der **B-Term** beschreibt die Auswirkung der Molekulardiffusion auf die Bodenhöhe in Abhängigkeit von der Fließgeschwindigkeit. Dabei berücksichtigt der sog. Labyrinthfaktor γ, daß die Diffusion über labyrinthartige Umwege verläuft. Da der B-Term der Fließgeschwindigkeit umgekehrt proportional ist, sinkt der Beitrag der Molekulardiffusion zur Zonenverbreiterung mit zunehmender Fließgeschwindigkeit. Schließlich weisen Substanzen mit hohen Diffusionskoeffizienten naturgemäß höhere B-Terme auf als solche mit geringen Diffusionskoeffizienten.

Der **C-Term** leistet seinen Beitrag zur Trennstufenhöhe durch die Berücksichtigung des verzögerten Massenübergangs und der Diffusion in die Poren. ω ist ein Proportionalitätsfaktor, der wie der Labyrinthfaktor von der Packungsstruktur abhängt. Der C-Term ist der Fließgeschwindigkeit u und der Korngröße d_p proportional und dem Diffusionskoeffizienten umgekehrt proportional. Hohe Fließgeschwindigkeiten führen folglich zu einer Erhöhung des C-Terms und damit zu einem größeren Beitrag zur Bodenhöhe. Das liegt daran, daß der Stoffaustausch zwischen der Substanz in der „fließenden" und der „ruhenden" mobilen Phase in den Poren der Partikel nicht mehr schnell genug erfolgen kann. Bei diesem Prozeß kann es noch zu einer weiteren Verschlechterung im Stoffaustausch kommen, wenn die Poren unterschiedliche „Tiefen" haben, die zurückzulegende Wegstrecke also nicht einheitlich lang ist. Auch hier wirkt sich also eine einheitliche Korngröße positiv auf die Trennleistung aus.

Da die Fließgeschwindigkeit während der chromatographischen Entwicklung nicht konstant ist, ist die Bodenhöhe H eigentlich nicht, wie Gl. 4–43 vermuten läßt, von der Lage im chromatographischen Bett abhängig. Diese Tatsache kann man dadurch berücksichtigen, daß man anstelle der Fließgeschwindigkeit die Fließkonstante und die Trennstrecke in die van Deemter-Gleichung einbringt. Aus Gl. 4–43 wird dann [61]:

$$H = 2\lambda d_p + 2\gamma D \frac{Z_F}{\kappa} + \frac{\omega d_p}{D} \cdot \frac{\kappa}{2Z_F} \ln \frac{Z_F}{Z_0} \qquad (4\text{–}44)$$

Aus dieser Beziehung lassen sich folgende wichtigen Aussagen ableiten:

1) Die beobachtete Bodenhöhe H ist unabhängig vom R_f-Wert.
2) Je größer κ, desto geringer ist (wegen der geringeren Trennzeit) der Einfluß des B-Terms (der Molekulardiffusion). Da bei geringeren Trennzeiten die Gleichge-

wichtseinstellung jedoch unvollständiger ist, nimmt der Einfluß des C-Terms im gleichen Maße zu. Die optimale Fließkonstante kann – bei konstanter Trennstrecke Z_F – durch Differentiation aus Gl. 4–44 erhalten werden:

$$k_{opt} = \frac{Z_F \cdot D}{d_p} \cdot \sqrt{\frac{2\gamma}{\omega \cdot \ln \frac{Z_F}{Z_0}}} \tag{4-45}$$

3) Mit abnehmender Korngröße d_p wird H über den A- und den C-Term kleiner, d. h. die Schichtqualität nimmt zu.
4) Wenn man die Korngröße wegen 3) verringert, nimmt κ und damit die Fließgeschwindigkeit wegen Gl. 4–37 ab. Um die damit einhergehende Erhöhung des B-Terms zu kompensieren, kann die Fließgeschwindigkeit gemäß Gl. 4–37 durch Wahl eines Fließmittels mit niedriger Viskosität erhöht werden. Eine Alternative stellt die Erniedrigung der Viskosität durch Temperaturerhöhung gemäß Gl. 4–34 dar.
5) Die Erniedrigung der Fließgeschwindigkeit durch Verringerung der Korngröße wegen 3) und die damit verbundenen langen Entwicklungszeiten können anstelle von 4) auch dadurch ausgeglichen werden, daß die Trennstrecke drastisch erniedrigt wird.
6) Eine geringe Korngrößenverteilung führt zu einer einheitlichen Schichtstruktur und hat daher über die Konstanten λ, γ und ω einen positiven Einfluß auf H.
7) Je größer die Schichtdicke, desto größer wird der Labyrinthfaktor γ und damit der B-Term.
8) Wenn Z_0 gegen 0 geht, geht C gegen ∞. Das bedeutet, daß die Entfernung Z_0 zwischen Eintauchspiegel und Startlinie nicht zu klein gewählt werden darf. Weiterhin liegt nach Saunders und Snyder [62] das optimale Verhältnis Z_f/Z_0 zwischen 7 und 33.

Aus den Schlußfolgerungen, die man aus der van Deemter-Gleichung ziehen kann, wird deutlich, daß vieles dafür spricht, neben der Erniedrigung der Korngröße und der Schichtdicke auch die Länge der Trennstrecke, also die Dimensionen der DC-Platte zu verringern, um bessere Trennergebnisse zu erzielen. Wie aus Abb. 4.5 (siehe S. 197) hervorgeht, führt eine Laufstrecke von nur ca. 3,5 cm auf einer 5 cm × 5 cm-Platte mit einer Schichtdicke von 250 μm zu einer hervorragenden Trennung. Das Plattenformat 5 cm × 5 cm liefert vor allem in Kombination mit der Horizontalkammer von Kraus und Mitarbeitern [63] (s. Abschn. 4.6.2) innerhalb kurzer Zeit sehr gut reproduzierbare Trennergebnisse.

4.6 Weitere Faktoren, die die Trennleistung beeinflussen

Neben den bereits erwähnten Parametern wie Fließgeschwindigkeit, Trennstrecke, Schichtstruktur und Partikelgröße sowie der optimalen Wahl der stationären und mobilen Phase (s. Kap. 5 und 6) gibt es noch ein ganze Reihe von Faktoren, die die dünnschichtchromatographische Trennung ebenfalls beeinflussen. U. a. sind dies die relative Luftfeuchtigkeit und die damit verbundene Aktivität, der Kammertyp und damit die Sättigung von Kammer und stationärer Phase mit Fließmitteldämpfen, die Fleckenform und -größe bei der Probenauftragung und die Temperatur. Im folgenden werden die wichtigsten Faktoren kurz beschrieben.

4.6.1
Relative Luftfeuchtigkeit und Aktivität

In der Adsorptionschromatographie wird die Aktivität eines Adsorbens durch seine Energie und Oberfläche bestimmt. Je größer die Oberflächenenergie ist, desto stärker sind die Wechselwirkungen zwischen Adsorbens und Adsorbat. Die spezifische Oberfläche bestimmt die Zahl der Adsorptionsprozesse, die gleichzeitig nebeneinander ablaufen können. Je höher die Aktivität ist, desto stärker ist das Rückhaltevermögen der stationären Phase. Die Laufstrecke und damit der R_f-Wert steigen mit abnehmender Aktivität an.

Durch Desaktivierung oder Vorbelegung mit (meist) polaren Substanzen kann die wirksame Oberfläche des Adsorbens verringert werden. Erfolgt die Vorbelegung mit Wasserdampf aus der Luft, so spricht man von Vorbedampfen. Dabei lagern sich die polaren Wassermoleküle an die aktiven Zentren des Adsorbens an und verringern damit dessen aktive Oberfläche. Der aktivitätskontrollierende Parameter ist dabei die relative Luftfeuchtigkeit: je höher die relative Luftfeuchtigkeit, desto geringer ist die Aktivität der Schicht.

Die mittlere Oberflächenenergie hochaktiver, d. h. wasserarmer Schichten nimmt bei der Vorbedampfung zuerst stark ab und stabilisiert sich dann bei 20 – 50 % Belegung. Dies läßt sich dadurch erklären, daß die Oberflächenenergie nicht homogen über die gesamte Schicht verteilt ist und die ersten adsorbierten Wassermoleküle zunächst die energiereichsten Zentren der Schicht belegen. Wenn diese alle abgesättigt sind, bleiben lediglich die Zentren geringerer Energie zurück. Somit geht mit der Desaktivierung eine Homogenisierung der Oberfläche einher. Dieser Effekt ist dafür verantwortlich, daß durch Vorbedampfung eine Linearisierung gekrümmter Adsorptionsisothermen und damit unter Umständen gar eine bessere Trennung ermöglicht werden kann.

Ein Adsorbens ist dann vollständig desaktiviert, wenn alle seine aktiven Zentren mit Fremdmolekülen belegt sind. Es findet dann ein Übergang von der Adsorptionschromatographie zur Verteilungschromatographie statt, wobei die adsorbierten Fremdmoleküle nun die stationäre Phase bilden. Auch im Falle einer Flüssig-Flüssig-Verteilungschromatographie, in der Wasser als stationäre Phase dient, kann die relative Luftfeuchtigkeit naturgemäß die Trennung sehr stark beeinflussen.

Das Gleichgewicht zwischen Wasseraufnahme aus der Luft und Wasserabgabe an die Luft stellt sich schon innerhalb von nur 2 – 10 min ein. Dies hat zur Folge, daß die Aktivität nach dem Vorbereiten der Platte und dem Auftragen der Probe in der Regel mehr oder weniger der relativen Luftfeuchtigkeit des Labors entspricht. Daher ist ein Voraktivieren der Schicht (durch Trocknung bzw. Erwärmen) in den meisten Fällen nicht notwendig oder gar überflüssig.

Da das Adsorptionsgleichgewicht zwischen Wasser und dem betreffenden Adsorbens – und damit die Aktivität – von Temperatur und Druck abhängig ist, ist es sinnvoll, in vollklimatisierten Räumen zu arbeiten, um konstante Aktivität und damit reproduzierbare Ergebnisse zu gewährleisten.

4.6.2
Sättigung und Trennkammertyp

In der Dünnschichtchromatographie spielt der Gasraum einer Trennkammer eine entscheidende Rolle im Hinblick auf die Reproduzierbarkeit einer Trennung. Abbildung 4.6 veranschaulicht die verschiedenen Begriffe, mit denen man die vor bzw. während der Entwicklung in einer Trennkammer ablaufenden Vorgänge beschreibt. Dabei muß man streng unterscheiden zwischen Kammersättigung einerseits und Vorbeladung bzw. Sättigung der Schicht andererseits.

Von Kammersättigung spricht man dann, wenn alle Komponenten des Fließmittels vor und während der Entwicklung mit allen Zonen des Gasraumes im Gleichgewicht stehen. Die Kammersättigung bezieht sich auf die Schicht vor der Entwicklung und auf den noch nicht benetzten Teil oberhalb der wandernden Fließmittelfront während der Entwicklung [64]. Hierbei muß man beachten, daß im Gasraum der Kammer auch noch die Bestandteile der Luft (O_2, N_2 und H_2O) vorhanden sind. Je höher der Dampfdruck der Fließmittelkomponenten ist, desto geringer ist der Partialdruck von Luft und Wasserdampf und damit die relative Luftfeuchtigkeit in der Trennkammer.

Analog der Vorbedampfung der chromatographischen Schicht mit Wassermolekülen aus dem Gasraum und der damit verbundenen Desaktivierung kann es auch zu einer Vorbeladung der trockenen oder schon teilweise desaktivierten Schicht mit Molekülen des Fließmittels aus der Gasphase kommen, die sich in der mehr oder weniger gesättigten Kammeratmosphäre befinden. Wird die Vorbeladung absichtlich herbeigeführt, spricht man auch von Konditionierung. Erfolgt im Falle von Kammersättigung eine Vorbeladung der Schicht bis zur Gleichgewichtseinstellung, so spricht man auch von sorptiver Sättigung. Die maximale Sorptionskapazität ist vom Adsor-

Abb. 4.6 Schematische Darstellung der Austauschvorgänge zwischen Gasraum, Fließmittelvorrat und DC-Platte vor bzw. während der Entwicklung

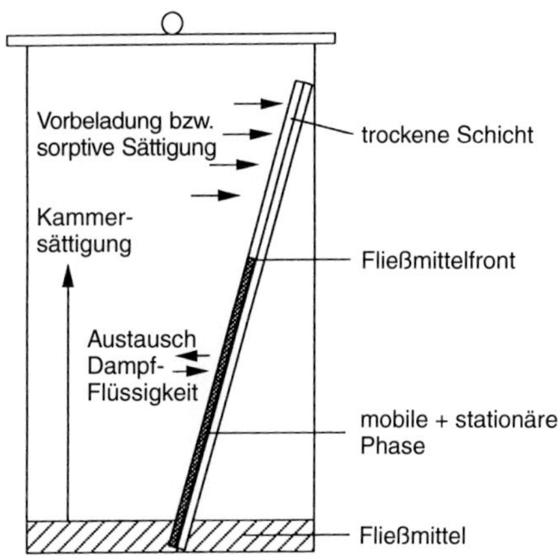

bens und vom Adsorbat abhängig. Die Geschwindigkeit der sorptiven Sättigung hängt von der Molekülart, ihrem Dampfdruck und der Schichtdicke der DC-Platte ab. Sie variiert zwischen einigen Minuten bei polaren Substanzen bis zu einigen Tagen bei sehr unpolaren Substanzen. Daher führt eine Konditionierung der Schicht von nur einigen Minuten oftmals nicht zu sorptiver Sättigung.

Die Vorbeladung der Schicht mit Dämpfen eines einkomponentigen Fließmittels hat eine Verringerung des Volumens zur Folge, das für die Entwicklung zur Verfügung steht. Das Fließmittel aus dem Vorrat muß beim Wandern durch die Schicht lediglich noch das Restvolumen $V_m - V_v$ (mit V_m = freies Volumen vor der Beladung, V_v = durch Vorbeladung aufgefülltes Volumen) auffüllen. Dadurch kommt es zur Ausbildung einer imaginären Front (Abb. 4.7), die dafür verantwortlich ist, daß die maximalen R_f-Werte bei Vorbeladung nicht größer als etwa 0,8 werden können, auch dann nicht, wenn man versucht, die unpolarste Probenkomponente mit dem elutionskräftigsten Fließmittel zu kombinieren. Der R_f-Wert ist proportional dem Restvolumen, das aus dem Fließmittelvorrat in die Schicht aufsteigt. Folglich ist er ohne eine Vorbeladung am größten und nimmt mit steigender Vorbeladung ab. Ansonsten wird die Trennung jedoch bei Vorbeladung mit einem Einkomponentenfließmittel nicht erheblich beeinflußt.

Die Vorbeladung mit Fließmitteldämpfen verringert den Wassergehalt des Adsorbens und erhöht damit dessen Aktivität, was zu einer Erniedrigung des R_f-Wertes führt. Dies beruht einerseits auf der Erniedrigung der relativen Luftfeuchtigkeit durch die Wasserverdrängung im Gasraum bei der Kammersättigung mit Fließmitteldämpfen, andererseits auf der Wasserverdrängung an den aktiven Zentren des Adsorbens durch Fließmittelmoleküle aus dem Gasraum.

Anders liegen die Verhältnisse beim Vorliegen eines Fließmittelgemisches. So kommt es bei Gemischen, deren eine Komponente stark polar ist, zu einer mehr oder

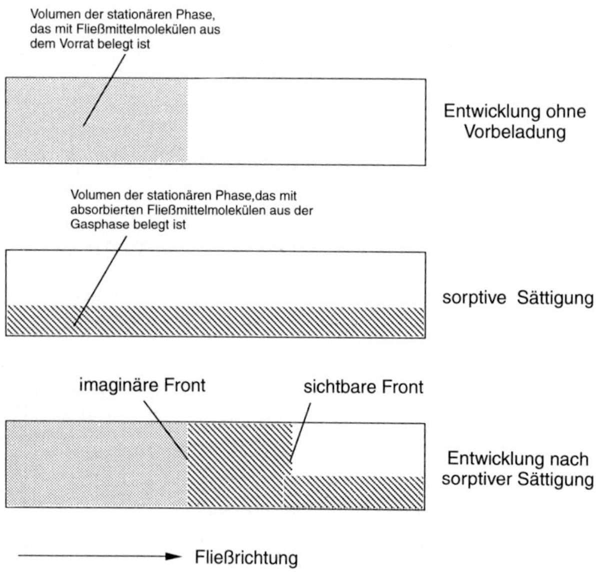

Abb. 4.7 Ausbildung einer imaginären Front bei der Entwicklung nach Vorbeladung der Schicht. Probesubstanzen laufen höchstens bis zur imaginären Front.

Abb. 4.8 Normalkammer, Desaga

weniger starken Desaktivierung der Schicht. Die R_f-Werte steigen zunächst mit der Vorbeladungszeit wegen der Desaktivierung der aktiven Zentren des Adsorbens an und gehen dann vor der sorptiven Sättigung durch ein flaches Maximum. Die Ausbildung von mehreren Fließmittelfronten (s. Kap. 6) wird durch Vorbeladung teilweise ausgeglichen. Im Falle von Fließmittelgemischen muß darauf geachtet werden, daß eine mechanische Durchmischung des Gasraumes zur Vermeidung von Dichtegradienten und damit Vorbeladungsgradienten auf der Schicht erfolgt.

Der verwendete Trennkammertyp hat einen entscheidenden Einfluß auf die vor und während der Entwicklung stattfindenden Austauschreaktionen zwischen dem Gasraum, dem Fließmittelvorrat und der DC–Platte. Man unterscheidet grundsätzlich zwei Kammertypen: die Normal- oder N-Kammer mit großem Gasraum und die Sandwich- oder S-Kammer mit sehr kleinem Gasraum. Die am häufigsten verwendete Kammer ist die aus Glas bestehende N-Kammer mit plangeschliffenem Deckel, in der maximal zwei 20 cm × 20 cm-DC-Platten gleichzeitig entwickelt werden können (Abb. 4.8).

Wenn man die N-Kammer mit Filterpapier auskleidet, das in den Fließmittelvorrat hineintaucht, ist die Kammer je nach Dampfdruck des Fließmittels nach wenigen Minuten bis wenigen Stunden mit Fließmitteldämpfen gesättigt. Ohne Filterpapierauskleidung, d. h. ohne Kammersättigung, kommt es vor allem in Frontnähe zu einem Abdampfen des Fließmittels in den Kammerraum, wodurch sich der Fließmitteldurchsatz und damit auch die R_f-Werte erhöhen.

In der sog. Doppeltrogkammer (Abb. 4.9) ist der Boden durch eine Schwelle in zwei Tröge unterteilt, wodurch der Lösemittelverbrauch im Vergleich zur N-Kammer deutlich verringert wird. Außerdem kann man diese Kammer vorzugsweise zu einer Vorbeladung (Vorkonditionierung) der Schicht heranziehen. In diesem Falle befindet sich das Fließmittel in dem der Platte gegenüberliegenden Trog. Nach etwa 10 min Vorbeladung wird die Kammer gekippt, so daß Fließmittel in den Trog gelangt, in dem die Platte steht, und damit die Entwicklung in Gang gesetzt wird.

Wenn man eine DC-Platte mit einer Glasplatte in geringem Abstand so bedeckt, daß nur die untere Zone zum Eintauchen in das Fließmittel frei bleibt, so erhält man eine ideal ungesättigte S-Kammer, die im Prinzip in jede beliebige Entwicklungskammer eingestellt werden kann. In diesem Falle befinden sich so gut wie keine Fließmittelmoleküle im Gasraum, so daß auch keine Vorbeladung stattfinden kann und wäh-

Abb. 4.9 Doppeltrogkammer, Camag

rend der Entwicklung nur so wenig Fließmittel in den Gasraum abdampfen kann, daß es chromatographisch nicht ins Gewicht fällt. Desweiteren werden durch den geringen Gasraum Konvektionen verhindert. Diese Anordnung kann zur ideal gesättigten Kammer umfunktioniert werden, indem man die Deckplatte mit einer fließmittelgetränkten Filterpapierschicht ausschlägt. Läßt man das Fließmittel schon vor der Entwicklung entsprechend lange einwirken, so erzielt man damit gleichzeitig eine sorptive Sättigung.

Die meisten kommerziell erhältlichen S-Kammern sind Horizontalkammern, wie z. B. die Linearkammer und die Vario-KS-Kammer, beide von Camag. Bei der Linearkammer wird die (20 cm × 20 cm-) DC-Platte mit der Schicht nach unten mit einem Abstand von 0,5 mm zur Gegenplatte horizontal in die Kammer gelegt. Das Fließmittel gelangt über eine oder zwei Glasfritten aus ein oder zwei Trögen in die Schicht (je nachdem ob die Entwicklung von einer oder von zwei Seiten erfolgt). Die von Geiss und Schlitt [65] entwickelte Vario-KS-Kammer (Abb. 4.10) ist ähnlich aufgebaut, besitzt jedoch neben einem festinstallierten (gegebenenfalls in 5 Tanks unterteilbaren) Fließmitteltrog 4 verschiedene auswechselbare Konditionier-Trogeinsätze mit unterschiedlicher geometrischer Aufteilung. Somit können bis zu 5 Fließmittel gleichzeitig unter den gleichen Bedingungen auf derselben DC-Platte untersucht werden. Desweiteren erlaubt dieser Kammertyp die Einstellung einer konstanten relativen Luftfeuchtigkeit sowie jede gewünschte Konditionierung der Schicht, indem man die

Abb. 4.10 Horizontal-Kammer, Camag

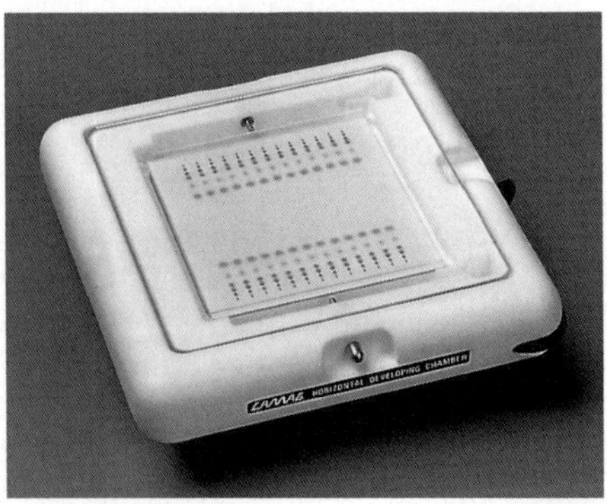

entsprechenden gesättigten Salzlösungen bzw. die Vorbeladungsflüssigkeiten in die Konditioniertröge füllt, die gegebenenfalls durch einen Schieber von der Schicht abgetrennt werden können. Neben einer homogenen Vorbeladung können durch Verwendung der entsprechenden Konditionier-Trogeinsätze Vorbeladungsgradienten in Fließrichtung und quer dazu erzeugt werden. Jegliche Vorbeladung bzw. Kammersättigung wird unterbunden, indem man den Trennschieber permanent als Gegenplatte benutzt.

Desweiteren seien hier die von Brenner und Niederwieser [66] entwickelte BN-Kammer erwähnt, die für eine durchlaufende Entwicklung konzipiert ist und die einfache Variante der Horizontalkammer für lose Schichten von Mistrjukov [67].

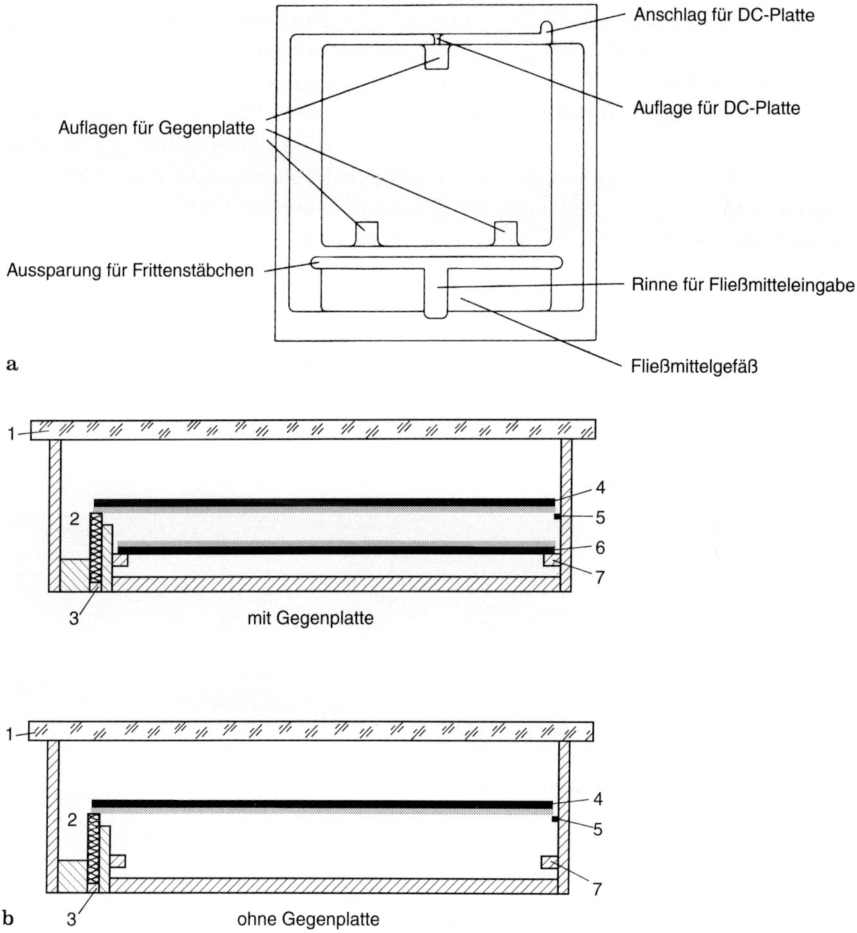

Abb. 4.11 H-Trennkammer für 5 cm x 5 cm-Platten (Desaga) in der Draufsicht (a) und im Querschnitt (b) (1) Deckglas (2) Fließmittelgefäß (3) Frittenstäbchen (4) DC-Platte mit Schicht nach unten (5) Auflage für DC-Platten (6) Gegenplatte mit Schicht nach oben (7) Auflage für Gegenplatte

Alle hier vorgestellten Trennkammern sind für das Arbeiten mit herkömmlichen 20 cm × 20 cm-Platten bestimmt. Eine einfache Horizontalkammer, die die Entwicklung auf 5 cm × 5 cm-Platten sowohl in einem ideal ungesättigten als auch in einem gezielt gesättigten Raum ermöglicht, wurde von Kraus und Mitarbeitern [63, 68] zum erstenmal beschrieben. Die H-Trennkammer (Abb. 4.11) besteht aus einem lösemittelbeständigen PTFE-Grundkörper, der mit einer 4 mm starken, planar aufliegenden Glasscheibe (1) abgedeckt ist. Die Dünnschichtplatte (4) wird zum Entwickeln mit der Schicht nach unten gelegt und horizontal entwickelt. Für die Fließmittelzufuhr sorgt ein Glasfrittenstäbchen (3), das aus dem Fließmitteltrog (2) das Fließmittel zur Schicht leitet. Die Rille, in der die Glasfritte sitzt, trägt zur gleichmäßigen Benetzung bei und damit auch zu einem geradlinigen Eindringen des Fließmittels in die Schicht. Zum Auftragen der Probe soll immer eine Schablone verwendet und die Probe mittels einer entsprechenden Kapillare auf die Schicht gebracht werden (s. Abschn. 7.3). Die Schablone gewährleistet sowohl den richtigen Abstand der Startpunkte zueinander als auch vom unteren Rand der Platte, so daß die aufgetragenen Substanzzonen beim Entwickeln oberhalb der Glasfritte liegen.

Wenn eine Sandwich-Entwicklung erforderlich erscheint, legt man eine Gegenplatte (6) auf die drei Ausstülpungen (7). Falls eine sorptive Sättigung notwendig ist, wird die gewünschte Sättigungsflüssigkeit auf den Boden der Kammer, der mit Filterpapier ausgekleidet ist, gegeben. Sollte eine intensivere bzw. gezielte Vorbeladung erforderlich sein, wird als Gegenplatte eine zurechtgeschnittene Kieselgelplatte benutzt und die Kieselgelschicht mit der entsprechenden Sättigungsflüssigkeit benetzt. Der Abstand beträgt 1 mm.

Wie in Abschn. 4.5 dargelegt, wird die van Deemter-Gleichung wegen des gleichmäßigen Flusses und der hohen Fließgeschwindigkeit (die Laufzeiten betragen je nach eingesetztem Fließmittel nur ca. 3 min) beim Arbeiten mit 5 cm × 5 cm-Platten in der H-Kammer optimal erfüllt. Desweiteren kann wegen der kurzen Trennstrecken von

Abb. 4.12 DC-Plattenschneider, Desaga

3,5 – 4 cm der Einfluß der Viskosität und der Oberflächenspannung des verwendeten Fließmittels vernachlässigt werden. Die kurze Trennstrecke wirkt sich weiterhin positiv auf die Fleckverbreiterung durch Diffusion (vgl. auch Abschn. 4.4) aus. Schließlich ist die Konvektion wegen des extrem geringen Gasraumes praktisch ausgeschlossen. Der maximale Fließmittelverbrauch liegt bei 0,8 – 1,2 ml, so daß Entsorgungsprobleme geringer sind und dem Umweltschutz Rechnung getragen wird.

Nachdem die H-Kammer Eingang in den Deutschen Arzneimittel Codex gefunden hat und die WHO [69] sie zur Kontrolle der Arzneipflanzen bzw. der Naturstoffe akzeptiert hat, wird das 5 cm × 5 cm-DC-Plattenformat auch von einigen Firmen geliefert (z. B. Desaga, Merck, etc.). Neu auf dem Markt ist ein DC-Plattenschneider von Desaga (Abb. 4.12), mit dem es möglich ist, beliebige Formate von allen auf dem Markt erhältlichen Glasplatten zu schneiden.

4.6.3 Probenmenge und Probenaufgabe

Wie in Abschn 2.3 bereits dargelegt wurde, sind die meisten Adsorptions- bzw. Verteilungsisotherme nur im unteren Konzentrationsbereich, d. h. für geringe Probenmengen linear. Mit steigender Probenkonzentration kommt es durch Tailing oder Fronting zu einer Schwanzbildung und unscharfen, asymmetrischen Flecken. Daher sollte die aufgetragene Probenmenge so gering wie möglich sein, um solche Überladungseffekte weitgehend zu vermeiden.

Neben der gewöhnlichen punktförmigen Auftragung der Probe kann diese auch bandförmig aufgetragen werden. Dies hat den Vorteil, daß die Molekulardiffusion in Querrichtung zur Trennstrecke sich nicht so stark bemerkbar macht und auch die Fleckausdehnung in Laufrichtung geringer ausfällt. Dadurch werden Überladungen der Schicht vermieden, und Gemische lassen sich besser auftrennen und auswerten. Ein Nachteil der bandförmigen Probenaufgabe liegt darin, daß nicht so viele Proben pro Platte aufgegeben werden können.

Sorgfältig aufgetragene Proben tragen wesentlich zu einer gelungenen Trennung bei. Die Auftragung der Proben erfolgt im allgemeinen mit Mikrokapillaren. Als Kapillaren stehen dünne (Einweg-)Glas- oder Platin-Iridium-Röhrchen mit definiertem Volumen und mit plangeschliffenen Bruchstellen zur Verfügung.

Bei Kapillaren muß darauf geachtet werden, daß sie sich vollständig füllen und entleeren. Auch die Quantifizierung der aufgetragenen Probenmenge ist in der Praxis oft problematisch. Gemäß Gl. 4–4 ist die maximale Steighöhe in einer Kapillaren abhängig von ihrem Radius und der Oberflächenspannung und Viskosität der aufsteigenden Flüssigkeit. So ließe sich z. B. eine 5 μl-Mikrokapillare bei einer Länge von 3,2 cm und einem Radius von 0,022 cm mit Wasser gut füllen, weil die berechnete Steighöhe 6,7 cm betragen würde. Für Chloroform beläuft sich die Steighöhe dagegen auf 1,7 cm. Die bei schräger Lage gefüllte Kapillare würde demnach bei senkrechter Lage sofort bis zu dieser Höhe auslaufen. Eine weitere Voraussetzung für die richtige Handhabung der Kapillaren ist, daß die Adhäsionskräfte größer sind als die Kohäsionskräfte. Lösungen mit hoher Dichte können schon vor der Auftragung teilweise aus der Kapillaren auslaufen. Flüssigkeiten mit hoher Viskosität dringen häufig nur unvollständig in die Kapillare ein und fließen auch nicht vollständig wieder aus.

Lösemittel mit zu großer Oberflächenspannung reißen in der Kapillare ab und „verstopfen sie". Auch Lösemittel, die stark flüchtig sind, wie z. B. Ether, liefern schlecht reproduzierbare Ergebnisse. Um trotzdem eine gute Reproduzierbarkeit der Volumendosierung zu erzielen, sollte man immer dieselbe Kapillare verwenden.

Um eine optimale Entleerung der Kapillaren zu erreichen, ist es weiterhin notwendig, daß die Schichtoberfläche mit der Kapillares berührt wird und der Auflagedruck der Kapillare so gewählt wird, daß diese einerseits gut ausläuft, andererseits die Oberfläche der Schicht nicht beschädigt, was wiederum in der Regel das Verstopfen der Kapillare zur Folge hat. Aus dieser Sicht ist die Verwendung einer Einwegglaskapillare gegenüber einer Platin-Iridium-Kapillare vorteilhafter.

Die Kapillaren können in Verbindung mit im Handel erhältlichen Auftragegeräten eingesetzt werden, deren Auftragedruck mit Hilfe eines Permanentmagneten (Nanomat II – Camag) oder eines Magnetfeldes (Nanomat II – Camag) reguliert wird.

Dort, wo die Adhäsionskräfte bei Kapillaren das Auftragen erschweren, können Kolbenspritzen eingesetzt werden. Zum Auftragen verwendet man Nadeln, deren Auslauf plan geschliffen ist und deren Oberfläche mit Teflon oder mit Silicon beschichtet ist, um das Hochkriechen der Flüssigkeit zu verhindern („creep back effect"). Auch hier bietet der Handel ausreichend Auswahl an Auftragegeräten, die den Wünschen des Benutzers gerecht werden.

Alternativ dazu sind außerdem Geräte mit berührungsfreier Dosierung kommerziell erhältlich (z. B. Linomat, Desaga). Diese Geräte reichen von einfachen manuellen bis zu computergesteuerten Vorrichtungen, bei denen entweder die Flüssigkeit als auslaufende Tropfen die Oberfläche der Schicht berühren und von dieser aufgesaugt werden, oder die Flüssigkeit wird mit Hilfe eines Stickstoffstromes auf die Oberfläche aufgesprüht, was dann auch eine exakte bandförmige Auftragung ermöglicht.

Beim manuellen Arbeiten ist es unbedingt erforderlich, Auftrageschablonen zu verwenden, um eine reproduzierbare und örtlich konstante Startlinie zu gewährleisten. Sie erleichtern zudem das Arbeiten, weil man die Hand auf die Schablone stützen kann. Sie sind entweder mit einer Markierung versehen, um einen Startpunktabstand übertragen zu können, oder, wie es z. B. bei der Schablone für die Desaga H-Kammer ist, mit Einkerbungen, die einerseits den Startpunktabstand untereinander, andererseits vom unteren Rand der Platte gewährleisten.

4.6.4 Temperatur

Verglichen mit den bereits erwähnten Parametern ist der Einfluß der Temperatur auf die Trennung relativ gering [48]. Wegen der Temperaturabhängigkeit der Viskosität des Fließmittels und der Diffusionskoeffizienten der Probenkomponenten beeinflussen Temperaturänderungen die Bodenhöhe H und damit die Schichtqualität. Die Temperatur beeinflußt weiterhin das Phasenquerschnittsverhältnis, die Zusammensetzung der Phasen, den Verteilungskoeffizienten sowie das Adsorptionsgleichgewicht.

Unter normalen Arbeitsbedingungen (konstante Absolutfeuchtigkeit im Kammergasraum) beobachtet man eine sehr geringe Temperaturabhängigkeit im Falle von Adsorptionschromatographie. Gemäß Gl. 4–18 ist der R_m-Wert umgekehrt proportional der Temperatur. Daraus folgt, daß der R_f-Wert mit steigender Temperatur zunehmen müßte. Diese Zunahme wird jedoch mehr als ausgeglichen durch die Temperaturabhängigkeit der relativen Luftfeuchtigkeit. Diese nimmt mit steigender Temperatur ab, wobei sich die Aktivität der Schicht erhöht, so daß die R_f-Werte abnehmen.

Das Arbeiten bei niedrigeren Temperaturen als der Raumtemperatur bietet sich in den Fällen an, in denen temperaturempfindliche Substanzen oder solche mit hohem Dampfdruck getrennt werden sollen.

4.7 Reproduzierbarkeit der R_f-Werte

Alle Faktoren, die die Trennleistung beeinflussen, haben naturgemäß einen Einfluß auf die R_f-Werte. Um eine Reproduzierbarkeit der R_f-Werte zu gewährleisten und damit Trennungen vergleichen oder nachvollziehen zu können, müssen alle Parameter, die die Trennung in irgendeiner Weise beeinflussen können, bekannt sein bzw. konstant gehalten werden. Im folgenden sind die wichtigsten Parameter, die die R_f-Werte beeinflussen, nochmals zusammenfassend aufgelistet.

1) Relative Feuchte:
Bei der Adsorptionschromatographie steigt der R_f-Wert mit zunehmender relativer Luftfeuchtigkeit wegen der Verringerung der Aktivität an. Diese Abhängigkeit wird umso geringer, je polarer das Fließmittel ist. Bei der Flüssig-Flüssig-Verteilungschromatographie mit Wasser als stationärer Phase hat die relative Luftfeuchtigkeit ebenso einen starken Einfluß auf die R_f-Werte, der jedoch keinen voraussagbaren Regeln folgt.

2) Kammersättigung:
Sie hat wegen der Erniedrigung der relativen Luftfeuchtigkeit mit steigenden Fließmittelpartialdrucken eine Erniedrigung der R_f-Werte zur Folge.

3) Vorbeladung:
Mit steigender Vorbeladung mit einem Einkomponentenfließmittel nimmt der R_f-Wert wegen der Aktivitätserhöhung der Schicht und der Volumenverminderung $V_m - V_v$ ab. Bei Mehrkomponentenfließmitteln kann dieser Effekt teilweise kompensiert werden durch die Desaktivierung der Schicht durch polare Fließmittelkomponenten, die wiederum umso stärker ist, je polarer die Fließmittelkomponente und je größer ihr Anteil im Gemisch ist. In beiden Fällen kann der R_f-Wert jedoch wegen der Ausbildung der imaginären Front nie größer als etwa 0,8 sein.

4) Kammertyp:
Die Reproduzierbarkeit der R_f-Werte hängt sehr stark vom verwendeten Kammertyp ab. So sollte man in einer Normal- oder Doppeltrogkammer wegen des großen Gasraumes mit Kammersättigung arbeiten. Dagegen bieten Sandwich-Kammern die Möglichkeit, zwischen Sättigung und ideal ungesättigtem Zustand zu wählen.
Die unterschiedliche Flüchtigkeit der Komponenten eines Fließmittelgemisches hat in der S-Kammer die Bildung von β-, γ-, δ- etc. Fronten zur Folge, die die R_f-Werte ebenfalls beeinflussen.

5) Stationäre Phase:
Hier treten Unregelmäßigkeiten bei der Herstellung und Anwendung unterschiedlicher Bindemittel auf, die sich stark auf die Lage der Substanzflecken auswirken können.
6) Konzentration der Probe:
Prinzipiell soll so wenig wie möglich aufgetragen werden (Nachweisgrenze beachten), um sicherzustellen, daß man im linearen Bereich der Adsorptions- bzw. Verteilungsisothermen arbeitet. Außerdem bewegt sich die mobile Phase bei großen Probenmengen an der Stelle der Auftragung langsamer, wobei es ebenfalls zu einer Abweichung der R_f-Werte kommen kann.
7) Lage des Startpunktes:
Je weiter der Startpunkt vom Eintauchspiegel entfernt ist, desto kleiner ist der R_f-Wert der entsprechenden Substanz.
8) Qualität des Fließmittels:
In ungesättigten Kammern spielen polare Verunreinigungen von $< 0{,}5\,\%$ in Einkomponentenfließmitteln praktisch keine Rolle, da sie oberhalb des Eintauchspiegels als Front zurückgehalten werden. Im Falle einer Vorbedampfung kann die polare Komponente die Trennung jedoch stark beeinflussen, wobei die R_f-Werte steigen.
Fließmittelgemische sollten nur einmal verwendet werden, da sie vor allem bei Vorbedampfung, also in der N-Kammer, oder durch Adsorption an der Schicht ihre Zusammensetzung ändern können. Darüberhinaus sollen keine Fließmittel mehrfach verwendet werden, deren Komponenten in Interaktion treten können (z. B. Alkohole und Säuren).
9) Begleitsubstanzen in der Probe:
Begleitsubstanzen können die Reihenfolge der R_f-Werte der analysierten Substanzen verändern. Es empfiehlt sich, die Proben für die Chromatographie vorerst von den Begleitsubstanzen zu befreien (clean-up, s. Absch. 7.1).
10) Temperatur:
Die Temperatur beeinflußt die Größe des Querschnitts der Phasen, deren Zusammensetzung, den Verteilungskoeffizienten sowie die Adsorptionsvorgänge, dementsprechend auch den R_f-Wert. Desweiteren besteht eine Abhängigkeit über die Temperaturabhängigkeit der relativen Luftfeuchtigkeit, der Viskosität des Fließmittels und der Diffusionskoeffizienten.
11) pH:
Bei Verbindungen, die in wäßriger Lösung dissoziieren, hängt der R_f-Wert von den Dissoziationskonstanten der betreffenden Elektrolyte ab. Dies kann man dann ausnutzen, wenn sich die Verteilungskoeffizienten zweier Substanzen nicht genügend voneinander unterscheiden, um eine Trennung herbeizuführen.

5 Die stationäre Phase

Die stationäre Phase, bzw. das Adsorbens oder Sorbens wird üblicherweise auf eine Glasplatte oder Folien aus unterschiedlichem Material wie z. B. Kunststoff oder Aluminium aufgebracht. Am besten haben sich Glasplatten bewährt, weil sie größere Beständigkeit gegen aggressive Fließmittel, hohe Temperaturen und nicht zuletzt gegen Nachweisreagenzien aufweisen. Die Schichtdicken liegen für analytische Trennungen zwischen 100 und 250 μm.

In der Dünnschichtchromatographie werden als Schichtmaterialien für die stationäre Phase sowohl organische als auch anorganische Materialien benutzt. Die Selektivität einer bestimmten Schicht hängt von seiner chemischen Natur ab. Die Auswahl des Sorbensmaterials richtet sich nach dem jeweiligen Trennproblem und der zur Detektion der getrennten Substanzen notwendigen Nachweismethoden. Außerdem müssen die Eigenschaften der zu trennenden Verbindungen berücksichtigt werden (Basizität bzw. Azidität, Hydrophilie bzw. Lipophilie). Auch muß überlegt werden, ob die Verbindungen mit der Schicht oder dem Fließmittel chemisch reagieren können.

Für lipophile Substanzen eignen sich als stationäre Phasen am besten Aluminiumoxid, Kieselgel, acetylierte Cellulose und Polyamid. Dagegen trennt man hydrophile Substanzen am besten an Cellulose, Cellulose-Ionenaustauscher, Kieselgel, Polyamid und modifizierten Kieselgelen. Tabelle 5.1 gibt einen Überblick über die Einsatzgebiete der im Handel erhältlichen Schichtmaterialien. Neben den in der Tabelle aufgeführten Materialien finden verschiedene Gele wie Dextran, Stärke und Mannit in der Gelchromatographie Verwendung [70, 71].

5.1 Allgemeine Eigenschaften der Adsorbentien

Adsorbentien, die in der Dünnschichtchromatographie verwendet werden, sind feinkörnige, oberflächenreiche Materialien mit Korngrößen zwischen 5 und 50 μm. Die Trennleistung eines Adsorbens wird durch seine Partikelgröße (Korngröße), seine spezifische Oberfläche, das Porenvolumen und den mittleren Porendurchmesser bestimmt (vgl. Abschn. 3.2 und 4.4). Diese Parameter sind für Dünnschichtplatten auf Kieselgelbasis in Tabelle 5.2 zusammengestellt. Weiterhin steuern die Korngröße und die Korngrößenverteilung über die Schichtqualität den Fließmittelstrom und haben somit einen entscheidenden Einfluß auf den Verlauf der chromatographischen Trennung.

Neben den herkömmlichen DC-Platten werden heute sog. Nano- oder HPTLC-Platten (vom engl.: *high-performance thin-layer chromatography*) im Handel angeboten.

Tabelle 5.1 Fertigschichten für die Dünnschichtchromatographie

Beschichtungsmaterial	Überwiegender Trennmechanismus	spezielle Anwendungsgebiete
Aluminiumoxid	Adsorptionschromatographie	Alkaloide, Steroide, Terpene, aliphatische und aromatische Verbindungen
Cellulose (unmodifziert)	Verteilungschromatographie polarer Substanzen	Aminosäuren, Carbonsäuren, Kohlehydrate
Cellulose (acetyliert)	je nach Acetylierugnsgrad Übergang Normal Phase → Reversed-phase-Chromatographie	Anthracenderivate, Antioxidantien, mehrkernige Aromaten, Carbonsäuren, Nitrophenole, Süßstoffe
Cellulose-Ionenaustauscher	Anionenaustausch	Aminosäuren, Peptide, Enzyme, Nucleotide, Nucleoside,
Mischschicht CEL 300 DEAE/HR 2/15	Ionenaustausch	Mono- u. Oligonucleotide in Nucleinsäurehydrolysaten
IONEX Ionenaustauscher	Kationen- bzw. Anionenaustausch	Aminosäuren, Nucleinsäurehydrolysate, Aminozucker, Antibiotica, anorg. Phosphate, Kationen
Kieselgur	Verteilungschromatographie, meist imprägniert für Reversed-phase-Trennungen	Zucker
Kieselgel	Adsorptions- und Verteilungschromatographie	
Polyamid	Wasserstoffbrückenbindung	Phenolische u. polyphenolische Naturstoffe
modifizierte Kieselgele:		
RP	Reversed-phase-Chromatographie	
Cyano (CN)	Adsorptionschromatographie mit geringerer Polarität als Kieselgel und Verteilung	ungesättigte Doppelbindungen
DIOL	Wasserstoffbrückenbindung, Adsorption und Verteilung	Tetracycline, Steroide, Carbonsäuren
NH_2	Wasserstoffbrückenbindung, Adsorption und Verteilung	Kohlenhydrate, org. und anorg. Anionen
CHIR	Verteilungschromatographie der diastereomeren Komplexe	Chirale Verbindungen

Die wichtigsten Eigenschaften dieser beiden Materialien sind am Beispiel einer Kieselgel 60-Schicht in Tabelle 5.3 gegenübergestellt. HPTLC-Schichten unterscheiden sich von herkömmlichen DC-Schichten vor allem durch ihre homogenere und kompaktere Packung, was sich positiv auf die Trennleistung auswirkt. Dadurch wird aber gleichzeitig der Strömungswiderstand des Fließmittels erhöht, wodurch zwar ein erhöhter Stoffaustausch innerhalb der Poren möglich ist, aber gleichzeitig die Diffusion des Substanzflecks zunimmt. Dies hat zur Folge, daß bei mehr als 85 % aller DC-Trennungen mit herkömmlichen DC-Platten ausreichend gute Ergebnisse erhalten werden, besonders dann, wenn die Trennung in der H-Kammer durchgeführt wird.

Zur Erhöhung der Haftfähigkeit bzw. der Abriebfestigkeit werden den Adsorbentien entweder Bindemittel wie Gips, Polyvinylalkohole, Stärke oder Cellulose zugemischt, oder es werden speziell aufgereinigte Sorbentien verwendet. Darüberhinaus können der Schicht anorganische und organische Fluoreszenz-Indikatoren zugesetzt werden, um die Detektion im kurzwelligen (254 nm) und im langwelligen UV-Licht (366 nm) zu ermöglichen. Die chemische Eigenschaft des Bindemittels muß beachtet werden. So lassen sich z. B. Erdalkaliverbindungen nicht auf gipshaltigen Schichten trennen. Organische Bindemittel bereiten Schwierigkeiten bei der Detektion mit aggressiven Reagenzien. Stärke reagiert mit jodhaltigen Lösungen wie z. B. Dragendorff-Reagenz, Jodplatinat-Reagenz und der Lugolschen Lösung.

Tabelle 5.2 Eigenschaften einiger Kieselgelschichten nach Merck

Bezeichnung	mittl. Poren-durchm. [nm]	spez. Oberfläche [m^2/g]	Porenvolumen [ml/g]	Korngröße [μm]
Kieselgel 60 (TLC)	6	550	0,8	5–20
Kieselgel 60 (HPTLC)	6	550	0,8	4– 8
Kieselgel 100	10	400	1,0	10–12
Kieselgel 200	~20	150	0,75	5–40
Kieselgel 500	~50	70	0,80	5–40
Kieselgel 1000	~100	30	0,7	5–40
Kieselgel 5000 (HPTLC)	5000	1	-	5– 6

Tabelle 5.3 Eigenschaften einer DC- und einer HPTLC-Kieselgel 60-Schicht (5 cm x 5 cm) im Vergleich

	DC	HPTLC
mittl. Porendurchmesser [nm]	6	6
spez. Porenvolumen [ml/g]	0,8	0,8
mittl. Korngröße [μm]	15	5
spez. Oberfläche [m^2/g]	500	500
Auftragevolumen [μl]	0,5	0,2
Schichtdicke [μm]	250	100, 200
Bodenhöhe [μm]	30	12
Trennstrecke [cm]	4	4
Trennzeit [min]	1–4	1–4

Im Handel befindet sich eine ganze Reihe von Schichtmaterialien bzw. Fertigplatten, die von verschiedenen Herstellern angeboten werden (Merck, Macherey-Nagel & Co., Schleicher & Schüll, Woelm). Manchmal unterscheiden sich diese durch ihre Trenneigenschaften, die in starkem Maße vom Herstellungsprozeß und eventuell damit verbundener Nachbehandlung abhängen. In Tabelle 5.4 sind die Kurzbezeichnungen zusammengestellt, die einige Anbieter für ihre DC-Fertigplatten verwenden. Tabelle 5.5 gibt einen Überblick über die Bedeutung der Kennbuchstaben und -ziffern in den gängigen Artikelbezeichnungen (z. B. Merck, Macherey-Nagel).

Tabelle 5.4 Firmeneigene Kurzbezeichnungen chromatographischer Materialien für die DC

	Macherey-Nagel & Co.	Merck	Schleicher & Schüll	Woelm
Analytische Dünnschichtchromatographie auf Platten unterschiedlicher Größe	DC	DC	DC	DC/TLC
Präparative Dünnschichtchromatographie	P	PSC	–	Silica Platte 0,5 mm
Hochleistungs-Dünnschichtchromatographie	Nano-DC	HPTLC	Nano-DC	
Verwendetes Bindematerial:				
aufgereinigte Sorbentien	HR	R	–	–
Gips	G	G	G hinter Typ.-Nr.	G
Kolloidale Kieselsäure	N(ormal)	H(aftend)	–	
Polyvinylalkohol o. ä.		Fertigplatten	–	–
Stärke	Stärke	–	S hinter Typ-Nr.	–
Fluoreszenzindikator				
$\lambda = 254$ nm	UV_{254}	F_{254}	LS-254	F_{254}
$\lambda = 366$ nm	UV_{366}	F_{366}	LS-366	F_{366}

Tabelle 5.5 Bedeutung der Kennbuchstaben und -ziffern in den gängigen Artikelbezeichnungen (z. B. Merck, Macherey-Nagel)

C	in Bahnen eingeteilte Schicht („channelled“)
CHIR	Schicht mit enantioselektiver Modifizierung
CN	Schicht mit Cyanomodifizierung
DIOL	Schicht mit Diolmodifizierung
F	Fluoreszenzindikator
$F_{254+366}$	Anregungswellenlängen des Fluoreszenzindikators
$F_{254\,s}$	säurestabiler Fluoreszenzindikator
G	Gipszusatz
H	keine artfremden Bindemittelzusätze
NH2	Schicht mit Aminomodifizierung
P	für präparative Zwecke
R	besondere Aufreinigung
RP	Umkehrphase (Reversed Phase)
RP8; RP18	Umkehrphase mit C_8 bzw. C_{18}-Kohlenwasserstoffkette
W	wasserfeste, wasserbenetzbare Schicht
40	mittlerer Porendurchmesser in Å

5.2 Anorganische Adsorbentien

5.2.1 Aluminiumoxid

Aluminiumoxid ist sowohl in der Säulenchromatographie als auch in der Dünnschichtchromatographie weit verbreitet. Aluminiumoxide kommen in zahlreichen Modifikationen vor, die sich durch ihren Gehalt an chemisch gebundenem Wasser und durch ihre Kristallstruktur unterscheiden. Im Grunde handelt es sich um drei chemische Verbindungen, von denen hier nur die wichtigsten Modifikationen genannt sind:

$Al(OH)_3$:	Hydrargillit (Gibbsit, γ-Form), Bayerit (α-Form, metastabil)
$AlO(OH)$:	Böhmit (γ-Form), Diaspor (α-Form)
Al_2O_3:	Korund (α-Form), in der Natur nicht vorkommende γ- und ψ-Form

Bei Temperaturen über 250 °C verliert $Al(OH)_3$ das chemisch gebundene Wasser und geht in $AlO(OH)$ über, das in einem Temperaturbereich von 280–450 °C beständig ist. Oberhalb von 450 °C entsteht durch weiteren Wasserentzug das in der Natur nicht vorkommende γ-Al_2O_3, das bei starkem Glühen auf über 1 100 °C letztlich in das sehr harte, säuren- und basenunlösliche, nicht hygroskopische α-Al_2O_3 (Korund) übergeht.

Aluminiumoxide für die Chromatographie werden aus Hydrargillit hergestellt, das bei etwa 500–800 ° geglüht wird. Je nach der Partikelgröße des Ausgangsmaterials besteht das gebildete Al_2O_3 aus der γ- oder ψ-Form oder aus einem Gemisch aus beiden. Das entstandene Al_2O_3 besitzt eine Oberfläche von 100–250 $m^2 \cdot g^{-1}$, eine Korngröße unter 60 μm und eine Porenweite von 40–90 Å. Für die Herstellung der chromatographischen Schicht wird das Pulver mit Wasser zu einer Suspension angerührt und ausgestrichen. Um reproduzierbare Ergebnisse zu erhalten, muß auf den Wassergehalt der Schichten besonders geachtet werden. Es empfiehlt sich, auf Schichten zu arbeiten, die zuvor ca. 30 min bei 75–110 °C getrocknet wurden und auf die relative Luftfeuchtigkeit am Arbeitsplatz zu achten.

Alle aus Hydrargillit hergestellten Aluminiumoxide enthalten noch einen geringen Anteil an Natriumoxid, so daß die wäßrige Anschlämmung eines solchen Aluminiumoxids alkalisch reagiert. Der basische Charakter des Aluminiumoxids kann Sekundärreaktionen wie Hydrolyse, Verschiebung und ähnliches hervorrufen. Durch Behandlung mit Säuren kann die Alkalität bis zur neutralen oder schwach sauren Reaktion neutralisiert werden. Wenn Gips als Bindemittel zu einem basischen Aluminiumoxid zugesetzt wird, so wird der pH-Wert bis auf ca. 7 erniedrigt. In Tabelle 5.6 sind entsprechende Produkte, die im Handel erhältlich sind, aufgelistet.

Die Wasseraufnahme durch aktiviertes Aluminiumoxid ist sehr komplex. Bei Zugabe der ersten Wasseranteile kommt es zu einer starken Wärmeentwicklung [72], was auf die Ausbildung von Koordinationsbindungen zwischen den Al-Atomen und den Wassermolekülen zurückzuführen ist. Im Laufe der Rückhydratisierung entstehen verschiedene Modifikationen [73, 74]. Mit Hilfe der Röntgendiffraktion wurde nachgewiesen [75, 76], daß diese Reaktionen sehr langsam verlaufen. Der größte Teil

Tabelle 5.6 Eigenschaften einiger Aluminiumoxide für die DC

a) nach Merck

Bezeichnung	mittl. Poren-durchmesser [nm]	spez. Oberfläche (m^2/g)
Aluminiumoxid Typ E	6	180–200
Aluminiumoxid Typ T	15	70

b) nach Macherey-Nagel

Bezeichnung	Bindemittel	pH
Aluminiumoxid G	~10 % Gips	7,5–8,0
Aluminiumoxid G/UV_{254}	~10 % Gips	7,5–8,0
Aluminiumoxid N	–	~9,0
Aluminiumoxid N/UV_{254}	–	~9,0

des Wassers lagert sich nichtstöchiometrisch durch Ausbildung starker und schwacher Wasserstoffbrücken an das Aluminiumoxid an. Abbildung 5.1. zeigt einen Ausschnitt aus der Oberflächenstruktur von gequollenem Aluminiumoxid.

Aluminiumoxide besitzen eine große Koordinationsfähigkeit und eignen sich deswegen gut zur Trennung von Substanzen mittlerer Polarität, die sich entweder durch ihren sterischen Charakter oder durch charakteristische Funktionsgruppen voneinander unterscheiden. Die Einführung von C=C-Doppelbindungen in ein Molekül steigert seine Adsorption an Aluminiumoxid stärker als die an Kieselgel. Desweiteren ist am mittleren Al-Atom vor allem bei basischem Aluminiumoxid ein Ionenaustausch möglich.

Im allgemeinen werden in der Dünnschichtchromatographie Aluminiumoxide seltener benutzt als Kieselgele. Sie lassen sich besonders dort gut einsetzen, wo die Adsorptionschromatographie stark überwiegt, wie z. B. zur Trennung aliphatischer und aromatischer Verbindungen sowie von Alkaloiden, Steroiden und Terpenen.

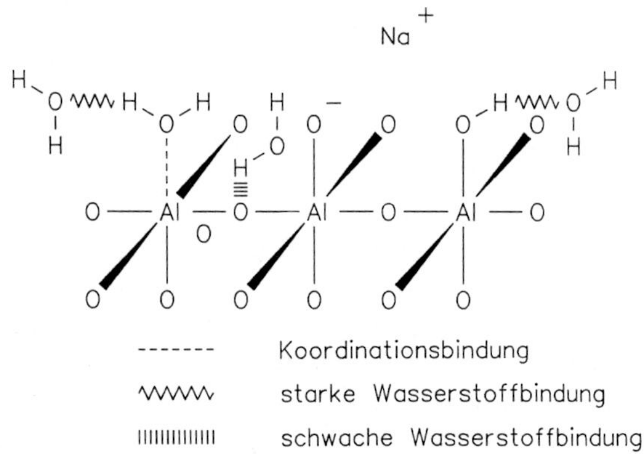

Abb. 5.1 Schematische Darstellung der Bindung von adsorbiertem Wasser an Aluminiumoxid (nach Hermanek [76])

5.2.2
Kieselgur

Kieselgur, auch Diatomeenerde (Bazillarienerde, Diatomit) genannt, besteht aus amorpher Kieselsäure fossilen Ursprungs. Die an vielen Stellen vorkommenden Ablagerungen wurden durch abgestorbene einzellige Pflanzen (Kieselalgen) gebildet, deren Kieselsäureschalen sich am Grunde von Seen oder Meeren in teilweise mächtigen Schichten anhäuften.

Für chromatographische Zwecke verwendetes Kieselgur bedarf einer langwierigen Aufarbeitung, bei der aber die poröse Struktur im wesentlichen erhalten bleiben muß. Trotzdem kann die Verkleinerung der Oberfläche (von 12–40 m^2/g auf 1–5 m^2/g) und die Erweiterung der Poren dabei nicht völlig vermieden werden.

Im Vergleich zu Kieselgel und Aluminiumoxid ist Kieselgur neutral. Es ist nicht in der Lage, Koordinationsbindungen zu bilden. Kieselgur besitzt eine kleine, wenig aktive Oberfläche bei verhältnismäßig großem Porendurchmesser (ca. 1–10 μm), so daß sich die Verwendung in der Verteilungschromatographie als Träger anbietet (z. B. Imprägnierung mit Paraffin- und Siliconöl).

5.2.3
Kieselgel

Kieselgel ist zum wichtigsten Schichtmaterial in der Dünnschichtchromatographie geworden, nachdem Stahl [77] zusammen mit der Firma Merck zu dessen Standardisierung wesentlich beigetragen hat [16]. Kieselgel ist eine aus Wasserglas durch Fällung mit Schwefelsäure hergestellte hochporöse, amorphe Kieselsäure. Es findet dabei eine Polykondensation der *ortho*-Kieselsäure statt, die durch das folgende Reaktionsschema wiedergegeben werden kann:

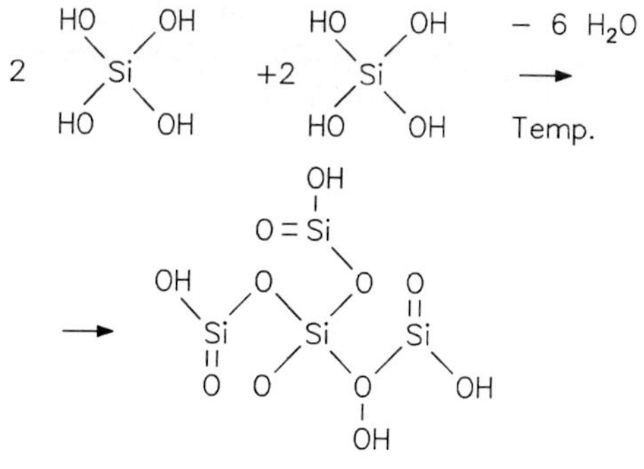

Die Aufarbeitung (Fällen, Trocknen, Klassieren) verleiht dem Kieselgel seine spezifischen Eigenschaften. Die Herstellungsbedingungen sind außerordentlich wichtig für die reproduzierbare Qualität der einzelnen Kieselgelchargen. Nur so können auch reproduzierbare Trennergebnisse erzielt werden.

Die gesamte interne Oberfläche wird durch die Teiloberflächen annähernd kugelförmiger Partikel gebildet. Das Innere der Partikel besteht aus Siloxanketten

(–Si–O–Si–). An der Oberfläche befinden sich Silanol- (–SiOH) und Silandiol-Gruppen (–Si(OH)$_2$). Weil die Oberfläche eines elementaren Partikels 3–12 Oberflächen der Nachbarpartikel berühren kann, bildet sich ein Konglomerat von mit Kapillaren durchsetzten Räumen mit verflochtenen Membranen. Die Größe und Häufigkeit der Gruppierung der elementaren Partikel bestimmen die spezifische Oberfläche und den Porendurchmesser der Schicht (vgl. Tabelle 5.2).

Die interne Oberfläche des Kieselgels ist, was die Verteilung der Energie betrifft, heterogen [78]. Diese Heterogenität ist einerseits durch den doppelten Charakter der OH-Gruppen (Silanol und Siloxan), andererseits durch die Entfernung der OH-Gruppen voneinander bedingt. Dort, wo die Entfernung unter den OH-Gruppen weniger als 3 Å ausmacht, beeinflussen sich diese durch Wasserstoffbrücken [79, 80]). Fripiat und Uytterhoeven [81] nehmen an, daß die Wassermoleküle Komplexe folgenden Typs bilden:

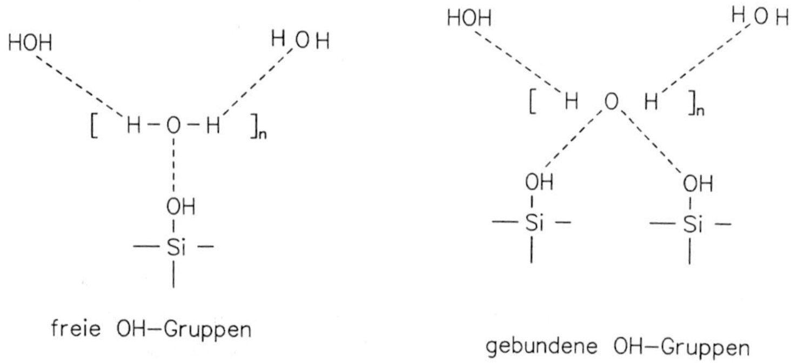

Die OH-Gruppen, die sich in Interaktion befinden, werden als gebundene bezeichnet, die unbeeinflußten als freie. Die Verteilung der freien und gebundenen OH-Gruppen unterliegt keiner Gesetzmäßigkeit. Aufgrund von IR- und NMR-Messungen und auch anhand der spezifischen chemischen Reaktionen nimmt man an, daß sich auf einer internen Fläche von 1 nm^2 annähernd 4–5 OH-Gruppen befinden [81]). In Abb. 5.2 sind die Oberflächenverhältnisse des Kieselgels schematisch dargestellt.

Abb. 5.2 Schematische Darstellung des Kieselgels im Querschnitt (nach Kiselev und Lygin [79]).

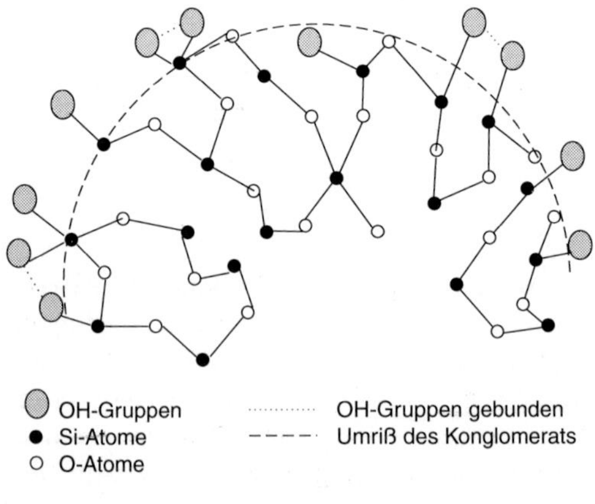

Wie schon Snyder 1961 [82] abgeleitet hat, ist die Adsorptionskapazität energetisch heterogener Oberflächen nicht linear. In einem Experiment äußert sich diese Tatsache durch die nichtlineare Adsorptionsisotherme, aus der Sicht der Chromatographie führt dies also zu einer schlechten Trennung.

Der Ausgleich der energetischen Unterschiede findet höchstwahrscheinlich durch Einwirkung von Wasser statt. Aktive Zentren mit höherem Adsorptionspotential werden zuerst mit Wasser beladen, so daß es letztendlich zur Bildung einer energetisch homogenen Wasserhülle in der internen Oberfläche kommt [83] (vgl. Abschn. 4.6.1).

Der spezifische Einfluß von Wasser auf die Adsorptionseigenschaften des Kieselgels ist noch nicht eindeutig geklärt. Die Wassermoleküle werden auf mindestens vier verschiedene Arten auf der aktiven Oberfläche gebunden:

a) durch Persorption in Ultraporen
b) durch Interaktion mit gebundenen OH-Gruppen
c) durch Interaktion mit freien OH-Gruppen
d) durch Bindung an die Zentren des 2. Grades (O- oder Si-Atome der Siloxanbindungen).

Zur Herstellung von Kieselgelschichten für die DC wird destilliertes Wasser verwendet, wobei ein Teil des zugesetzten Wasser zur Füllung der Hohlräume der Kieselgelkonglomerate verbraucht wird. Bei der Trocknung der Schichten muß das Wasser sowohl aus dem Kapillarsystem des Kieselgels als auch aus dem Hohlraumsystem entfernt werden. Um eine Sinterung und damit auch eine Veränderung des Kieselgels zu vermeiden, darf das Trocknen nur bei einer relativ niedrigen Temperatur (120 °C) erfolgen. Beim Überschreiten (180–200 °C) der optimalen Temperatur wird das Wasser nicht nur aus den Kapillarräumen entfernt, sondern auch aus den SiOH-Gruppen, und es bilden sich aus benachbarten Silanol-Gruppen unter Wasserabspaltung Siloxan-Gruppen.

Die Eigenschaften der getrockneten Schichten werden bestimmt durch die Wirkungen des Kapillarsystems zwischen den Körnern, des Hohlraumsystems in den Körnern und den chemischen Funktionen der Oberfläche im Hohlraumsystem.

Da weder alle Eigenschaften der Kieselgelpräparate noch der Kieselgelschicht quantitativ beschrieben oder vorbestimmt werden können, ist empirisch erworbene Erfahrung maßgebend. Eine Aktivierung von Kieselgelschichten durch Erwärmen auf 100–105 °C, wie sie vom DAB 9 [84] vorgeschlagen wird, ist weder erforderlich noch notwendig (vgl. Abschn. 4.6.1). Das Schützen der Platten vor Laborluft in einem Exsikkator (ohne Trocknungsmittel) ist viel wichtiger. Eine reproduzierbare Aktivierung-Desaktivierung kann über verschiedene Schwefelsäure-Wasser-Mischungen mit reproduzierbarem Wasserdampfdruck erfolgen.

5.2.4
Oberflächenmodifizierte Kieselgele

Durch eine chemische Umsetzung kann man die Polarität des Kieselgels und damit die Selektivität verändern und dem jeweiligen Trennproblem anpassen. Man erhält dann sog. chemisch gebundene Phasen, die in zwei Hauptkategorien eingeteilt werden können, und zwar in die lipophil und die hydrophil modifizierten Phasen.

5.2.4.1
Lipophil modifizierte Schichten (Umkehrphasen)

Umkehrphasen (RP-Phasen) ermöglichen die Durchführung einer Verteilungschromatographie. Dabei überwiegt der verteilungschromatographische Prozeß umso mehr, je vollständiger die Umsetzung erfolgt und je besser die verbleibenden Silanol-Gruppen des Kieselgels abgeschirmt werden. Die Moleküle der Substanzen, die getrennt werden sollen, treten durch Ausbildung hydrophober Wechselwirkungen in Kontakt mit der stationären Phase. Das Verteilungsgleichgewicht hängt von der Retention der Einzelsubstanzen an der mobilen bzw. stationären Phase ab. Für die Trennung an Umkehrphasen sind jedoch noch andere Mechanismen verantwortlich [86], die mit der Adsorptions- bzw. Verteilungschromatographie nicht im vollen Umfange erklärt werden können. Außerdem kann man unter geeigneten Umständen auch eine Ionenpaarchromatographie an der Umkehrphase durchführen (s. u.).

Zu der chemischen Umsetzung von Kieselgel werden Chloralkyl- bzw. Dichlordialkylsilane unterschiedlicher Kettenlänge (z. B. C2, C4, C8 und C18) verwendet. Daneben kommen noch weitere modifizierte Phasen in Betracht, wie z. B. solche mit Phenyl- oder Cyclohexan-Gruppen. Das Ausgangsmaterial für die Herstellung dieser Schichten ist standardisiertes Kieselgel 60-Material in DC- bzw. HPTLC-Qualität. Durch Silylierung werden die Alkylsilane kovalent an die Silanolgruppen des Kieselgels gebunden:

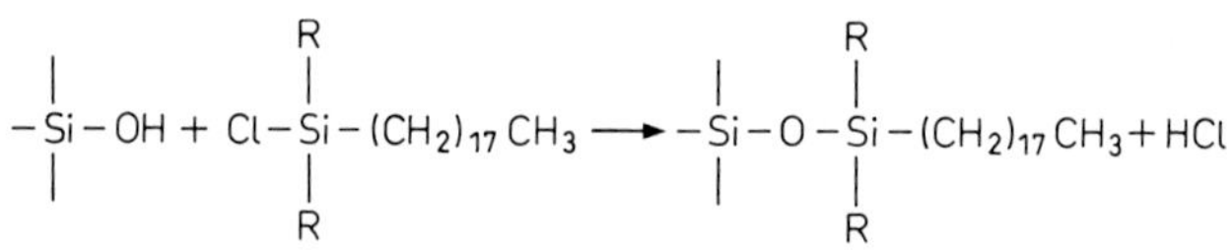

Man stellt sich vor, daß die unpolaren Alkyl-Ketten als Bürsten aus der Kieselgeloberfläche hervorragen.

Wenn zur Herstellung von RP-Phasen Chlorsilane verwendet werden, läßt sich die entstandene Salzsäure nicht vollständig aus der Schicht entfernen, so daß diese Schichten einen pH-Wert von etwa 4 aufweisen. Um neutrale Phasen zu erhalten, werden zur Silylierung Methoxysilane verwendet. Diese spalten bei der Kondensation Methanol ab.

Bei der Herstellung der RP-Phasen für dünnschichtchromatographische Trennungen ergeben sich einige Probleme. Um die adsorptive Wechselwirkung mit den Silanol-Gruppen zu unterdrücken und damit eine verteilungschromatographische Trennung zu gewährleisten, wird ein hoher Umsetzungsgrad gefordert. Die nicht umgesetzten Restsilanolgruppen beeinflussen neben der Selektivität und der Retention vor allem die Wasserbenetzbarkeit und damit die Kapillarwirkung der Schicht. Je höher der Umsetzungsgrad und damit die Abschirmung der Silanolgruppen ist, desto schlechter kann die Schicht wegen der hydrophoben Abstoßungskräfte mit Wasser benetzt werden. Das Wandern des Fließmittels durch die Schicht wird dann umso mehr erschwert, je höher der Wassergehalt des Fließmittels ist. Dies hat stark erhöhte Laufzeiten zur Folge. Die Benetzbarkeit der RP-Schichten mit Wasser kann durch definiert abgestufte Silanisierungsgrade gesteuert werden. Dabei bleibt die von nicht umgesetzten Silanolgruppen verursachte Restaktivität nur bei Verwendung nichtwäßriger Fließmittel wirksam, wohingegen sie bei Verwendung wasserhaltiger Fließmittel blockiert wird. Tabelle 5.7 gibt einen Überblick über die Eigenschaften kommerziell erhältlicher RP-Phasen für die Dünnschichtchromatographie. In Tabelle 5.8 ist das Laufverhalten dreier C_{18}-Schichten mit unterschiedlichem Silanisierungsgrad bei Verwendung verschiedener Fließmittel gegenübergestellt.

Tabelle 5.7 Kommerziell erhältliche RP-Fertigschichten

Handelsbezeichnung	Ausgangsmaterial	Eigenschaften	Anbieter
HPTLC-Fertigplatte RP 2 F254s	Kieselgel 60 (6 μm Korngröße, 200 μm Schichtdicke)	mit Dimethylsilan modifiziert	Merck
HPTLC-Fertigplatte RP 8 F254s		mit Octylsilan modifiziert	Merck
HPTLC-Fertigplatte RP 18 F254s		mit Octadecylsilan modifiziert	Merck
HPTLC-Fertigplatte RP 18 W F254s		mit Octadecylsilan modifiziert, wasserbenetzbar	Merck
Nano-Sil C 18–50 (/UV_{254} wahlweise)	Nano-Sil-20 (Kieselgel mit 2–10 μm Korngrößenbereich, 200 μm Schichtdicke)	mit Octadecylsilan zu 50 % umgesetzt, wasserbenetzbar	Macherey & Nagel
Nano-Sil C 18–100 (/UV_{254} wahlweise)		mit Octadecylsilan 100 %ig silanisierte Schicht	Macherey & Nagel
RP-18 W/UV_{254}	Kieselgel 60 (250 μm Schichtdicke	mit Octadecylsilan modifiziert, wasserbenetzbar	Macherey & Nagel

Tabelle 5.8 Laufverhalten von Nano-Sil C18-50 und C18-100 Kieselgelschichten im Vergleich zu RP-18W/UV_{254}-Platten (nach Macherey und Nagel)

Fließmittel	V/V	Laufstrecke [mm/15 min]		
		C18-50	C18-100	RP 18W
Methanol:Wasser	2:1	57	45	44
	1:1	52	21	40
	1:2	50	0	43
	1:3	40	0	45
	1:4	30	0	46
	0:1	0	0	54
Acetonitril:Wasser	2:1	62	46	66
	1:1	52	30	54
	1:2	51	27	46
	1:3	48	15	44
	1:9	20	0	42
Chloroform		68	64	71

Die RP-Phasen eignen sich auch für die Trennung ionogener Substanzen mittels Ionenpaarchromatographie (s. Abschn. 2.3.8). Der Tabelle 5.9 sind die Einsatzmöglichkeiten von RP-Phasen für die Ionenpaarchromatographie zu entnehmen.

5.2.4.2 Hydrophil modifizierte Schichten

Zu den hydrophil modifizierten Schichten, die selektivitätsmäßig zwischen den Kieselgel-Phasen und RP-Phasen liegen, zählen die Amino-, Cyano- und Diol-Phasen. Die im Handel erhältlichen chemisch gebundenen Phasen dieses Typs sind in Tabelle 5.10 aufgeführt. Es handelt sich um ein HPTLC-Material, ausgestrichen in einer 200 μm dünnen Schicht. Die hydrophil modifizierten Phasen sind sowohl vollständig mit Wasser als auch mit organischen Lösungsmitteln benetzbar.

Tabelle 5.9 Einsatzmöglichkeiten für RP-Phasen in der Ionenpaarchromatographie

Gegenion	Eignung für
Quaternäre Amine (Tetrametyl-, Tetrabutyl- u. a.)	starke und schwache Säuren Sulfonfarbstoffe, Carbonsäuren
Tertiäre Amine (Trioctylamin)	Sulfonate
Allyl- und Arylsulfonate (Methan- und Heptansulfonat, Camphersulfonsäure	starke und schwache Basen, Katecholamine, Benzalkoniumsalze
Perchlorsäure	sehr starke Ionenpaare

Tabelle 5.10 Hydrophil modifizierte stationäre Phasen

Phase	Kette	Schichtmaterial	Korngröße	Volumen [ml/g]	Oberfläche [m²/g]	Schichtdicke [nm]	H_2O benetzbar
Amino	$-CH_2-CH_2-CH_2-NH_2$	Si 60	6 μm	0,75	500	200	+
Cyano	$-CH_2-CH_2-CH_2-CN$	Si 60	6 μm	0,75	500	200	+
Diol	$-CH_2-CH_2-CH_2-O-CH_2-CHOH-CH_2OH$	Si 60	6 μm	0,75	500	200	+

5.2.4.2.1 Aminophase

Die Aminophase gehört zu den mittelpolaren Phasen mit einem Propylaminorest am Kieselgelgerüst. Die endständige Aminogruppe weist im wäßrigen Milieu einen pH-Wert von 9,5–11 auf. Substanzen mit negativer Ladung werden von der Schicht stark retardiert. Je mehr negative Ladungen ein Molekül besitzt, desto stärker ist die Retention und desto niedriger der R_f-Wert. Es können Nucleotide, Phenole, Sulfon- und Carbonsäuren getrennt werden.

In Gegenwart wasserfreier Fließmittel lassen sich auch ungeladene Moleküle an der Aminophase trennen, indem diese an den endständigen Aminogruppen bzw. restlichen Silanolgruppen über Wasserstoffbrückenbindungen adsorbiert werden.

5.2.4.2.2
Cyanophase

Bei dieser stationären Phase ist an Kieselgel eine Cyanopropyl-Gruppe gebunden, die im Gegensatz zur Aminophase in wäßrigen Fließmitteln neutral reagiert. Cyanophasen können, je nach Wahl des Fließmittels, zur Verteilungs- oder zur Adsorptionschromatographie verwendet werden. Bei der Adsorptionschromatographie steht die Dipol-Dipol-Wechselwirkung zwischen den getrennten Substanzen und den polaren Cyano- bzw. Silanol-Gruppen im Vordergrund. Dagegen beruhen verteilungschromatographische Vorgänge auf den hydrophoben Wechselwirkungen zwischen dem Propylrest der funktionellen Gruppe und dem unpolaren Molekülteil. Mit Ionenpaar-Reagenzien, die dem Fließmittel zugesetzt werden, wird die Selektivität der Phase erhöht.

5.2.4.2.3
Diolphase

Bei Diolphasen bilden die alkoholischen OH-Gruppen die aktiven Zentren. Die Diol-Gruppen werden mit Hilfe eines Verbindungsstückes (Spacer) an das Kieselgelgerüst gebunden. Die Diol-Phase läßt sich sowohl für adsorptions- als auch für verteilungschromatographische Vorgänge nutzen.

5.2.4.3
Chirale Kieselgelschichten

Chirale Schichten (Chiral-Platten) ermöglichen es, optisch aktive Isomere zu trennen. Im Prinzip handelt es sich um Kieselgelschichten mit Umkehr-Phasen-Eigenschaften, die mit einem chiralen Selektor (z. B. Prolin-Derivat) und Kupfer(II)-Ionen imprägniert sind. Die Trennung erfolgt auf Basis eines Ligandenaustausches. Der chirale Selektor auf der Platte und der chirale Selektand bilden mit den Kupfer(II)-Ionen gemischte diastereomere Chelat-Komplexe. Die chromatographische Trennung wird durch die unterschiedliche Stabilität der Komplexe ermöglicht [87–89]. Die Handhabung der Chiral-Platten entspricht den Anforderungen an eine DC-Fertigplatte. Wie Günther [87] gezeigt hat, können die Antipoden durch eine Kombination von empfindlichen postchromatographischen Nachweisreaktionen und mit einer densitometrischen Auswertung quantifiziert werden.

5.2.5
Weitere anorganische Adsorbentien

Für die Dünnschichtchromatographie werden auch Adsorbentien mit gut ausgebildeter Dipolwirkung, wie z. B. Magnesiumoxid, Magnesiumcarbonat, Magnesiumsulfat, Magnesiumsilicat, Magnesiumphosphat, Calciumphosphat, Calciumhydroxid, verwendet [90]. Die Anwendungsbereiche erstrecken sich auf Glykoside, Zucker, Fettsäuren, Monoglycoside und Carotinoide.

5.3 Organische Adsorbentien

5.3.1 Polyamid

Die Chromatographie an Polyamidschichten wird hauptsächlich zur Trennung von Gerbstoffen, Flavonoiden, Anthranoiden und Phenolcarbonsäuren verwendet [91–93]. Es werden vor allem folgende drei Typen eingesetzt, die sich in ihrer Hydrophilie unterscheiden (die in der gegebenen Reihenfolge abnimmt):
- *Polyamid-6 (= ε-Aminopolycapronsäure; Macherey und Nagel; Riedel-de Haen)
- *Polyamid 6,6 (= Polyhexamethylendiaminadipat; Macherey und Nagel),
- *Polyamid-11 (= Polyaminoundecansäure; Merck).

Die Polyamide zur Dünnschichtchromatographie bestehen im allgemeinen aus kleinen Partikeln, an deren Oberfläche sich die Peptidgruppen und terminalen Amino- und Carboxyl-Gruppen befinden (Abb. 5.3). Der chromatographische Vorgang beruht auf der reversiblen Ausbildung unterschiedlich starker Wasserstoffbrücken der Substanzen und der Fließmittel mit den Peptidgruppen des Polyamids [94–96]). Als mobile Phase müssen solche Lösemittel verwendet werden, die in der Lage sind, die Wasserstoffbindungen zwischen Substanz und Adsorbens zu unterdrücken. Für Polyamid gilt folgende eluotrope Reihe (vgl. Abschn. 6.1):
Wasser < Methanol < Ethanol < Propanol-2 < Aceton < Formamid < Dimetylformamid

Die hohe Elutionsfähigkeit des Dimethylformamids beruht, da es selbst eine -CON-Gruppierung besitzt, auf der Wasserstoffbrückenbildung. Die Ausbildung von Wasserstoffbrücken zwischen den phenolischen Probensubstanzen und damit die Reten-

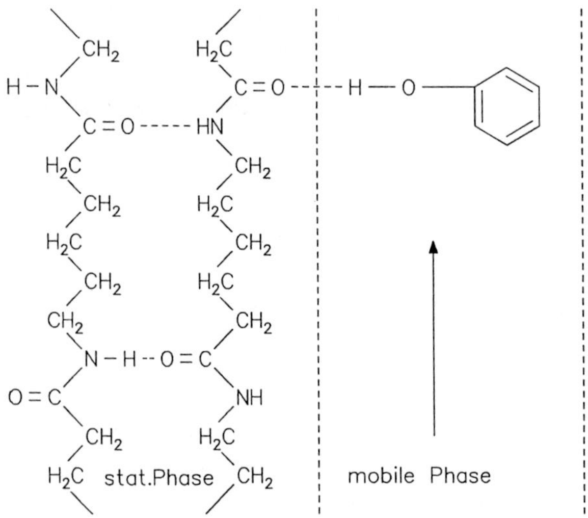

Abb. 5.3 ε-Aminopolycapronsäure (Perlon) als stationäre Phase zur Trennung von Phenolen (nach Endres [97]

tion in der stationären Phase ist pH-abhängig. Mit verdünnter Natronlauge werden Phenolationen gebildet, die keine Wasserstoffbrücken mehr bilden können und demnach nicht retardiert werden.

Bei der Trennung von Chinonen kann es zu deren irreversiblen Bindung an das Polyamidgerüst kommen. Dies kann durch Verwendung acetylierter Polyamide vermieden werden.

Polyamid ist als organischer Träger gegenüber aggressiven Nachweisreagenzien empfindlich. Daher empfiehlt es sich, mit Polyamidschichten zu arbeiten, denen ein Fluoreszensindikator zugesetzt ist.

5.3.2 Cellulose

Die Cellulose und ihre Derivate werden fast ausschließlich zur Trennung hydrophiler Substanzen, wie z. B. Aminosäuren, Nucleinsäure-Derivate und Zucker verwendet. Die chromatographischen Vorgänge an der dünnen Celluloseschicht werden mit de-

Tabelle 5.11 Cellulosepulver zur Herstellung selbstzubeschichtender Platten

Bezeichnung	Beschreibung	Partikeldurchmesser [μm]
Schleicher und Schüll		
180	faserförmig, nativ	2–25
180/LS254	faserförmig, nativ $UV_{254\text{-Ind.}}$	2–25
180 a	säuregewaschen, entfettet,	2–25
142 dg	säuregewaschen, entfettet	10–50
144	hochrein, mikrokristallin	20
144/LS254	hochrein, mikrokristall., UV_{254}-Ind.	20
144/21 ac	acetyliert, mikrokristallin	20
Macherey und Nagel		
MN 300	faserförmig, nativ	2–20
MN 300 UV_{254}	faserförmig, nativ, UV_{254}-Ind.	2-20
MN 300 HR	säuregewaschen, entfettet	2–20
Avicel	mikrokristallin	
MN 300 AC-10	acetyliert (Acetylgehalt 10 %)	
MN 300 AC-20	acetyliert (Acetylgehalt 20 %)	
MN 300 AC 30	acetyliert (Acetylgehalt 30 %)	
MN 300 AC 40	acetyliert (Acetylgehalt 40 %)	
Riedel-de Haen		
Cellulose D mikrokristallin Avicel		
Cellulosepulver D nativ		
Cellulosepulver D hochrein		
Cellulosepulver DF nativ		
Cellulosepulver DAC 20 acetyliert		
Cellulosepulver DAC 40 acetyliert		
Cellulose DEAE Ionenaustauscher		
Cellulose ECTEOLA Ionenaustauscher		

Tabelle 5.12 Cellulosefertigplatten von Merck

Bezeichnung	Fluoreszenzindikator	Schichtdicke [mm]	Korngröße [μm]	Bemerkungen
DC-Fertigplatte Cellulose	Anregung bei 254 und 366 nm	0,1	< 20	
	ohne	0,1	< 20	
	Anregung bei 254 und 366 nm	0,1	< 20	PEI-Cellulose für Katecholamine
	ohne	0,1	< 20	PEI-Cellulose für Katecholamine

nen der Papierchromatographie verglichen. Die Trennung erfolgt überwiegend durch verteilungschromatographische Mechanismen. Adsorptionseffekte können jedoch nicht ausgeschlossen werden.

Handelsüblich sind neben den nativen Cellulosepulvern chemisch modifizierte Cellulosepulver wie z. B. acetylierte Cellulose mit unterschiedlich stark ausgeprägtem hydrophobem Charakter oder Ionenaustausch-Cellulosepulver mit hydrophilem Charakter [98–101]. Verschiedene Hersteller bringen Cellulosepulver auf den Markt, aus denen selbstgestrichene Platten hergestellt werden können (Tabelle 5.11). Mit Cellulose beschichtete DC-Fertigplatten sind von Merck erhältlich (Tabelle 5.12).

Cellulose besteht aus einer großen Anzahl ß-1,4-glykosidisch verknüpfter Cellobiose-Einheiten (Abb. 5.4). Die Cellulose bildet Wasserstoffbrücken sowohl innerhalb des Cellulosegerüsts als auch mit Flüssigkeiten wie Wasser und Alkohol [102]). Die verteilungchromatographischen Prozesse sind durch die Bindung von Wasser an Cellulose bedingt, das als stationäre Phase dient.

5.3.2.1
Unmodifizierte Cellulose

Man unterscheidet drei Typen von unmodifizierter Cellulose:

1) Native, faserförmige Cellulose stellt eine hochwertige Cellulose dar, die nach den üblichen Aufbereitungsverfahren der Cellulose- bzw. Zellstoffindustrie hergestellt werden. Für die Dünnschichtchromatographie werden die Cellulosefasern auf die entsprechende Korngröße zerkleinert bzw. gesiebt.
2) Hochreine, faserförmige Cellulose:
   Als Ausgangsmaterial zur Herstellung der hochreinen Cellulose dient die native Cellulose. Sie wird schonend mit Säure behandelt (die Hydrolyse soll weitgehend

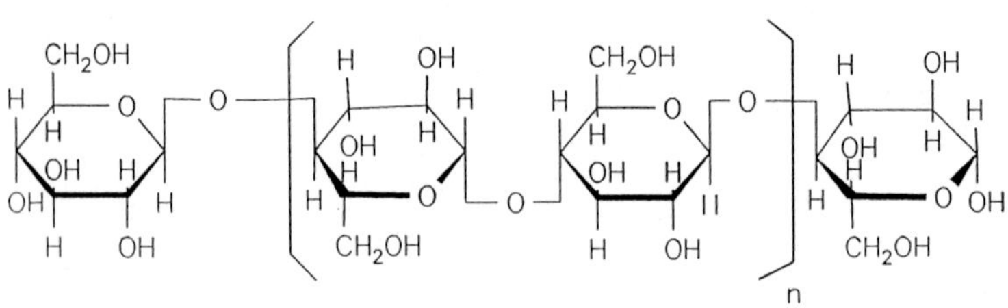

Abb. 5.4 Ausschnitt aus einem Cellulosemolekül

ausgeschlossen werden). Nachträglich wird sie bis zum neutralen pH-Wert gewaschen. Hochreine Cellulosepulver werden besonders für quantitative Arbeiten empfohlen.

3) Mikrokristalline Cellulose
Die hochreine Cellulose wird mit siedender 2,5 N Salzsäure hydrolysiert. Je nach Art des Ausgangsmaterials erhält man Cellulose-Kristallite mit einem Durchschnittspolymerisations-Bereich von 40–200.

5.3.2.2 Modifizierte Cellulose

5.3.2.2.1 Acetylierte Cellulose

Acetylierte Cellulosepulver werden durch Veresterung von Cellulose mit Essigsäure gewonnen. Pro Cellulose-Baustein können bis zu drei OH-Gruppen verestert werden. Der Acetylgehalt bewegt sich zwischen einigen bis maximal 44,8 Prozent. Der Endwert entspricht dem Cellulosetriacetat. Parallel zu der Acetylierung ändert sich kontinuierlich die Polarität der Cellulose. Dies schlägt sich auch bei der Wahl des Fließmittels nieder, denn die entsprechenden Esterstufen (Mono-, Di-, Triacetate) lösen sich in einigen Lösemitteln [103].

Tabelle 5.13 Ionenaustauscher-Cellulose

Kurzbezeichnung der stat. Phase	Gruppenbeschreibung	aktive Gruppen	Kapazität [mval/g]	Anwendung	Hersteller
CM	Carboxymethyl-Cellulose	$-R-O-CH_2-COOH$	0,7	basische und neutrale Proteine	Merck, Macherey und Nagel
DEAE	Diethylaminoethyl-Cellulose	$R-O-C_2H_4-N(C_2H_5)_2$	0,7–1,0	Nucleotide, Purine, Pyrimithine, Steroidsulfate	Merck Macherey und Nagel
ECTEOLA	Reaktionsprodukt aus Epichlorin + Triethanolamin u. Alkalicellulose	nicht bekannt	0,3–0,5	Nucleinsäuren	Merck, Macherey und Nagel
AE	Aminoctyl-Cellulose	$R-O-C_2H_4-NH_2$	1,0		Macherey und Nagel
PEI	Polyethylenimin imprägnierter Cellulose	$(CH_2-CH_2-NH-)_x$	0,5–1,0	Nucleotidcoenzyme, Mono- und Oligonucleotide	Schleicher und Schüll Macherey und Nagel

5.3.2.2.2
Ionenaustauscher-Cellulose

Die ersten Kenntnisse über die Anwendung von Ionenaustauscher-Cellulose verdankt man den Arbeiten von Peterson und Sober [104, 105]. Sie haben die Ionenaustauscher-Cellulose zur säulenchromatographischen Trennung von Proteinen und Enzymen eingesetzt. Seitdem diese Ionenaustauscher auch für die Dünnschichtchromatographie zur Verfügung stehen, erweiterte sich ihr Anwendungsbereich auf Aminosäuren, Zucker, Vitamine, Hormone und Viren.

Als Fließmittel werden Pufferlösungen, Salzlösungen oder destilliertes Wasser verwendet. Tabelle 5.12 gibt eine Übersicht über die in der Dünnschichtchromatographie verwendeten Cellulose-Ionenaustauscher.

5.3.2.3
Herstellung selbstbeschichteter Cellulose-DC-Platten

Das Selbstherstellen von Cellulose-DC-Platten mit Hilfe eines Streichgerätes verlangt eine gewisse Erfahrung. Sowohl bei der Verwendung der faserförmigen als auch der mikrokristallinen Cellulose empfiehlt es sich, die ca. 15–30 %ige Suspension mit einem elektrischen Mixer ca. 1 min lang zu homogenisieren. Bei mikrokristalliner Cellulose ist das Homogenisieren besonders wichtig. Zu langes Behandeln im Mixer führt zu Gelbildung und dadurch zu schlechten Laufzeiten der fertigen Schichten; zu kurzes Rühren führt zu schlechter Haftfestigkeit. Haftverbessernde Zusätze sind nicht erforderlich, jedoch sollten die benutzten Glasplatten auf das sorgfältigste gesäubert und vor allem entfettet werden.

Die ausgestrichenen Celluloseschichten schrumpfen beim Trocknen auf etwa die Hälfte der mit Hilfe des Schlitzes eingestellten Schichtdicke. Weil die optimale Schichtdicke etwa 125 μm beträgt, stellt man den Schlitz auf eine Schlitzweite von 250 μm ein. Auch präparative Schichten bis zu einer Schichtdicke von 0,5 μm lassen sich ohne Rißbildung herstellen.

Bei acetylierter Cellulose muß das Anrühren des Pulvers wegen des hydrophoben Charakters statt mit Wasser mit 95 %igem Ethanol erfolgen. Um eine Klumpenbildung zu verhindern, wird zuerst eine steife Paste angerührt. Anschließend wird sie portionsweise mit Ethanol verdünnt, bis die erforderliche Konsistenz erreicht ist. Gegenüber den anderen Cellulose-Typen reicht hier ein mechanisches Anrühren. Um reproduzierbare Ergebnisse zu erzielen, ist eher ein längeres Äquilibrieren an der Luft als ein Aktivieren bei höherer Temperatur erforderlich. Die Auswahl der Lösemittel zum Auftragen von Proben muß sehr sorgfältig erfolgen, weil deren Polarität die Güte der Trennungen sehr beeinflussen.

Für die Herstellung der selbstgestrichenen Ionenaustauscher-Cellulose-Schichten verfährt man ähnlich. Eine wäßrige Aufschlämmung der Ionenaustauscher-Cellulose wird homogenisiert. Der Quellungsgrad des einzelnen Austauschers bestimmt die eingesetzte Pulvermenge (10–20 %). Es empfiehlt sich, der Aufschlämmung einen geringen Prozentsatz an nativem Cellulosepulver zuzufügen. Dadurch wird die Schicht beim Trocknen rißfester.

5.4 Imprägnierte Schichten

Die Imprägnierung der Sorptionsschicht mit anorganischen oder organischen Gemischen ist zur Lösung spezieller Trennprobleme zu empfehlen. Das Imprägnieren von Schichten wird heute wegen der überwiegenden Verwendung von Fertigplatten entweder durch Eintauchen, durch gleichmäßiges Aufsprühen oder durch das Aufsteigenlassen der Imprägnierungslösung erreicht. Beim Umstellen des pH-Wertes reicht es auch, die Schicht z. B. den Ammoniakdämpfen oder den Dämpfen der Essig- oder Ameisensäure auszusetzen.

Für die Trennung von Zuckern und Zuckeralkoholen werden Fertigplatten mit gesättigter methanolischer Borsäurelösung behandelt [106–108].

Zur Trennung von Fettsäuren nach ihrem Sättigungsgrad können mit Silbernitrat imprägnierte Platten eingesetzt werden. Zur Imprägnierung einer Schicht mit Silbernitrat wird die DC-Platte 3 min in eine 3 %ige Silbernitratlösung (Methanol:Wasser [93:7]) getaucht. Danach wird sie bei 100 °C im Trockenschrank getrocknet. Die so imprägnierten Platten werden im Exsikkator aus braunem Glas aufbewahrt. Über längere Zeit können Silbernitratplatten in Hexan, auch unter Lichtausschluß aufbewahrt werden.

Die Trennung auf Silbernitratschichten beruht darauf, daß die π-Elektronen von Substanzen mit isolierten Mehrfachbindungen reversible Komplexe mit den Ag^+-Ionen bilden. Die Stabilität eines solchen Komplexes ist von der Art und der Stellung der Doppelbindungen im Molekül abhängig. Als Beispiel dient die Auftrennung einiger C10-Alkohole, die sich weder verteilungs- noch adsorptionschromatographisch trennen lassen (s. Versuch 13.9.9) Die stabilsten Komplexe werden von Linalool (R_f = 0,15) und Geraniol (R_f = 0,25) gebildet. Citronellol mit einer Doppelbindung besitzt einen R_f-Wert von 0,65 und Menthol, das keine Doppelbindung besitzt, einen von 0,85.

6 Das Fließmittel

6.1 Allgemeine Eigenschaften

Das Fließmittel – auch als Lauf-, Elutions- oder Entwicklungsmittel bezeichnet – dient zum Transport der zu trennenden Substanzen über die chromatographische Schicht und bildet die mobile Phase. Es besteht aus einer oder mehreren Komponenten, die ein Einphasensystem bilden. Die Zusammensetzung des Fließmittelgemisches kann, muß aber nicht mit der chromatographisch wirksamen mobilen Phase identisch sein, da auch das Fließmittel dem chromatographischen Prozeß unterworfen ist. Mobile und stationäre Phase bilden sich erst während des chromatographischen Prozesses in der Schicht. Das Fließmittel kann z. B. einen Teil seiner Komponenten an das Adsorbens abgeben, so daß die sich bildende mobile Phase relativ zum ursprünglichen Fließmittelgemisch an diesen Komponenten verarmt ist. Dies kann bei Mehrkomponentenfließmitteln zu einer nicht konstanten Zusammensetzung längs der Trennstrecke und damit zur Ausbildung sog. α-, β- und γ-Fronten führen (s. Abschn. 6.3). Andererseits kann das Fließmittel aber auch Moleküle aus einer vorbeladenen Schicht aufnehmen.

In der Adsorptionschromatographie beruht die Trennung auf Verdrängungsprozessen. Das Fließmittel selbst geht eine Bindung mit der stationären Phase ein und trägt so dazu bei, daß die Substanz vom Sorbens abgetrennt und an einer anderen Stelle (oberhalb des ursprünglichen Fixpunktes) angelagert wird. Je stärker das Fließmittel selbst vom Adsorbens adsorbiert wird, desto größer ist seine Verdrängungskraft. Wenn verteilungschromatographische Vorgänge zugrunde liegen, bildet das Fließmittel eine der beiden flüssigen Phasen (die mobile Phase). Die Verteilungsvorgänge folgen dem Nernstschen Verteilungssatz. Wenn die zu trennende Substanz

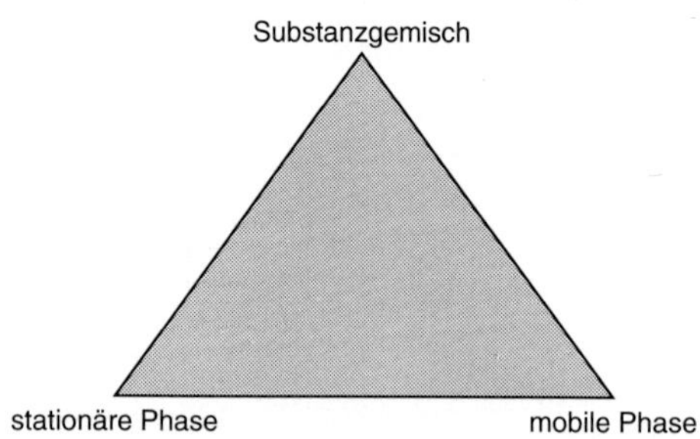

Abb. 6.1 Dreieckschema zur Ermittlung optimaler Trennbedingungen

Tabelle 6.1 Eluotrope Reihen nach verschiedenen Autoren

Trappe [110]	Strain [111]	Jacques, Mathieu [112]	Reichenstein, Schoppe [13]	Neher [114]
Petrolether	Petrolether	Hexan	Pentan	Pentan
Cyclohexan	Cyclohexan	Benzol	Petrolether	Petrolether
Tetrachlormethan	Schwefelkohlenstoff	Ether	Benzol	Tetrachlormethan
Trichlorethylen	Ether	Chloroform	Ether	Benzol
Toluol	Aceton	Essigsäure-		
		ethylester	Chloroform	Ether
Benzol	Benzol	Dichlorethan	Methanol	Dichlormethan
Dichlormethan	Toluol	2-Butanol		Chloroform
Chloroform	org. Ester	Aceton		Aceton
Ether	org. Säuren	Ethanol		Essigsäureethylester
Essigsäureethyl-				
ester	Dichlorethan	Methanol		1-Propanol
Aceton	Alkohole			Ethanol
1-Propanol	Pyridin			Methanol
Ethanol	org. Säuren			Wasser
Methanol				Essigsäure

Tabelle 6.2 Zusammenstellung der Lösemittel, die in der Dünnschichtchromatographie hauptsächlich verwendet werden (gegen Kieselgel geordnet); nach Halpaap [115]

Lösemittel	ε_r (20 °C)	p [mbar]	Sdp. [°C]	η (20 °C) [cp]	κ [mm^2/s]	MAK [ppm]
n-Pentan	1,84	430	36,1	0,24	10,6	1000
n-Hexan	1,89	120	69,9	0,31	12,5	100
n-Heptan	1,97	36	98,4	0,40	9,2	500
Cyclohexan	2,02	78	80,7	0,94	5,4	300
1,4-Dioxan	2,21	31	101,3	1,21	5,2	100
Tetrachlormethan	2,24	90	76,5	0,94	6,1	10
Benzol	2,28	7	80,1	0,63	8,6	10
Toluol	2,40	22	110,6	0,57	8,3	200
Trichlorethylen	3,40	58	87,0	0,57	8,1	50
Diisopropylether	3,88	135	68,0	0,35	11,0	500
Diethylether	4,34	449	34,5	0,23	11,0	400
Chloroform	4,81	158	61,7	0,56	9,0	50
Essigsäureethylester	6,00	73	77,1	0,45	9,2	400
Tetrahydrofuran	7,40	150	67,0	0,47	10,9	200
Dichlormethan	9,08	340	40,0	0,42	10,1	500
tert. Butanol	12,20	31	82,3	2,82	1,0	100
Pyridin	12,30	15	115,5	0,94 (22°C)	6,3	5
1-Butanol	17,80	–	117,3	2,80	–	100
2-Propanol	18,30	32	82,4	2,27	2,1	400
Ethylmethylketon	18,50	79	79,6	0,43	11,1	200
1-Propanol	20,10	14	97,4	2,15	2,3	200
Aceton	20,70	175	56,2	0,32	12,7	1000
Ethanol	24,30	44	78,5	1,16	3,4	1000
Methanol	32,63	96	65,0	0,58	5,6	200
Nitromethan	35,90	27	101,0	0,65	–	100
Acetonitril	37,50	73	81,6	0,36	12,6	40
Wasser	80,30	18	100,0	0,95		

mehr Affinität zum Fließmittel als zur ruhenden flüssigen Phase aufweist, so wird sie schneller weitertransportiert.

Die chromatographische Trennung von Substanzgemischen in Einzelkomponenten erfolgt im Kräftefeld zwischen der stationären und mobilen Phase. Diese Zusammenhänge lassen sich mit Hilfe des Dreieckschemas [109] darstellen (Abb. 6.1). Dazu denkt man sich das Dreieck in der Mitte als drehbar und stellt es mit der einen Spitze auf die Polaritätseigenschaften der Substanz (lipophil/hydrophil) ein. Daraus ergibt sich über die beiden anderen Spitzen die zur optimalen Trennung notwendige Polarität der mobilen Phase sowie die optimale Aktivität bzw. Polarität der stationären Phase.

Die Erfahrung lehrt, daß ein Fließmittel die besten Trenneigenschaften im mittleren R_f-Bereich um 0,5 besitzt und daß diese Trennfähigkeit sowohl in der Nähe des Starts als auch in der Nähe der Front abnimmt. Um die unterschiedliche Elutionsfähigkeit von verschiedenen Lösemitteln miteinander vergleichen zu können, ordnet man diese nach steigender Elutionskraft in den sogenannten eluotropen Reihen (Tabellen 6.1 und 6.2). Wie aus den Tabellen ersichtlich ist, schwankt die Reihenfolge der Lösemittel in diesen Reihen, was damit zusammenhängt, daß die Autoren unterschiedliche Adsorbenzien verwendet haben. So besitzt z. B. Ether nach Trappe [110] eine größere Elutionskraft als Chloroform, laut anderer Autoren [111 – 115] verhält es sich jedoch umgekehrt. Noch größere Abweichungen erkennt man bei Strain [111].

In Tabelle 6.2 sind die in der DC am häufigsten verwendeten Lösemittel und deren charakteristischen Merkmale mit steigender Elutionskraft zusammengestellt.

Tabelle 6.3 Mögliche Wechselwirkungen der mobilen Phase im chromatographischen System (+ = schwach; ++ = mittelstark; +++ = stark)

Fließmittel	H-Akzeptor	H-Donator	Dipol-Kräfte	van-der-Waals-Kräfte	Koordinationskräfte	Ionenbindung
Aliphatische Kohlenwasserstoffe	-	-	-	+++	-	-
Tetrachlorkohlenstoff	-	-	+	+++	+-	
Schwefelkohlenstoff	-	-	-	+++	+	-
Benzol	+	-	-	+++	+	-
Chloroform	-	++	++	++	+	-
Dichlorethylen	-	+	+++	++	+	-
Diethylether	-	+	+++	+++	+	-
Diisopropylether	+++	-	++	+++	+++	-
Isopropylether	+++	-	++	+++	++	-
Tetrahydrofuran	+++	-	+++	++	+++	-
Methanol	++	+++	+++	++	+++	-
1-Butanol	+++	++	+++	++	++	+
Phenol	++	+++	+++	++	++	++
Aceton	+++	+	+++	++	+++	-
Essigsäureethylester	++	+	+++	+++	++	-
Wasser	+++	+++	+++	+	+++	++
Formamid	+++	++	+++	+	+++	+
Dimethylformamid	+++	+	+++	++	+++	-
Pyridin	+++	-	++	++	+++	-

Tabelle 6.3 gibt einen Überblick über mögliche Wechselwirkungen der verschiedenen Fließmittel, die für die unterschiedlichen Elutionskräfte verantwortlich sind.

6.2 Fließmittelstärke nach Snyder

Um die Elutionskräfte der verschiedenen Fließmittel in der Adsorptionschromatographie mehr quantitativ miteinander vergleichen zu können, hat Snyder [116] die sog. Fließmittelstärke ε^0 eingeführt. Dieser Parameter beschreibt die Einwirkung der Fließmittelmoleküle auf die Adsorption der Probenmoleküle und ist definiert als:

$$\varepsilon^0 = \frac{E_F}{A_F} \tag{6-1}$$

Dabei ist E_F die Gesamtadsorptionsenergie der Fließmittelmoleküle, die von einem Probenmolekül von der Oberfläche verdrängt werden und A_F der Platzbedarf eines

Tabelle 6.4 Einteilung verschiedenener Lösemittel in Gruppen nach Snyder [116]

Gruppe	Lösemittel	ε^0
I	Diethylether	2,8
II	2-Propanol	3,9
	Methanol	5,1
III	Tetrahydrofuran	4,0
IV	Essigsäure	6,0
V	Methylenchlorid	3,1
VI	Dioxan	4,8
	Ethylacetat	4,4
VII	Benzol	2,7
VIII	Chloroform	4,1
	n-Hexan	0

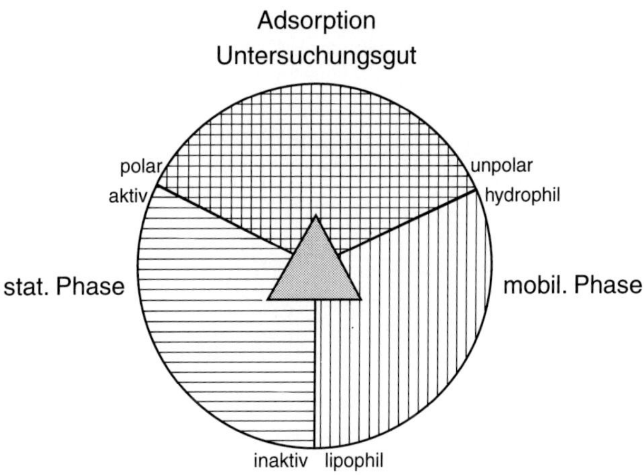

Abb. 6.2 Selektivitätsdreieck zur Auswahl der Fließmittelkomponenten nach Snyder [115]

Fließmittelmoleküls an der Oberfläche des Adsorbens. Die Fließmittelstärke ist demnach die Adsorptionsenergie eines Lösemittelmoleküls pro Oberflächeneinheit des Adsorbens. Sie ist demnach abhängig vom verwendeten Adsorbens. n-Pentan hat definitionsgemäß den Wert $\varepsilon^0 = 0$. Snyder hat für die gebräuchlichsten Lösemittel in der Chromatographie die Fließmittelstärke berechnet und sie in 8 Gruppen eingeteilt (Tabelle 6.4), je nach ihrer Fähigkeit, vorwiegend als Protonen-Akzeptor, Protonen-Donator oder Dipol zu agieren (Abb. 6.2).

Durch einfache Umrechnung können z. B. toxische Komponenten (Benzol) durch weniger toxische (Toluol) ersetzt werden, ohne daß das Fließmittel(gemisch) von neuem optimiert werden muß. Allerdings muß die Lösemittelstärke durch Zugabe von Wasser oder Hexan auf die gleiche Fließmittelstärke eingestellt werden. Nach der Tabelle 6.4 ist ε^0 für Benzol gleich 2,7 und für Toluol gleich 2,4. Zur Berechnung der benötigten Menge Wasser bedient man sich des Mischungskreuzes:

```
2,4            7,5 ml Toluol (96,2 %)
       2,7
10,2           0,3 ml Wasser (3,8 %)
```

Auf der linken Seite stehen die Ausgangswerte des Toluols (oben) und des Wassers (unten) und in der Mitte der Wert des Benzols. Nun substrahiert man den Benzolwert vom Wasserwert und schreibt ihn in die obere rechte Ecke des Mischungskreuzes. Die benötigte Menge Wasser wird durch Subtraktion des Toluolwertes vom Benzolwert erhalten und in die untere rechte Ecke geschrieben. Das Gemisch aus 0,3 ml Wasser und 7,5 ml Toluol hat demnach die gleiche Fließmittelstärke wie 100 % Benzol.

6.3 Fließmittelgemische

Anstelle von Einkomponentenfließmitteln werden in der Chromatographie häufig Fließmittelgemische bestehend aus zwei, drei oder gar vier unterschiedlichen Lösemitteln verwendet. Durch die Kombination von Lösemitteln unterschiedlicher Polari-

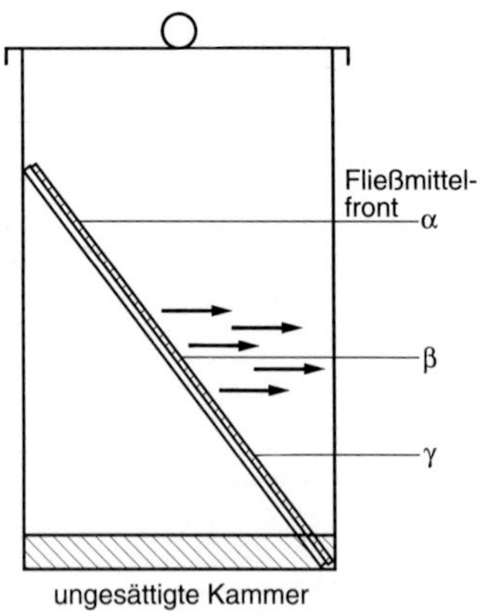

Abb. 6.3 Bildung von α-, β- und γ-Fronten in einer ungesättigten Kammer

tät und Eigenschaften steht eine viel größere Palette an Optimierungsmöglichkeiten zur Verfügung.

Bei der Verwendung von Fließmittelgemischen kommt es zur Ausbildung von α-, β- und γ-Fronten (Abb. 6.3). Dies ist auf die Entmischung der Lösemittel während der Entwicklung zurückzuführen. Es entstehen so viele Fronten, wie sich Komponenten unterschiedlicher Polarität im Fließmittelgemisch befinden. Die polarsten Fließmittelkomponenten befinden sich naturgemäß in der Nähe des Startpunktes und die unpolarsten in der Nähe der Fließmittelfront. Die Höhe einer Front steigt mit der Konzentration der betreffenden Komponente im Gemisch an. In der Normalkammer dauert die Entwicklung wesentlich länger als in der beschriebenen H-Kammer. Während dieser Zeit steigt das Fließmittel nicht nur entlang der Kieselgelschicht zur Front, sondern dampft von der Schicht und vom Fließmittelbodensatz ab. Die Fließmittelkomponenten haben unterschiedliche Dampfdrucke und Siedetemperaturen. Es kann also keine genaue Auskunft gegeben werden, in welcher Höhe der Kammer welche Dampfgemischzusammensetzung herrscht. Auch in der H-Kammer treten α-, β- und γ-Fronten entlang der Kieselgelschicht durch Entmischung eines zusammengesetzten Fließmittels auf. Wegen der kurzen Trennzeiten und des geringen Gasraumes kommt es jedoch nicht zu einer zusätzlichen Abdampfung von der Schicht, so daß definiertere Bedingungen vorliegen.

Um ein Fließmittel mit einer bestimmten Elutionskraft zu erhalten, mischt man zwei Lösemittel unterschiedlicher Polarität miteiander. Bei einer linearen Erhöhung der prozentualen Konzentration (1 %, 2 %, 3 %, usw.) des polaren Anteiles wächst die Elutionskraft aber nicht linear, sondern annähernd exponentiell: Anfangs bewirkt eine kleine Menge des polaren Anteiles eine relativ große polare Verschiebung. Die Steilheit der Kurve ist um so größer, je größer die Polaritätsunterschiede der beiden Lösemittel sind.

Auch wenn es möglich ist, durch Mischen zweier Lösemittel unterschiedlicher Polarität ein Fließmittel von beliebiger Elutionskraft vorzubereiten, ist damit noch nicht gesagt, daß es sich um ein brauchbares Fließmittel handelt, mit dem eine optimale Trennung erzielt wird. Es ist daher notwendig, mehrere Fließmittel mit der zwar gleichen bzw. ähnlichen Elutionskraft, aber mit unterschiedlichen Eigenschaften, zu verwenden. Zu solchen vergleichbaren Fließmittelsystemen gehören die sog. isopartitiven Fließmittel. Dazu zählen z. B. Chloroform, Ether und Benzol jeweils mit einem Zusatz von 5–10 % Ethanol (96 %). Diese Fließmittel haben sich bei der pH-Gradientchromatographie bestens bewährt [116 – 123]. Chloroform besitzt einen H-Donator-Charakter, Ether einen H-Akzeptor-Charakter und das Benzol einen H-Donator-Akzeptor-Charakter (Benzol kann durch Toluol ersetzt werden).

Eine Möglichkeit, den Nachteil einer unterschiedlichen Verdampfung auszugleichen, ist der Einsatz azeotroper Fließmittelgemische (Tabelle 6.5). Diese haben einen gemeinsamen Siedepunkt, der über einen breiten Druck- und Temperaturbereich erhalten bleibt. Dadurch treten keine Änderungen in der Fließmittelzusammensetzung auf. Aber auch hier wird bei ungenügender Kammersättigung die polare Komponente stärker adsorbiert, was zu Entmischungen (α-, β- und γ-Fronten) führt. Die Bildung dieser Fronten kann also auch hier nur durch ausreichendes Vorbedampfen vermieden werden.

Desweiteren werden auch isobare Fließmittel (konstanter Druck, um maximal 1,5°C

Tabelle 6.5 Azeotrope Gemische

Nr.	Laufmittelgemisch (Gew. %)	ε (25 °C)	Sdp./10^5 Pa [°C]
1	Methanol:Aceton (12,0:88,0)	22,05	55,5
2	Ethanol:Wasser (96,0:4,0)	25,40	78,2
3	2-Propanol:Isopropylether (16,3:83,7)	5,75	66,2
4	Methanol:Methylacetat:Cyclohexan (17,8:48,6:33,6)	8,35	50,8
5	Methanol:Methylacetat (17,7:82,3)	10,75	54,0
6	Chloroform:Methanol (87,4:12,6)	9,80	53,4
7	Methanol:Benzol (39,1:60,9)	13,40	57,5
8	Tetrachlormethan:Aceton (12,6:87,4)	19,30	56,0
9	Ethanol:Benzol (31,7:68,3)	7,50	68,0
10	Dichlormethan:Methanol (92,7:7,3)	10,50	37,8
11	Chloroform:Ethanol (92,0:8,0)	6,05	59,4
12	Chloroform:2-Butanon (17,0:83,0)	17,30	79,9
13	Aceton:Cyclohexan (67,5:32,5)	13,75	53,0

auseinanderliegende Siedepunkte) verwendet (Tabelle 6.6). Sie sollen, z. B. beim Öffnen der Chromatographiekammer, verhindern, daß sich die Fließmittelzusammensetzung durch Abdampfen ändert. Weil einerseits bei diesen Fließmitteln die Entmischung in der Schicht nicht verhindert werden kann und damit auch die Bildung von α-, β- und γ-Fronten, und weil andererseits grundsätzlich empfohlen wird, für jeden Trennvorgang immer frisches Fließmittel zu verwenden, haben sie an Wichtigkeit verloren.

6.4 Mobile Phasen für die RP-Chromatographie

Bei der RP-Chromatographie spielt sich im Vergleich zur normalen Adsorptions- bzw. Verteilungschromatographie alles im umgekehrten Sinne ab. Dies gilt auch für die Elutionskraft der mobilen Phase (Tabelle 6.7). Wasser wird zum schwächsten Eluenten, und die Elutionskraft steigt mit abnehmender Polarität. Die am häufigstem verwendeten Gemische sind Wasser-Methanol-Gemische und, wegen der abnehmenden Protonen-Donator-Eigenschaft, Wasser-Acetonitril-Gemische (Acetonitril besitzt hohe Toxizität! (Giftklasse 2)). Während im Falle von Kieselgel Substanzen in der

Tabelle 6.6 Isobare Gemische

Nr.	annähernd isobare Lösemittel	ε_T (bei T [°C])	Sdp./10^5 Pa [°C]
1	Methylformiat	8,37 (20,0)	31,5
	Furan	2,95 (25,0)	32,0
2	Isopropylamin	5,45 (20,0)	33,0
	Diethylether	4,26 (25,0)	34,6
	Isopropylchlorid	2,75 (22,5)	36,2
	n-Pentan	1,84 (25,0)	36,2
3	Aceton	17,40 (25,0)	56,2
	Diethylamin	6,17 (25,0)	56,3
	Methylacetat	6,69 (25,0)	57,0
	1,1-Dichlorethan	10,46 (25,0)	57,3
	1-Hexen	2,05 (20,0)	63,4
4	Methanol	31,50 (25,0)	64,7
	2-Methylfuran	2,70 (22,5)	65,0
	Tetrahydrofuran	7,39 (25,0)	65,6
	sec. Butylamin	4,98 (22,5)	67,0
5	Diisopropylether	4,03 (25,0)	67,9
	2-Chlorbutan	8,80 (22,5)	68,3
	n-Hexan	1,90 (25,0)	68,8
6	Tetrachlormethan	2,29 (25,0)	76,7
	Ethylacetat	6,03 (25,0)	77,1
	n-Butylamin	5,30 (21,0)	77,8
	Ethanol	24,30 (25,0)	78,3
	1-Chlorbutan	7,39 (20,0)	78,6
7	2-Methyltetrahydrofuran	5,86 (22,5)	79,0
	2-Butanon	18,51 (20,0)	79,6
	Methylpropionat	5,50 (25,0)	79,7
	Benzol	2,27 (25,0)	80,2
	Cyclohexan	2,02 (20,0)	80,8
	n-Propylformiat	9,00 (25,0)	80,9
	Acetonitril	35,5 (20,0)	81,5
8	Isopropanol	18,30 (25,0)	82,4
	Cyclohexan	2,22 (20,0)	83,3
	Disipropylamin	3,12 (20,0)	84,0
	1,2-Dichlorethan	10,37 (20,0)	84,1
9	Trichlorethylen	3,40 (20,0)	86,8
	Isopropylacetat		88,8
	Triäthylamin	2,40 (25,0)	89,4
10	n-Heptan	1,92 (20,0)	98,3
	Wasser	80,31 (20,0)	100,0
	Ameisensäure	57,90 (20,0)	100,8
	1,4-Dioxan	2,21 (25,0)	101,3

Reihenfolge Alkane → Carbonsäuren eluiert werden, ist die Reihenfolge bei RP-Phasen gerade umgekehrt. Von RP-Phasen werden gut wasserlösliche Substanzen rascher eluiert als hydrophobe. Ein Vergleich ist der Tabelle 6.8 zu entnehmen.

Tabelle 6.7 Mobile Phasen für die RP-Chromatographie

Polarität	Lösemittel	Elutions-kraft	Dipol-moment	H-Akzeptor-Eigenschaften	H-donator-Eigenschaften
groß	Wasser	↓	groß	groß	groß
0,95	Methanol		5	7,5	7,5
0,65	Acetonitril		8	2,5	0
0,88	Ethanol		4	5	5
0,82	Isopropanol+ n-Propanol		2,5	4	4
0,56	Dioxan		4	3	0
0,45	Tetrahydrofuran	steigt	4	3	0

Tabelle 6.8 Elutionsreihenfolge in Adsorptions- und RP-Systemen

Adsorptionschromatographie	RP-Chromatographie
Alkane	Carbonsäuren
Olefine	Alkohole-Phenole
Aromaten	Amine
org. Halogenverbindungen	Ether-Aldehyde
Sulfide	Ketone
Ether	org. Halogenverbindungen
Nitroverbindungen	Aliphate
Ester-Aldehyde-Ketone	
Alkohole-Amine	
Sulfone	
Sulfoxide	
Amide	
Carbonsäuren	

7 Praktische Durchführung der DC in der H-Kammer

7.1 Probenvorbereitung

Die Probenvorbereitung ist einer der wichtigsten, aber auch zeitraubendsten Arbeitsgänge in der Dünnschichtchromatographie. Es muß vor allem auf die vollständige Löslichkeit der Probe geachtet werden. Dabei ist es wichtig, welches Lösemittel verwendet wird (s. Versuch 13.1.1). Als Lösemittel eignen sich vor allem solche, deren eluierende Wirkung in der betreffenden stationären Phase gering ist. Desweiteren beeinflußt die Polarität des Lösemittels die Größe der Auftragsfläche am Start (s. Versuch 13.1.2). So können polare Lösemittel die Probe schon am Startpunkt chromatographieren, was (im Falle punktförmiger Auftragung) zu einer Ausdehnung des Substanzflecks in Form eines Ringchromatogramms führt.

Von den zu trennenden Proben und Vergleichssubstanzen werden ca. 0,1 %ige Lösungen hergestellt. Es sollte für beide Lösungen das gleiche Lösemittel(gemisch) verwendet werden.

Bei Pflanzen- bzw. Drogenextrakten oder bei Proben aus dem klinisch-biochemischen Bereich muß man mit einer Reihe von Begleitsubstanzen rechnen, die das Endergebnis oft sehr negativ beeinflussen. Diese Proben können nicht direkt auf die Platte aufgetragen werden, sondern müssen einer Reinigung bzw. Anreicherung (Clean-up) unterzogen werden. Bei Anreicherungsvorgängen darf nicht außer acht gelassen werden, daß auch Begleitsubstanzen angereichert werden können und demzufolge, vor allem bei Verwendung von 5 cm x 5 cm-DC-Platten, auch nachgewiesen werden können. Im folgenden werden die wichtigsten Clean-up-Verfahren kurz vorgestellt. Daneben besteht noch die Möglichkeit einer spezifischen Derivatisierung der interessierenden Substanzen zur Veränderung ihrer chromatographischen Eigenschaften (s. Versuche 13.9.1 – 13.9.6). Schließlich kann auch der Trockentransfer (s. Abschn. 9.5.1) als Vorreinigungsschritt verwendet werden.

7.1.1 Flüssig-Flüssig-Extraktion

Das Ausschütteln der Probe zwischen zwei nicht mischbaren Lösemitteln im Schütteltrichter oder Mikroschütteltrichter wird mit Erfolg eingesetzt. Hierbei reichert sich die Probe in dem einen und die störende Matrix in dem anderen Lösemittel an. Um diese Flüssig-Flüssig-Verteilung erfolgreich durchführen zu können, sollten die Probekomponenten bekannt sein.

Abb. 7.1 Änderung des pH-Wertes mittels Ammoniak in der Extrelut-Säule von Merck zur fraktionierten Extraktion in Abhängigkeit vom pH-Wert

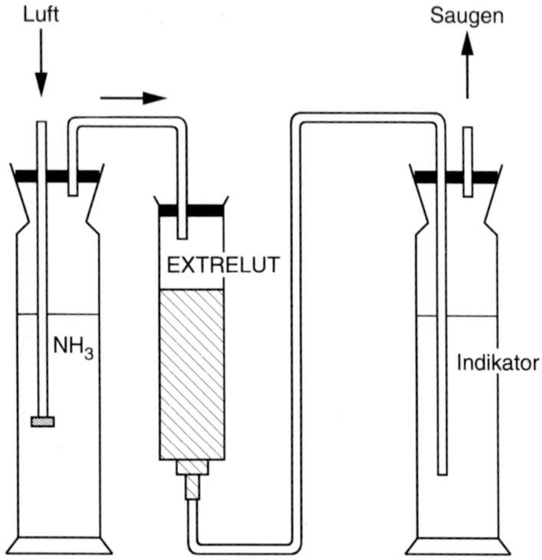

7.1.2
Festphasen-Extraktion

Zur Festphasen-Extraktion im Makro- und Semimikromaßstab haben sich die Extraktionssäulen Extrelut der Firma Merck bewährt. Bis zu 20 ml der Probenlösung werden hierbei direkt auf die trockene, mit Kieselgur gefüllte Säule gegeben. Die Lösung sickert ein und verteilt sich gleichmäßig auf der Partikeloberfläche. Nach 10 – 15 min kann mit der Elution begonnen werden. Im Falle von polaren Probensubstanzen erfolgt eine Elution mit organischen Lösemitteln, die die Abtrennung von lipophilen Substanzen bewirkt. Die Probe kann anschließend mit einem polaren Lösemittel eluiert werden. Das gesättigte Eluat tropft aus einer Kanüle in ein Auffanggefäß und wird weiterverarbeitet.

Wenn eine fraktionierte Extraktion in Abhängigkeit vom pH-Wert durchgeführt werden soll, wird die Extrelutsäule mit Ammoniak-Dampf konditioniert bzw. alkalisiert (Abb. 7.1). Die pH-Wert-Änderung erfolgt von oben nach unten. Sobald sich die Phenolphthalein-Lösung in der angeschlossenen Waschflasche karminrot verfärbt, ist der Säuleninhalt alkalisch, und die Extraktion der basischen Substanz kann erfolgen.

Durch Festphasen-Extraktion gewonnene Extrakte sind nicht wie die durch Flüssig-Flüssig-Extraktion erhaltenen durch Emulsionsbildung belastet, sondern völlig rein. Für die weitere Verarbeitung empfiehlt es sich, das Eluat z. B. mit wasserfreiem Natriumsulfat zu trocknen.

Neben der Extrelutsäule sind im Handel auch Fertigsäulen erhältlich (z. B. Adsorbex), die mit chemisch modifizierten Phasen gepackt sind, die die Probensubstanzen selektiv zurückhalten (s. Abschn. 7.1.4).

7.1.3
Säulenchromatographie

Die Vortrennung eines komplexen Gemisches kann auch in konventionellen Säulen durchgeführt werden. Neben der Verteilungs-, Adsorptions- und Affinitätschromatographie eignen sich Ionenaustauscher-Harze sowohl mit stark sauren als auch mit stark basischen Gruppierungen gut zur prächromatographischen Reinigung. Bei der Elution können Elektrolyte unterschiedlicher Ionenstärke eingesetzt werden, so daß eine fraktionierte Gewinnung der Einzelsubstanzen gelingt. Der Nachteil dieser Methode ist, daß wäßrige Eluate gewonnen werden, die ohne weitere Verarbeitung in der Dünnschichtchromatographie nicht eingesetzt werden können.

7.1.4
Einsatz von Einmalsäulen und Kartuschen zum Clean-up

Für die oben beschriebenen Reinigungsvorgänge sind heute kleine Einmalsäulen bzw. Kartuschen im Handel erhältlich. Um diese Einmaltrennsäulen mit gebundenen unpolaren und polaren Phasen, mit gebundenen Ionenaustauschern, mit Kieselgel und modifiziertem Kieselgel (RP8-, RP18-, Cyano-, Amino- und Diol-Phasen) optimal zu nutzen, haben verschiedene Firmen (Analytichem, Baker, Merck, Supelco) halbautomatisierte Extraktionssysteme bzw. Probenvorbereitungseinheiten auf den Markt gebracht.

7.1.5
Konzentrierung der Probenlösung

Die gereinigten Probenlösungen sind oft stark verdünnt, so daß sie konzentriert werden müssen. Zu diesem Zweck können z. B. Mikrorotationsverdampfer, Destillations-Mikrokolonnen und ähnliches verwendet werden. Weil es bei diesem Verfahren oft zu großen Verlusten von Untersuchungsgut kommt, sollte eher versucht werden, größere Volumina in einer kleinen Zone bandförmig aufzutragen (s. Abschn. 7.3).

Eine Konzentrierung direkt auf der DC-Platte kann durch den Einsatz einer speziellen Zweiphasen-DC-Platte erzielt werden. Hierbei handelt es sich um eine übliche DC-Kieselgel-Platte, an deren unterem Rand sich eine ca. 2,5 cm breite Bande befindet, die mit Kieselgel mit einer extrem großen Porenweite (50 000 Å) beschichtet ist.

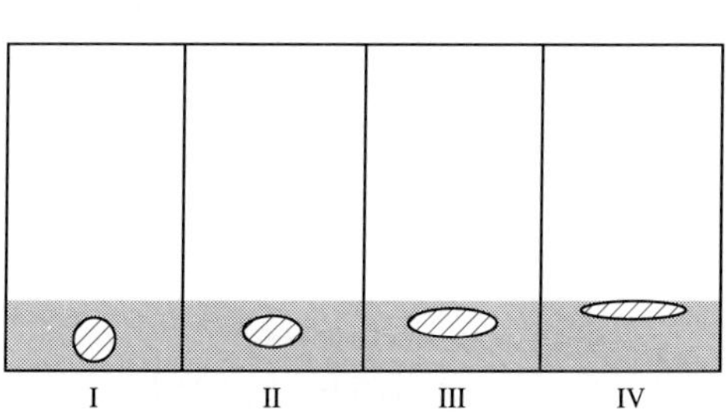

Abb. 7.2 Bildung einer schmalen Bande auf einer DC-Platte mit Konzentrierungszone; Phase I – IV

Wird die Probenlösung auf diese chromatographisch inaktive Schicht aufgetragen, so schiebt die mobile Phase, die auf die aktive Schicht abgestimmt ist, die Probe hoch. An der Stelle, an der sich beide Kieselgele berühren (Konzentrierungszone) (Abb. 7.2), wird die Probe fokussiert, und es kommt zur Ausbildung einer gleichmäßigen, engen Bande. Dieser Bereich entspricht der Startzone für die jetzt einsetzende Chromatographie.

Darüberhinaus besitzt die inaktive Schicht häufig einen Reinigungseffekt. Ballaststoffe, wie Eiweiße aus Serum- oder Urinproben, Salze, Farbstoffe und evtl. begleitende Substanzen (Gerbstoffe, Schleime, Farbstoffe aus Pflanzenextrakten), bleiben am Auftragsort mehr oder weniger zurück.

7.2
Vorbereitung der DC-Platten

Aus den in Abschn. 4.6.1 dargelegten Gründen erweist sich eine Aktivierung der Schicht in den meisten Fällen als nicht sinnvoll. Reproduzierbare Ergebnisse lassen sich jedoch nur unter reproduzierbaren, konstanten Bedingungen erzielen. Daher sollte in vollklimatisierten Räumen gearbeitet werden. Will man bei einer bestimmten konstanten relativen Luftfeuchtigkeit arbeiten, so kann diese in der Entwicklungskammer eingestellt werden, in dem man den Boden der H-Kammer mit entsprechenden Schwefelsäure-Wasser-Gemischen oder gesättigten Salzlösungen mit Bodenkörper bedeckt.

Kommerziell erhältliche Fertigplatten enthalten wegen ihrer hohen Aktivität immer geringe Mengen an Verunreinigungen wie z. B. Weichmacher aus den Verpackungsmaterialien. Schichten, die zudem längere Zeit der Laborluft ausgesetzt sind, adsorbieren neben Wasser alle in der Luft enthaltenen Dämpfe. Dies führt zu mehr oder weniger ausgeprägten Schmutzzonen in der Nähe der Fließmittelfront. Um dies zu vermeiden, sollte die DC-Platte vor der eigentlichen Entwicklung vorgereinigt werden. Hierzu wird sie entweder in einem Gemisch aus Chloroform und Methanol im Verhältnis 1:1 oder im späteren Fließmittel einmal vorentwickelt. Die Fließmittelfront sollte dabei über der geplanten späteren Fließmittelfront des Chromatogramms liegen.

Für die Lagerung von geöffneten DC-Platten empfiehlt sich ein Exsikkator, bei dem kein Schliffett verwendet wurde.

Mit dem Schneidegerät von Desaga ist es möglich, 5 cm x 5 cm-Platten aus jeder beliebigen 20 cm x 20 cm- oder 10 cm x 10 cm-Glasplatte zuzuschneiden. Man erhält aus einer Platte 16 5 cm x 5 cm-Platten.

Bevor mit der Probenauftragung begonnen wird, wird die Startlinie im Abstand von etwa 1 cm vom unteren Rand und die vorgesehene Laufstrecke der Front im Abstand von etwa 4 cm vom unteren Rand mit einem weichen Bleistift am Rand der Platte markiert. Wird keine Auftrageschablone verwendet, müssen auch die Startpunkte mit einem seitlichen Abstand von etwa 5 mm voneinander und vom Plattenrand entlang der gedachten Startlinie vorsichtig eingezeichnet werden.

7.3 Probenauftragung

Die Auftragung der Probe erfolgt in der Regel in flüssiger Form mit Glas- oder Platin-Iridium-Kapillaren oder mit Kolbenspritzen (s. Abschn. 6.4.3). Daneben kann die Probe auch in fester Form (Trockentransfer, s. Abschn. 9.5.1) und aus der Gasphase (z. B. bei vorgeschalteter gaschromatographischer Trennung) aufgetragen werden.

Die Kapillaren müssen wegen des Verschleppungsfehlers immer ausreichend gespült werden. Um eine optimale Entleerung der Kapillaren zu erreichen, muß sie die Schichtoberfläche berühren. Dabei sollte der Auflagedruck der Kapillaren so gewählt werden, daß diese einerseits gut ausläuft, andererseits die Oberfläche der Schicht nicht beschädigt, was wiederum in der Regel das Verstopfen der Kapillare zur Folge hat.

Die Auftragevolumina sollen klein sein. Vor allem bei 5 cm x 5 cm Platten, die in der H-Kammer entwickelt werden, sollte bei punktförmiger Auftragung das Volumen 1 μl und bei bandförmiger 1 - 3μl/mm nicht überschreiten. Bei Überladung der Schicht treten nach dem chromatographischen Vorgang unscharfe und schlecht abgegrenzte Flecken auf, die unsymmetrisch sind oder eine schwanzförmige Ausdehnung zeigen. Auch das Auftragen in mehreren Anteilen sollte vermieden werden, da dies ebenfalls zur Fleckendeformation führen kann.

Bevor man mit der Entwicklung beginnt, muß das Lösemittel, das zur Probenauftragung benutzt worden ist, vollständig entfernt werden. Hierzu kann ein kaltes Gebläse verwendet werden, wobei darauf zu achten ist, daß kein asymmetrisches Abdampfen des Lösemittels erfolgt.

Auftrageschablonen zur punktförmigen Probenauftragung erleichtern das manuelle Auftragen sehr. Sie sind entweder mit einer Markierung versehen, um einen gleichmäßigen Startpunktabstand übertragen zu können, oder, wie es z. B. bei der Schablone für die Desaga H-Kammer ist, mit Einkerbungen, die einerseits den Startpunktabstand untereinander, andererseits vom unteren Rand der Platte gewährleisten.

7.4 Entwicklung in der H-Kammer

Die vorbereitete Dünnschichtplatte wird nach der Probenaufgabe zum Entwickeln mit der Schicht nach unten in die H-Kammer gelegt und horizontal entwickelt. Das Einfüllen des Fließmittels (Abb. 7.3) erfolgt am besten mit einer kleinen Pipette, nachdem die DC-Platte schon eingelegt worden ist. Die Deckplatte verschließt die Kammer bis auf den Spalt über dem Fließmitteltrog (Abb. 7.4). Für jede neue Entwicklung wird immer frisches Fließmittel eingefüllt und ein trockenes, sauberes Glasfrittenstäbchen verwendet.

Filterpapier oder Gegenplatte dienen zur Verteilung der Bedampfungsflüssigkeit über die Fläche der Kammer. Beide Möglichkeiten sind nicht nur als Vorbeladung der Schicht gedacht, sondern auch zur Einstellung bestimmter Verhältnisse in der Ent-

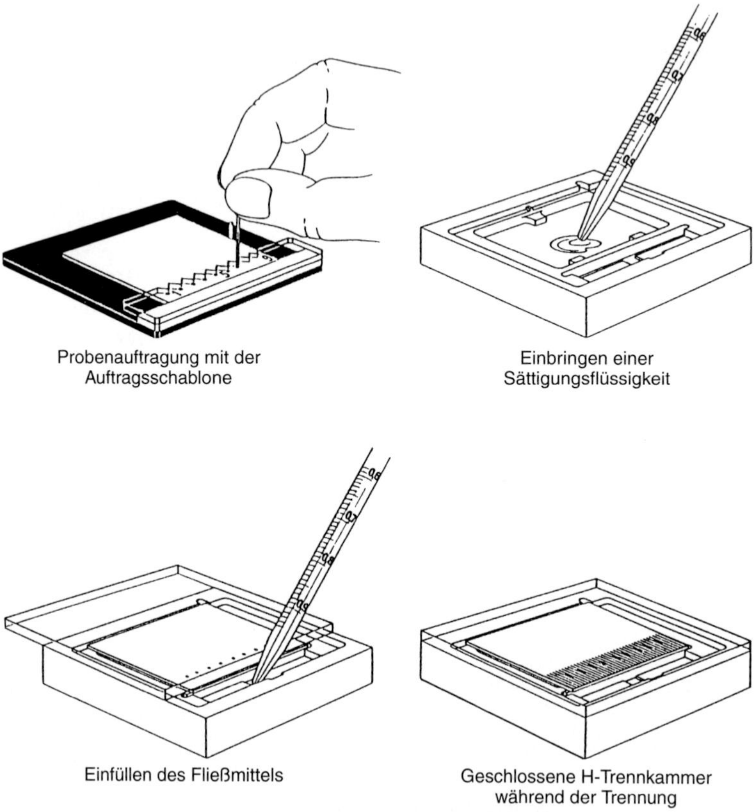

Abb. 7.3 Vorbereitung der H-Kammer für die Entwicklung

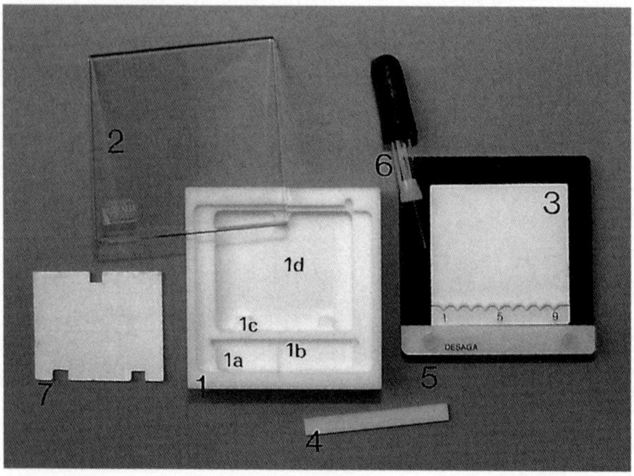

Abb. 7.4 H-Kammer (1) mit Deckglas (2), Auftrageschablone (5) mit DC-Platte (3) und Glasfrittenstäbchen (4); (1a) Fließmitteltrog, (1b) Bodenvertiefung für die Glasfritte, (1c) eine der drei Ausstülpungen für die Gegenplatte, (1d) Kammerboden, (6) Microcaps-Kapillare, (7) mit Filterpapier ausgekleideter Boden

wicklungskammer. Falls eine sorptive Sättigung notwendig ist, wird die gewünschte Sättigungsflüssigkeit auf den Boden der Kammer, der mit Filterpapier ausgekleidet ist, gegeben (Ohne Filterpapier würde die Flüssigkeit einen großen Tropfen bilden und sich nicht gleichmäßig auf dem Teflonboden der Kammer verteilen). Zur gezielten Schichtbeladung wird als Gegenplatte eine zurechtgeschnittene Kieselgelplatte benutzt und die Kieselgelschicht mit der entsprechenden Sättigungsflüssigkeit benetzt. Die Gegenplatte kann man auf die drei dafür vorgesehenen Ausstülpungen legen (vgl. Abb. 4.11).Der Abstand beträgt 1 mm.

7.5 Entwicklungstechniken

In der H-Kammer erfolgt die Entwicklung immer horizontal. Bei einer einmaligen Entwicklung wird eine Trennoptimierung für die Komponenten erzielt, deren R_f-Werte bei etwa 0,5 liegen. Sind noch andere Komponenten im Gemisch enthalten, deren optimale Trennung ebenfalls erwünscht wird, so kann man entweder einen Fließmittelgradienten verwenden oder eine zweidimensionale (s. Abschn. 4.1), Mehrfach- oder Durchlaufentwicklung vornehmen.

Bei der Mehrfachentwicklung wird das Chromatogramm mehrmals entwickelt, wobei die Schicht vor jeder Entwicklung getrocknet wird. Die Entwicklung kann mit dem gleichen oder einem anderen Fließmittel erfolgen. Um Komponenten eines Gemisches mit sehr unterschiedlicher Polarität zu trennen, kann man z. B. zuerst ein starkes (polares) Fließmittel bis zur Hälfte der Schicht wandern lassen, wobei die polaren aufgetrennt werden und die unpolaren in der Front mitwandern. Nach dem Trocknen entwickelt man über die gesamte Trennstrecke in der gleichen Richtung mit einem schwächer polaren Fließmittel. Nun werden die unpolaren Probenkomponenten auf der oberen Hälfte der Trennstrecke getrennt, während die schon aufgetrennten unpolaren nicht mehr weiterwandern. Entwickelt man hingegen zweimal oder mehrmals mit dem gleichen Fließmittel, so verdoppelt man lediglich die Laufstrecke der Probenkomponenten.

Darüberhinaus stehen noch einige Gradiententechniken zur Verfügung, bei denen die Veränderung der Trennbedingungen kontinuierlich oder diskontinuierlich erfolgen kann. Ist die Gradientenrichtung identisch mit der Fließrichtung, so spricht man von parallelen Gradienten. Ist sie senkrecht dazu, liegt ein orthogonaler Gradient vor.

Orthogonale Gradienten dienen dazu, in einem einzigen Experiment mehrere Effekte gleichzeitig nebeneinander untersuchen zu können und somit die günstigsten Trennbedingungen herauszufinden, ohne daß man mehrere Platten benötigt (s. Abschn. 4.6.2, Vario-KS-Kammer).

8 Nachweismethoden

Nach der Entwicklung werden die getrennten Proben zur Kontrolle der Trennung und Identifizierung der einzelnen Probekomponenten nachgewiesen. Dies ist am einfachsten bei farbigen Verbindungen oder bei solchen, die zur Fluoreszenz angeregt werden können oder UV-Strahlung absorbieren (physikalische Nachweismethoden). Alle anderen Substanzen müssen durch Derivatisierung mit geeigneten Nachweisreagenzien in sichtbare, fluoreszierende oder UV-absorbierende Stoffe umgewandelt werden (chemische Nachweismethoden). Schließlich seien noch die biologisch-physiologischen Nachweismethoden genannt.

8.1 Biologisch-physiologische Nachweismethoden

8.1.1 Hämolyse

Hämolysierende Stoffe, wie z. B. Saponine, zerstören die Erythrocytenmembran, und es kommt zum Austritt des Hämoglobins. Bei der Dünnschichtchromatographie wird eine Blutgelatine-Aufschwemmung über die Schicht gegossen. An den Stellen, wo sich hämolytisch aktive Substanzen befinden, treten die sog. hämolytischen Höfe auf.

8.1.2 Wachstumshemmung

Ähnlich können Antibiotika nachgewiesen werden. Auf eine Agarplatte wird eine Bakterienkolonie inokuliert. In die Nähe wird dann der Abklatsch von der Stelle der Dünnschichtplatte, wo antibiotisch wirksame Substanzen vermutet werden, übertragen. Die Hemmhöfe sind der Nachweis.

8.1.3 Nachweis von Wachstumsregulatoren

Dünnschichtchromatographisch abgetrennte, biologisch aktive Substanzen (Auxine, Gibberelline) werden mittels eines Agarwürfels auf die Schnittfläche von Avena- oder Triticum-Coleoptilen (Hafer- oder Weizenkeimscheiden) aufgetragen. Beim positiven

Test krümmen sie sich. Die Konzentration des Pflanzenhormons läßt sich mit dem Krümmungswinkel in Korrelation bringen (Avena-Krümmungstest).

8.1.4
Organoleptischer Nachweis

Bei Substanzen, die noch in hoher Verdünnung bitter (Chinin 1:4,5 Mio, Amarogentin 1:50 Mio) oder scharf (Capsaicin 1:75 000) schmecken, kann die ausgeschabte Zone eluiert werden und das Eluat einer organoleptischen Prüfung unterzogen werden.

8.2
Physikalische Nachweismethoden

Physikalische Nachweisverfahren verändern oder zerstören die chemische Struktur der aufgetrennten Substanzen nicht und sind deshalb auch für präparative Zwecke geeignet.

8.2.1
Visuelle Erkennung farbiger Substanzen

Zu dieser Methode gehört in erster Linie die Betrachtung von farbigen Substanzen im Tageslicht. Sie absorbieren einen bestimmten Ausschnitt von polychromatischem (weißen) Licht des sichtbaren Wellenlängenbereiches. Die Komplementärstrahlung (Ergänzungsfarbe) wird reflektiert und vom Auge wahrgenommen. Der Tabelle 8.1 ist die Zuordung der Wellenlänge zu den einzelnen Farbbereichen zu entnehmen. Der Übergang von Farbe zu Farbe ist allmählich und enthält sehr viele Farbtöne. Die Einteilung in die genannten Spektralfarben ist willkürlich. Jede Farbe umfaßt einen Wellenlängenbereich. Die Komplementärfarben sind Misch- oder Spektralfarben, die sich zu Weiß ergänzen. Aus der Tabelle 8.2 läßt sich die Zuordnung herausgeblendete Farbe – Mischfarbe feststellen. Die in der unteren Reihe aufgeführten Mischfarben kommen, mit Ausnahme des Purpur, auch als Spektralfarben vor.

Tabelle 8.1 Wellenlängen der einzelnen Farbbereiche

UV	Violet	Blau	Grün	Gelb	Orange	Rot	IR
λ [nm]	390	430	490	570	600	710	770 ......

Tabelle 8.2 Zuordnung der Komplementärfarben

Herausgeblendete Farbe	Rot	Orange	Gelb	Grün	Blau	Indigo	Violett
Mischfarbe des Restes	Grün-blau	Blau	Violett	Purpur	Orange	Gelb	Grüngelb

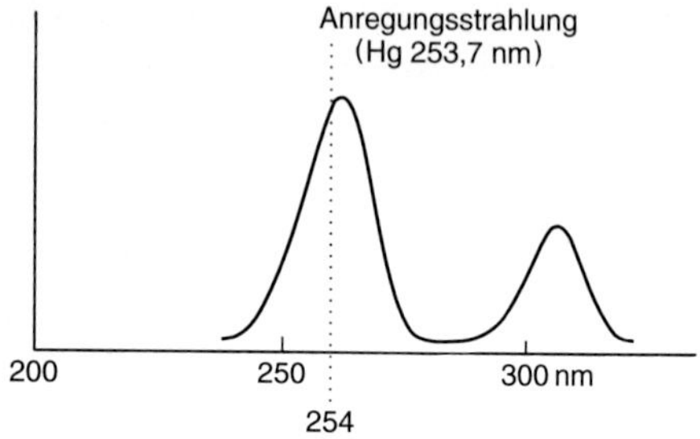

Abb. 8.1 Schematische Darstellung der Fluoreszenzminderung

8.2.2
Fluoreszenzminderung

Bei Substanzen, die im kurzwelligen UV-Licht (254 nm) absorbieren, verwendet man zur Chromatographie Schichten mit eingearbeiteten Fluoreszenz-Indikatoren. Falls sich auf der Schicht der DC-Platte eine Substanz befindet, deren Absorptionsmaximum im Spektralbereich um $\lambda = 254$ nm liegt, erscheint an der Stelle des Substanzflecks auf der grün fluoreszierenden Schicht ein dunkler Fleck. Die Strahlungsemission ist gemäß

$$I_{fl} \cong f_A \cdot f_E \cdot \sigma \cdot I_0 \cdot \varepsilon \cdot c \qquad (8\text{-}1)$$

I_{fl} Intensität der Fluoreszenzemission
f_A Abhängigkeit der Fluoreszenzintensität von der Anregungsstrahlung
f_E Abhängigkeit der Fluoreszenzintensität von der Emissionsstrahlung
σ Quantenausbeute
I_0 eingestrahlte Lichtintensität
ε Extinktionskoeffizient
c Substanzkonzentration in der Schicht

in dem Bereich der Substanz kleiner. Die Fluoreszenzminderung ist um so größer, je näher das Absorptionsmaximum der Substanz bei der Wellenlänge der Anregungsstrahlung liegt (Abb. 8.1).
Einen solchen Minderungseffekt (Filtereffekt) zeigen Verbindungen mit konjugierten C=C-Doppelbindungen, insbesondere aromatische Systeme und konjugiert ungesättigte Carbonyl-Derivate. Auch Polythionate und Acetylen-Derivate absorbieren in diesem Bereich.
Abbildung 8.2 (siehe S. 198) zeigt eine Vorrichtung zur Betrachtung von DC-Platten im UV-Licht.

8.2.3
Eigenfluoreszenz

Substanzen, die unter UV-Strahlung zur Eigenfluoreszenz angeregt werden, kann man auf Schichten ohne Fluoreszenzindikator als leuchtend farbige Zonen auf dunklem Untergrund sichtbar machen. Zur Anregung dienen Wellenlängen, die von der Substanz absorbiert werden. Sie führen den Molekülen Energie zu und versetzen diese in einen angeregten Zustand. Die Elektronen werden auf äußere Schalen angehoben.

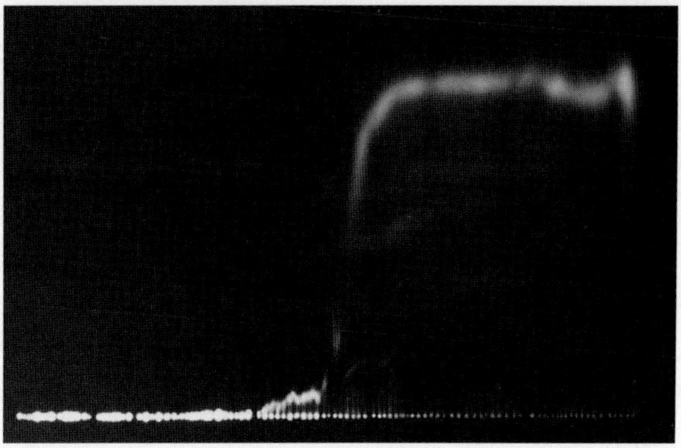

Abb. 8.3 Autoradiogramm der markierten Indolessigsäure, chromatographiert auf einer pH-Gradientschicht [128]

Bei Desaktivierung und Stabilisierung wird die Hauptenergiemenge wieder in Form von Strahlung frei. Diese Emissionsstrahlung ist immer energieärmer und langwelliger als die Anregungsstrahlung. Sie liegt häufig im sichtbaren Spektralbereich und kann daher zur Detektion herangezogen werden.

Als energiereiche Strahlungsquellen werden Hochdruck-Quecksilberdampflampen verwendet. Sie sind besonders zum Nachweis von Naturstoffen wie Flavonoiden, Anthranoiden und Cumarinen zu empfehlen.

8.2.4 Isotopennachweis

Oft werden zur Klärung von Stoffwechseluntersuchungen radioaktive Isotopen eingesetzt. Zum Nachweis weicher ß-Strahler (^{3}H, ^{14}C, ^{35}S) auf Dünnschichtchromatogrammen eignet sich, mindestens zur ersten Orientierung, die Autoradiographie.

Zwischen die Schicht eines Dünnschichchromatogramms und dem Röntgenfilm wird als Diaphragma eine dünne Celophan-Folie befestigt. Auf den Röntgenfilm wird eine Glasscheibe gelegt und mit Federklammern fixiert; es muß guter und gleichmäßiger Kontakt zwischen der Emulsion des Filmes und der Dünnschichtplatte gewährleistet sein. Das Ganze wird in ein schwarzes Papier eingeschlagen. In Abb. 8.3 ist das

Tabelle 8.3 Richtwerte der Expositionszeit für Autoradiographie (nach Snyder [129])

Radionuklid	Fleckgröße [mm²]	Radioaktivität [p/min]	Expositionszeit
^{14}C	130	1000	4 Tage
		10000	2 Tage
^{3}H	130	20000	150 Tage
^{32}P	130	250	1 Tag
		500	1/2 Tag
		2500	3 Stunden
^{131}I	130	250	1 Tag
		500	1 Tag
		1000	8 Stunden

Autoradiogramm von markierter Indolessigsäure dargestellt, die auf einer pH-Gradientenschicht chromatographiert wurde.

Die Expositionsdauer richtet sich nach der Radioaktivität der verwendeten Radionuklide [129]. Die Richtwerte sind in der Tabelle 8.3 aufgeführt.

Um das Auftreten von Artefakten zu vermeiden, dürfen auf dem Chromatogramm keine Substanzen mit Reduktionseigenschaften vorhanden sein. Auch Fließmittelreste müssen sorgfältig beseitigt werden.

8.3 Chemische Nachweismethoden

In den Fällen, in denen sich die getrennten Verbindungen weder durch ihre Eigenfarbe noch durch Eigenfluoreszenz oder Fluoreszenzminderung nachweisen lassen, muß zu den chemischen Nachweisverfahren gegriffen werden [130]. Diese bieten die Umsetzung (Derivatisierung) mit Reagenzien zu gefärbten Produkten, die dann visuell erkennbar sind. Fluoreszierende Endprodukte werden unter langwelligem UV-Licht beobachtet. Man unterscheidet zwischen sog. Universalreagenzien und gruppenspezifischen Reagenzien.

8.3.1 Umsetzung mit Universalreagenzien

Die chemische Umsetzung mit starken Säuren führt entweder zur Oxidation der Substanzen (organische werden verkohlt; es entstehen dunkle bis schwarze Flecken) oder zu fluoreszierenden Substanzen. Sehr häufig werden Säuren mit Zusatz von Aldehyden (Tabelle 8.4) verwendet, die Methin-Farbstoffe bilden. Auch Schwermetallionen finden als gute Nachweisreagenzien Verwendung (Tabelle 8.4) (s. Abschn. 12.1).

8.3.2 Umsetzung mit gruppenspezifischen Reagenzien

Gruppenspezifische Reagenzien reagieren mit definierten chemischen Gruppen. Dazu gehören, z. B. zum Nachweis phenolischer Verbindungen, die Diazotierungsreaktion oder das Dinitrophenylhydrazin, das spezifisch mit der C=O-Gruppe von Carbonyl-Verbindungen entsprechende Hydrazone bildet, oder das Ninhydrin-Reagenz, das mit Aminen und Aminosäuren blauviolett gefärbte Produkte (Diketohydrindyliden-Diketohydramin) bildet (s. Abschn. 12.2).

8.3.3 Prächromatographische Derivatisierung

Während es sich bei den beiden anderen chemischen Nachweismethoden um postchromatographische, d. h. erst nach der Entwicklung angewendete Verfahren handelt,

Tabelle 8.4 Zusammenstellung einiger Aldehyd-Säure-Reagenzien

Trivialname des Reagenzes	Aldehyd	Säure	Nachweisbare Verbindungen
Morgan-Elson-Reagenz	Anisaldehyd;	H_2SO_4	Zucker, Steroide
	4-Dimethylaminobenzaldehyd/Acetylaceton	HCl	Aminozucker
EP-Reagenz	4-Dimethylaminobenzaldehyd	Eisessig/ H_3PO_4	Azulene/Proazulene
Ehrlich-Reagenz	4-Dimethylaminobenzaldehyd	HCl	Amine
van Urk-Reagenz	4-Dimethylaminobenzaldehyd	H_2SO_4	Mutterkorn-Alkaloide
Prochazka-Reagenz	Formaldehyd	H_3PO_4	Steroidalkaloide; Sapogenine
	Formaldehyd	HCl	Indolderivate
	Formaldehyd	H_2SO_4	mehrkernige Aromaten
Marquis-Reagenz	Formaldehyd	H_2SO_4	Morphinalkaloide
Komarowsky-Reagenz	4-Hydroxyaldehyd	H_2SO_4	Sapogenine, Corticosteroide
	Resorcinaldehyd	H_2SO_4	16-Dehydrosteroide
	Vanillin	H_3PO_4	Steroide
	Vanillin	HCl	Catechine
	Vanillin	H_2SO_4	ether. Öle, Steroide, Phenole Alkohole

wird die prächromatographische Derivatisierung vor der Entwicklung durchgeführt [130]. Dazu wird zunächst das Reagenz an der Startzone aufgetragen und dann die Probenlösung. Nach Beendigung der Reaktion wird die DC-Platte getrocknet.

Die prächromatographische Derivatisierung ermöglicht eine gezielte chemische Umsetzung von Substanzen in situ und damit einen spezifischen Nachweis. Für die Derivatisierung in situ werden alle die bekannten Reaktionen herangezogen, die aus der Naßchemie bekannt sind. Zu den wohl am häufigsten verwendeten in situ-Reaktionen gehört die Oxidation und Reduktion, saure und alkalische Hydrolyse, enzymatische Spaltung, Halogenierung, Nitrierung und Diazotierung, Veresterung und Veretherung, Dansylierung und Hydrazinbildung.

Tabelle 8.5 Zusammenstellung einiger Reagenzien unter Verwendung von Schwermetallionen

Trivialname des Reagenzes	Salz	Nachweisbare Verbindungen
Carr-Price-Reagenz	Antimon(III)-chlorid	Flavonoide
	Antimon(III)-chlorid	Vitamin A und D, Carotinoide, Steroide, Terpenderivate
	Antimon(IV)-chlorid	Vitamin A, D und E, Terpene, Öle, Harze, Steroidapogenine
	Bleiacetat, basisch	Flavonoide
	Bleitetraacetat	Diolgruppierungen
	Cer(IV)-Ammoniumsulfat	Vinca-Alkaloide
	Cer(IV)-Sulfat-Arsenit	Jodhaltige org. und anorg. Verbindungen
	Cer(IV)-Sulfat/HNO_3	Polyphenole, Solanum-Steroid-Alkaloide
Sonnenschein-Reagenz	Cer(IV)-Sulfat/H_2SO_4	Alkaloide, jodhaltige Verbindungen
	Molybdatophosphorsäure	Stickstoffbasen
Salkowski-Reagenz	Eisen(III)-chlorid	Indole
Zwikker-Reagenz	Kobalt(II)-nitrat	Barbiturate, Hydantoine, Purine
	Kobalt(II)-chlorid	org. Phosphorsäureester
Meyer-Reagenz	Quecksilber(II)-chlorid/Kaliumjodid	Steroidalkaloide
Tollens-Reagenz	Silbernitrat/Ammoniak	reduzierende Verbindungen
Dragendorffs-Reagenz	$(BiJ_4)K{\cdot}H_2O$	Alkaloide, stickstoffhaltige Verbindungen
Millons-Reagenz	Quecksilber/HNO_3	Phenole, Phenolether und deren Glykoside

9 Nachweis- und Transfertechniken

Wenn es notwendig ist, die Chromatogramme zur Sichtbarmachung der Substanzflekken mit Reagenzien zu behandeln, muß die fließmittelfreie Schicht nach der Entwicklung gleichmäßig mit dem entsprechenden Reagenz benetzt werden. Zum Aufbringen der Reagenzlösung können verschiedene Techniken herangezogen werden.

9.1 Sprühen

Beim Besprühen der DC-Schicht ist es wichtig, daß das flüssige Reagenz in einem sehr feinen „Nebel" auf die DC-Schicht aufgetragen wird. Zu diesem Zweck werden heute Sprüher benutzt, welche mit einer elektrisch angetriebenen Pumpe arbeiten (Desaga, s. Abb. 9.1).

Das Sprühen sollte in einer gut funktionierenden Sprühkabine erfolgen. Dieses Verfahren ist nicht umweltgerecht, weil die Dämpfe der Lösemittel und der oft aggressiven Reagenzien in die Atmosphäre gelangen.

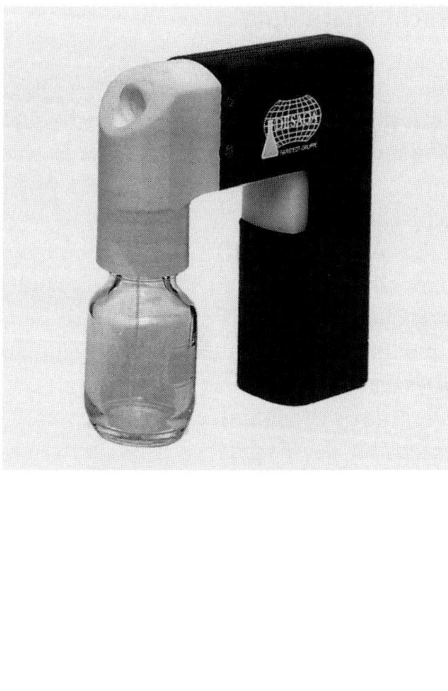

Abb. 9.1 Sprüher mit elektrisch angetriebener Pumpe (Desaga)

9.2 Tauchen

Beim Tauchverfahren ist die Konzentration des Reagenzes oft geringer als beim Sprühen, und es ist häufig möglich, das Tauchreagenz mehrmals zu verwenden. Die Entsorgung kann auf dem nassen Wege, also effizienter, erfolgen. Aus diesen Gründen sollte man, wo immer es möglich ist, dem Tauchvorgang den Vorzug vor dem Sprühen geben. Beim Tauchen sind stets trockene, streng fließmittelfreie Schichten zu verwenden. Es wird ca. 1 – 2 s getaucht. Die Belegung der Sorbensschicht ist gleichmäßig, wodurch die Quantifizierung in situ exakter wird. Zum Tauchen werden sog. Tauchkammern verwendet, wobei die automatisierten, elektrisch angetriebenen eine gleichmäßigere Benetzung erzielen. Beim Handtauchen mittels einer Pinzette erscheinen auf der Schicht oft Querstreifen, die durch den Pulsschlag hervorgerufen werden.

9.3 Bedampfen

Eine gleichmäßige Behandlung mit gut abdampfbaren Reagenzien läßt sich in der Dampfphase erzielen. Dazu eignet sich z. B. Ammoniak-Dampf, Salzsäure-Dampf, Essig- oder Ameisensäure-Dampf sowie Jod-, Brom- oder Formaldehyd-Dampf. Diese Art des Nachweises kann sehr vorteilhaft in der H-Kammer durchführt werden.

9.4 Nachbehandlung

Nach dem Entwickeln soll aus den DC-Schichten möglichst schnell das Fließmittel entfernt werden. Dies soll in horizontaler Lage geschehen, um das gleichmäßige Abdampfen zu gewährleisten. Dabei werden die getrennten Substanzen nicht verformt, die nachträgliche Diffusion verhindert und die Nachweisgrenze nicht verschlechtert.

Viele der verwendeten Reagenzien reagieren bei Anwendung von Wärme schneller, bzw. die entstehenden Substanzen sind intensiver gefärbt. Die Zeit, die man dazu braucht, läßt sich nur ungefähr angeben, weil oft auch der Hintergrund eine Nachdunklung erfährt. Auch die unterschiedlichen Geräte (Trockenschrank, Heizplatten (Desaga, s. Abb. 9.2, S. 198), Camag), UV-Hochdruck-Quecksilberstrahler, IR-Strahler, Mikrowellenöfen), die man verwendet, beeinflussen die Gleichmäßigkeit und die Intensität der Farbflecke. Üblicherweise wird bei Temperaturen zwischen 100 und 130°C bis zur optimalen Anfärbung erwärmt.

In manchen Fällen dient ein zweites Reagenz zur Erhöhung der Nachweisempfindlichkeit, wobei es sich entweder um eine stabilisierende Maßnahme (ansäuern, alkalisieren, besprühen mit bestimmten Salzlösungen), oder bei fluoreszierenden Substanzen um die Verstärkung der Fluoreszenz handelt.

Als Fluoreszenzverstärker werden lipophile Substanzen (z. B. Dodecan, Kerosin, Paraffinöl), üblicherweise in Hexan in verschiedenen Konzentrationen gelöst, verwendet [130]. Auch hydrophile Fluoreszenzverstärker (z. B. Polyethylenglykol 4000 in Methanol gelöst (5 – 50 %)) werden, vorteilhaft bei Aminen und Flavonoiden eingesetzt. Darüberhinaus finden auch Triethyl-, Triethanolamin und Triton X-100 Verwendung beim Nachweis von Dansyl-Derivaten, Carbamat- und Harnstoff-Herbiziden [130].

9.5 Transfertechniken

9.5.1 Trockentransfer

Bei dieser Methode wird die in Frage kommende Zone ausgeschabt. Auf einer neuen Platte wird am Start die gleiche Fläche vom Sorbens befreit. In diese „Lücke" wird das aus der ersten Platte ausgeschabte Material festgedrückt. Auf die zweite Platte werden dann entsprechende Vergleichsubstanzen aufgetragen.

Dieser Trockentransfer ist das einfachste „Clean up"-Verfahren und kann praktisch ohne Verluste an Substanzmengen durchgeführt werden.

Im Falle einer „schwänzenden" Chromatographie ist der genaue Vergleich mit dem Standard schwierig. Wenn man die Zone 1 aus dem Chromatogramm I ausschabt und in die leere Stelle auf der Platte II a vor der Entwicklung eindrückt (Abb. 9.3), ist der Vergleich mit dem Standard nach der Entwicklung (Platte II b) ohne Schwierigkeiten möglich.

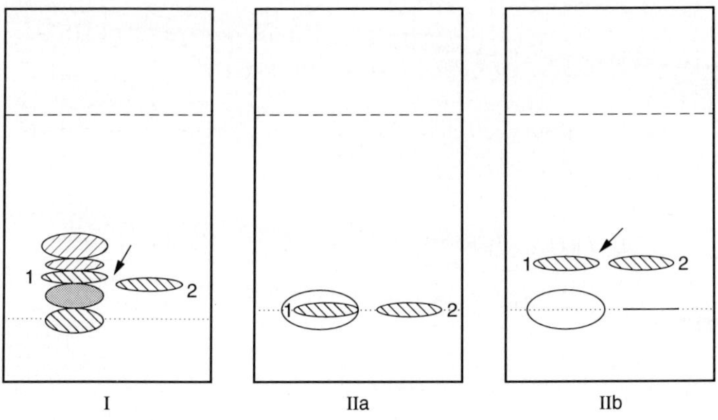

Abb. 9.3 Trockentransfer: 1 = gesuchte Substanz; 2 = Standard

9.5.2
DC-IR Transfer

Neben den gängigen Nachweismethoden bietet die IR-Spektroskopie eine zuverlässige Identifizierung chromatographisch getrennter Substanzen [131 – 137]. Außer der Identitätsbestimmung („Fingerprint-Bereich") liefert das IR-Spektrum, vor allem bei Substanzen mit einem kleineren und mittleren Molekulargewicht, einen wesentlichen Beitrag zur Strukturaufklärung.

Ein weiteres Gebiet der IR-Spektroskopie in der Arzneimittelkontrolle stellen Reinheitsprüfungen dar. Verunreinigungen in einer Substanz machen sich im IR-Spektrum durch das Auftreten substanzfremder, für die Verunreinigung charakteristische Banden bemerkbar, deren Intensität von der Menge der Verunreinigungen abhängig ist.

Die Mikrotechnik des Transfers in der Dünnschichtchromatographie eignet sich sehr gut, um mit der IR-Spektroskopie kombiniert zu werden. Sehr gut geeignet ist die Messung in einem KBr-Pressling. Da für die Herstellung eines Standardpreßlings (13 mm ∅) relativ große Substanzmengen (1 – 2 mg) benötigt werden, ist es unumgänglich, für den Transfer von der DC zum IR ein Mikrotechnik-Verfahren anzuwenden [138]. Für die Herstellung eines Mikropreßlings (∅ ca. 7 mm) ist es nötig, 5 – 10 μg einer Substanz aus der Schicht der DC-Platte zu isolieren und je nach Bedarf mit 30 – 50 mg KBr zu vermischen.

Weil KBr-Preßlinge, die mit Kieselgel kontaminiert sind, im „Fingerprint-Bereich" absorbieren (Abb. 9.4), ist es notwendig, die aus der Schicht ausgeschabte Probe zu eluieren und das Eluat durch das KBr zu geben. Einen solchen direkten Transfer hat Rice [139] vorgeschlagen. Obwohl de Klein [140] 2 Jahre später die Methode von Rice

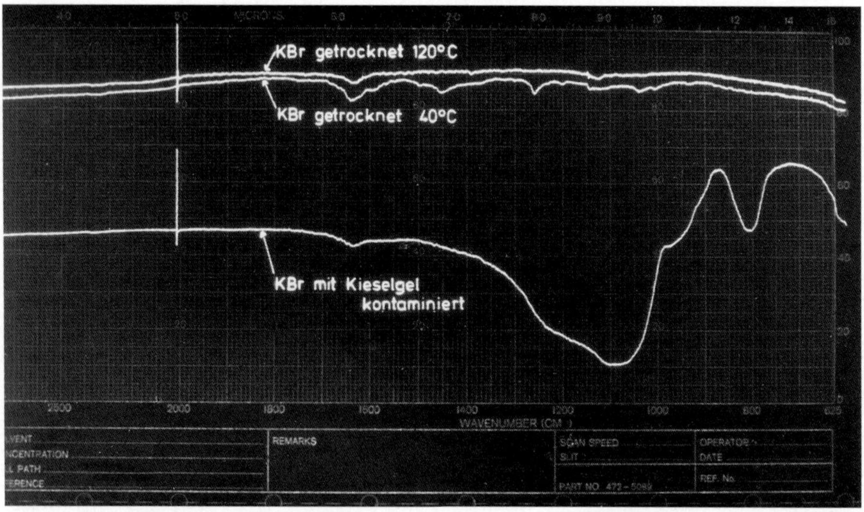

Abb. 9.4 Absorption des KBr getrocknet bei zwei verschiedenen Temperaturen (40°C und 120°C) und kontaminiert mit Kieselgel

Abb. 9.5 Mikrotransfer DC-IR nach Amos [141]

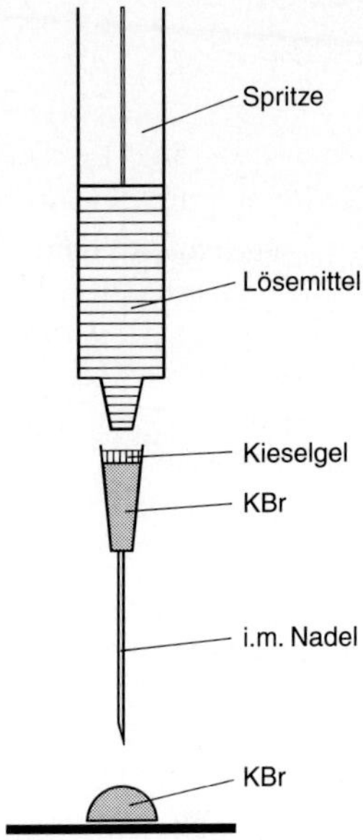

ein wenig abgewandelt hatte, gelang es auch ihm nicht, eine völlig kieselgelfreie Probe zu erhalten. Eine weitere Methode entwarf Amos [141], der zur Elution und Reinigung eine 1 ml Spritze verwendete (Abb. 9.5).

Eine andere Transfermethode hat Goodmann [142] vorgeschlagen. Er verwendet zwei Platten, wobei die eine mit Kiesegel und die andere mit Kaliumbromid beschichtet ist. Mit dieser Methode können ca. 50μg Substanz IR-spektroskopisch identifiziert werden. Ein weiterer Fortschritt in dieser Technik war das Einführen der sog. Wick-Stick [143], die die Firma Harschaw Chemical Co. auf den

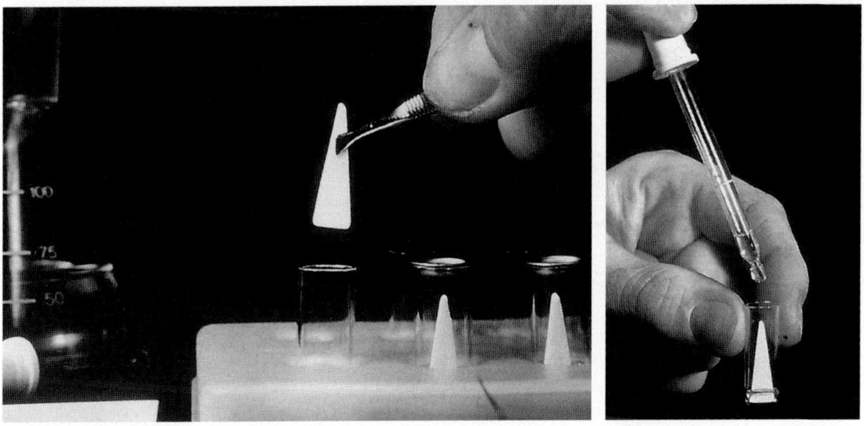

Abb. 9.6 DC-IR-Transfer mit Hilfe des KBr-Triangels

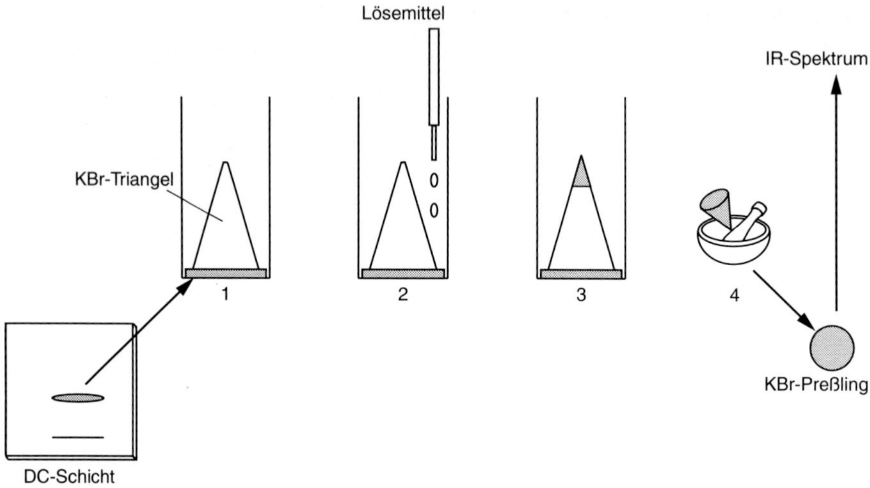

Abb. 9.7 DC-IR-Transfer mit Hilfe des KBr-Triangels (schematische Darstellung)

Markt brachte. Auch Merck liefert KBr-Pyramiden (Specto Tip), mit denen eine Reinigung einer aus der DC-Schicht ausgeschabten Zone möglich ist (Abb. 9.6).

Die KBr-Pyramide (Keil, Triangel) wird in das mitgelieferte Gläschen gesetzt, in dem sich eine von der DC-Platte überführte Zone (1), sowie 0,5 – 0,7 ml eines optimal in der Polarität gewählten Lösemittels (2) befindet. Die Lösung steigt im Keil auf (3).

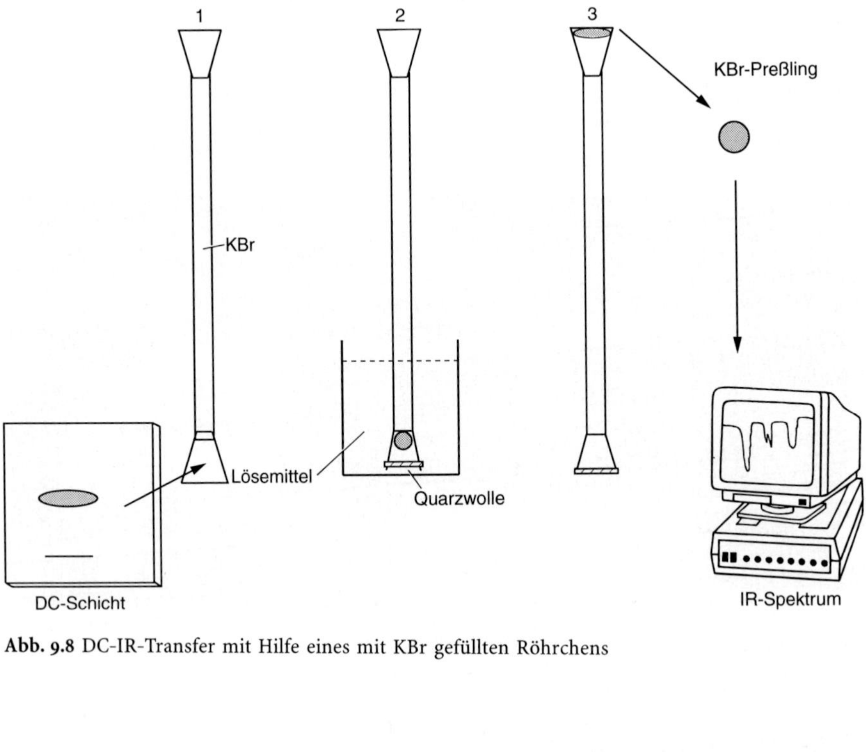

Abb. 9.8 DC-IR-Transfer mit Hilfe eines mit KBr gefüllten Röhrchens

Abb. 9.9 Preßzange Perkin-Elmer zur Herstellung von Mikropreßlingen (7 mm und 4 mm ∅)

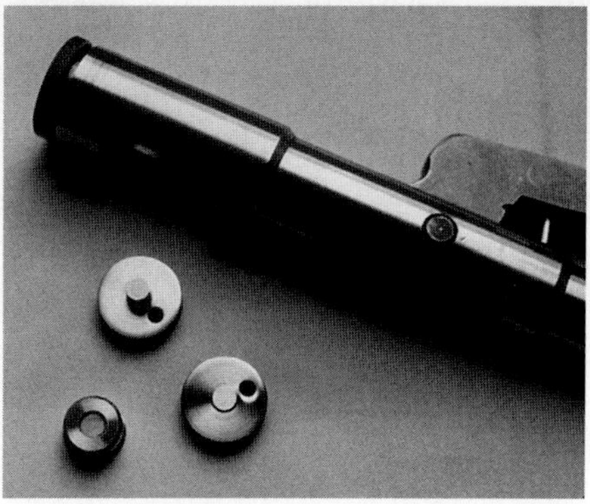

Bei diesem Vorgang findet im KBr ein Reinigungsvorgang statt, und gleichzeitig konzentriert sich die Substanz in der Spitze des Keils (anticirkularer Vorgang). Danach wird die Spitze des Keiles abgebrochen und nach Zuwiegen einer bestimmten Menge an KBr zu einem Preßling verarbeitet (4) (Abb. 9.7).

Kraus et al [144] und Stahl und Schild [145] haben eine Methode ausgearbeitet, die an dem von Székely [146] entwickelten Transfer zur Massenspektroskopie angelehnt ist. Dazu wird ein ca. 10 cm langes Röhrchen (Abb. 9.8) verwendet, das an den Enden trichterförmig erweitert ist. Das Röhrchen (1) wird bis auf das untere trichterförmige Ende lückenlos mit fein gepulvertem KBr gefüllt. Dorthin füllt man die ausgeschabte Zone aus der Dünnschichtplatte und verschließt es mit einem kleinen Quarzwollebausch (2). Dann wird das Röhrchen in ein kleines Becherglas gestellt, das mit einem geeigneten Lösemittel gefüllt ist. Das Lösemittel steigt durch die KBr-Säule hoch und trägt die eluierte Substanz zum oberen Ende. Hier konzentriert sich die Substanz (anticirkularer Vorgang) (3).

Nach dem Ausschaben und Ergänzen auf ein Gesamt-KBr-Gewicht von ca. 35 – 40 mg, wird ein Mikropreßling mit Hilfe einer Preßzange (Abb. 9.9) [147] hergestellt und anschließend dem IR-Spektrophotometer zugeführt.

9.5.3 DC-UV-Transfer

Nach der Entwicklung der Dünnschichtplatte wird der entsprechende Substanzfleck aus der DC-Platte geschabt und die zu untersuchende Substanz zerstörungsfrei nachgewiesen. Das mit Substanz beladene Kieselgel wird in den oberen Teil einer Pasteurpipette (Abb. 9.10), die in der Verjüngung mit einem Quarzwollebausch verschlossen ist, eingefüllt. Anschließend wird die Substanz mit einem entsprechenden Lösemittel (Uvasol-Qualität) aus der Säule eluiert. Zur Vorbereitung der Vergleichslösung wird aus der Platte die gleiche Fläche des „sauberen“ Kieselgels (ohne Substanz) ausgeschabt und auf die gleiche Weise eluiert.

Abb. 9.10 Mikrosäule (Pasteurpipette) zum DC-UV-Transfer

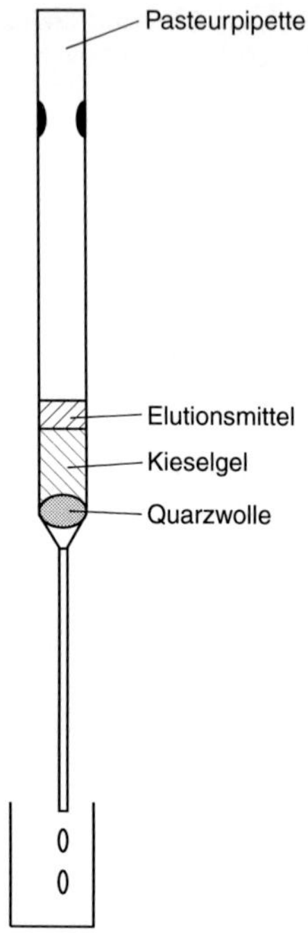

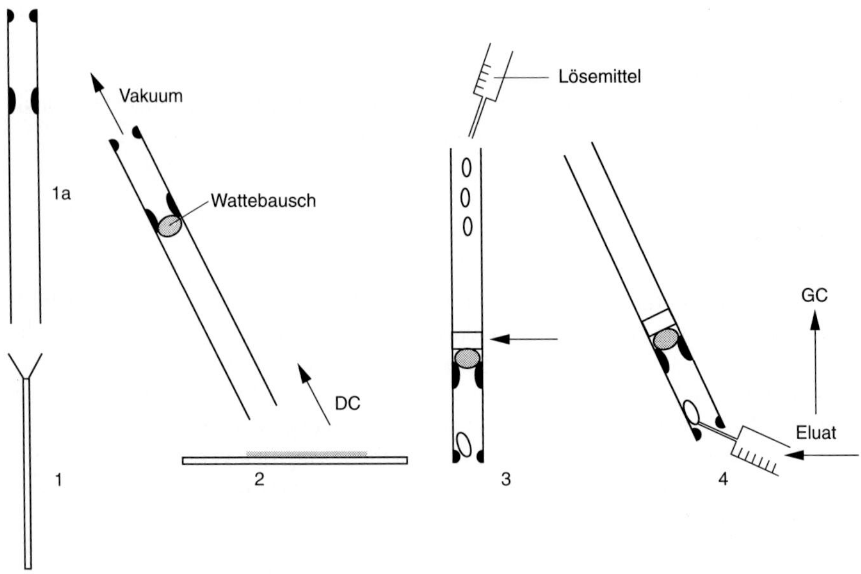

Abb. 9.11 Schematische Darstellung eines DC-GC-Transfers

9.5.4 DC-GC-Transfer

Die Kombination zweier chromatographischer Verfahren ist dann besonders sinnvoll, wenn diese ein Substanzgemisch nach unterschiedlichen Prinzipien trennen. Durch den Transfer dünnschichtchromatographisch getrennter Substanzen auf die Gaschromatographie können dünnschichtchromatographisch nicht getrennte Substanzen verteilungschromatographisch weiter aufgetrennt werden. Voraussetzung für diesen Transfer ist der zerstörungsfreie Nachweis der Substanzen auf der Dünnschichtplatte. Bei der Gaschromatographie darf es zu keiner Veränderung durch thermische Degradation kommen.

Für die Zubereitung von Proben hat sich folgende Technik bewährt: Von einer Pasteurpipette (Abb. 9.11) wird der obere Teil (1a) abgeschnitten. In die Verjüngung wird ein Wattebausch gegeben (leicht gepreßt) und mit Hilfe eines Vakuums die abgeschabte Zone eingesaugt (2). Dann wird das Röhrchen umgedreht und mit ca. 200 - 250μl eines geeigneten Lösemittels eluiert (3). Bei schräg gestelltem Röhrchen (4) wird das Eluat in eine gaschromatographische Spritze aufgenommen und dem Gaschromatographen zugeführt.

Eine schematische DC- und GC-Trennung des Anis-Öls bzw. des *cis*-und *trans*-Anethol ist aus Abb. 9.12 ersichtlich.

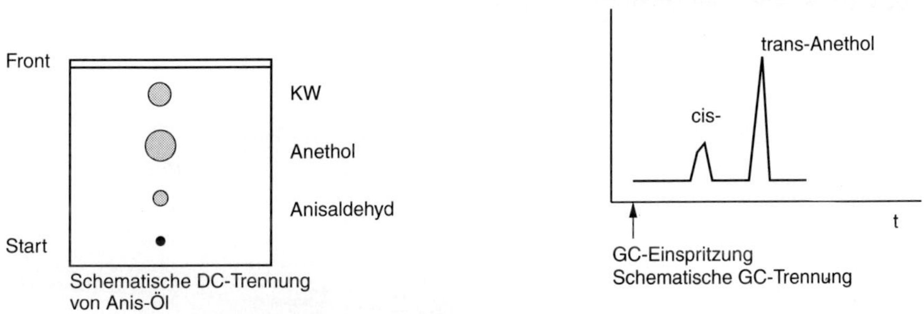

Abb. 9.12 Transfer DC-GC am Beispiel des *cis*- und *trans*-Anethols

10 Dokumentation

Heute hat die Dokumentation in der Dünnschichtchromatographie neue Dimensionen erreicht. Wenn früher das Zeichnen, die Anfertigung von Lichtpausen oder später von Xeroxkopien als Höhepunkt der Beweisführung angesehen wurde, wird heute eine möglichst originalgetreue photographische Wiedergabe gefordert. Nicht zuletzt im Hinblick auf die Anforderungen, die von einer GLP-gerechten Dokumentation verlangt werden.

Zu den modernsten Auswertemethoden werden in der nahen Zukunft Video-Densitometer gehören (Desaga, Camag). Ein Video-Densitometer, bestehend aus einer hochauflösenden CCD-Kamera mit einem Makro-Zoom-Objektiv, sorgt nicht nur für eine Sofortbild-Dokumentation durch einen Video-Drucker mit einer Auflösung von 640 Punkten pro Zeile bei 256 Graustufen, sondern mit einer entsprechenden Software ist auch die Quantifizierung in situ möglich.

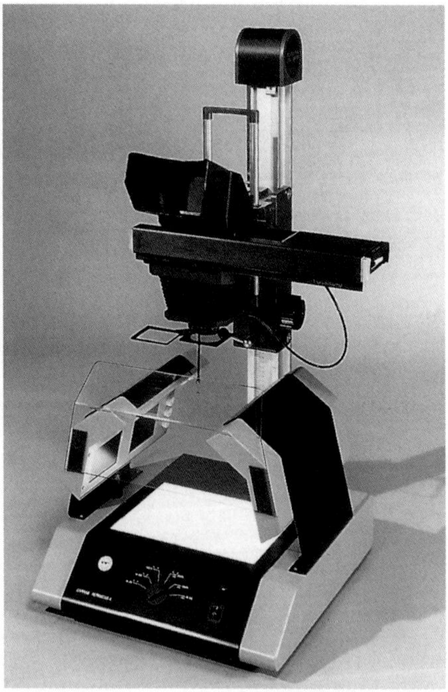

Abb. 10.1 Reproeinheit (Camag)

10.1
Photodokumentation

Die photographischen Aufnahmen werden je nach der Beschaffenheit der Chromatogramme entweder im Durchlicht und/oder im Auflicht photographiert. Wegen der Vielzahl von Einflußgrößen kann kein allgemein gültiger Belichtungswert angegeben werden. Bei Angabe der Arbeitsbedingungen wie Filmfabrikat und Filmempfindlichkeit, Kameraobjektiv und Filterkombination, Vergrößerungsmaßstab (Abstand Kamera zur DC-Platte) und verwendeten UV-Lampen können nur Richtwerte aufgeführt werden.

Bei schwarz/weiß und farbigem Negativ-Material erleichtert es die richtige Anfertigung des Positivs, wenn entsprechende Graustufen-Streifen (Kodak Gray Scale) oder farbige Streifen mitphotographiert werden (Kodak Color Control Patches; [148].

Einige Autoren [149] empfehlen die Verwendung von Negativfilmen, andere bevorzugen Diapositive [68, 150]. In jedem Fall sollen UV-Sperrfilter (z. B. „B+W 409", „Hoya Y 44" Hamaphot oder SKYLIGHT 1A (LA+10)) benutzt werden.

10.2
Formblatt zur DC-Dokumentation

Weil nach dem GLP-Grundsatz alles, was nicht dokumentiert wurde, als nicht getan gilt, erstreckt sich die dünnschichtchromatographische Dokumentation auf alle Phasen der Untersuchung der betreffenden Probe. In dem nachfolgenden Formblatt sind alle Parameter, die für eine lückenlose DC-Dokumentation notwendig sind, zusammengetragen:
Beim Ausfüllen des Formulars, bzw. bei Anfertigung des Protokolls sind noch folgende Punkte zu beachten:

- Bei allen Messungen, die mit Hilfe des Computers durchgeführt wurden, ist es wichtig, den Filenamen des abgespeicherten Chromatogramms schriftlich festzuhalten.
- Der Bearbeiter bzw. der Verantwortliche dürfen das Formblatt (Protokoll) erst dann entgültig abzeichnen, wenn alle Fotos, Zeichnungen oder Scannerausdrücke angeheftet sind.
- Wenn Korrekturen auf dem Formblatt vorgenommen werden müssen, soll das mit einem andersfarbigen Stift geschehen. Fehlerhafte Eintragungen müssen nach dem Durchstreichen leserlich bleiben. Die Korrektur muß mit Datum und Unterschrift versehen werden.
- Alle Arbeitszettel wie z. B. Einwaage, Trockenrückstand etc. müssen dem Hauptprotokoll angeheftet werden, damit der analytische Vorgang lückenlos verfolgt werden kann.

DÜNNSCHICHTCHROMATOGRAMM Nr. 9.		Aufgetragen mit Hand: Gerät:	Schablone:
CHLORPROMAZIN		Reinheit	
Sorbens:	Art.Nr.	Ch.Nr.	
Vorwaschen –/+	Lösemittel:	Weitere Behandlung	
Parameter d. Gerätes/ Handauftragung	Start:	Auftragegeschwindigkeit [μl/sec]	Spotabstand/Bahnbreite
Entwicklungskammern:	Normal, Horizontal, Automatische	Größe (5 cm x 5 cm) Desaga	mit/ohne Vorkonditionierung:
Fließmittel (DAB, DAC, KRAUS: DC-Praktikum)	Zusammensetzung des Fließmittels [ml]	Trennstrecke[cm] / Entwicklungsdauer [min]	
Nachweis	Nr. des Reagenzes	Nachbehandlung	
Auswertung	Foto	Scanner	Video-Scan
Verwendete Literatur			
Bildarchiv Nr.	Tageslicht	UV-254/365	Trennprofil/Scanner

1.Bahn	Substanz	c [mg/ml]	R_f/hR_f-Wert	V [μl]	m [μg]	Leitsubstanz	Bemerkung
2.							
3.							
4.							
5.							
6.							
7.							
8.							

Datum:	Bearbeiter:	Verantwortlich:

11 Quantitative Dünnschichtchromatographie

In vielen älteren Arbeiten wurden Verfahren zur quantitativen Bestimmung der mittels DC getrennten Einzelsubstanzen beschrieben, die auf einer visuellen Fleckgrößenmessung oder einer Elution der Substanzen aus dem Schichtmaterial und der sich anschließenden photometrischen Küvettenmessung basierten.

Heutzutage versteht man unter quantitativer DC-Bestimmung die wesentlich schnellere und empfindlichere Direktauswertung der Substanzen auf der DC-Platte mit Hilfe photometrischer Verfahren. Die entsprechenden Geräte bezeichnet man als Densitometer oder Scanner. Mit ihnen lassen sich – entsprechend ihrer Lampenausstattung – Messungen in Remission, Transmission und Fluoreszenz durchführen.

Der Vorteil der Densitometrie liegt gegenüber anderen chromatographischen Verfahren darin, daß mehrere Proben nebeneinander bestimmt werden können, und da es sich um eine *off-line*-Methode handelt, laufen alle Arbeitsgänge, wie Auftragung, Entwicklung und quantitative Auswertung, unabhängig voneinander ab.

Bei der Photometrie an opaken Schichten – wie z. B. an der Sorbensschicht einer DC-Platte – liegen wesentlich kompliziertere Verhältnisse als bei der Photometrie gelöster Substanzen vor.

Bedingt durch die poröse Sorbensschicht wird das eingestrahlte Licht in verschiedene Richtungen abgelenkt (gestreut), d. h., an den einzelnen Sorbenspartikeln wird das Licht nur zum Teil absorbiert, der größere Teil wird reflektiert und gelangt so zum nächsten Sorbenspartikel, wo sich dann dieser Vorgang wiederholt. Die poröse Oberfläche führt zu einer diffusen Reflexion, die als Remission bezeichnet wird. Das transmittierte Licht läßt sich nur oberhalb von 330 nm erfassen, da die Glasplatte, auf die das Sorbens aufgetragen ist, kürzere Wellenlängen absorbiert.

Unter Zugrundelegung aller möglichen Idealfälle läßt sich zur optischen Direktauswertung von Dünnschichtchromatogammen die Kubelka-Munk-Funktion einsetzen:

$$\frac{(1-R)^2}{2R} = \varepsilon \cdot \frac{c}{s} \qquad (11\text{–}1)$$

R Remission
ε Absorptionskoeffizient
s Streuung
c Fleckkonzentration

Die Meßfehler werden hier also durch die im Nenner auftretende Streuung beeinflußt, so daß man gezwungen ist, diese möglichst klein zu halten. Man erreicht dies durch geringe Substanzbelegung. Letzteres ist wiederum nur möglich, wenn die Nachweisempfindlichkeit der Meßmethode möglichst hoch ist. Für Absorptionsmessungen liegt sie im Nanogrammbereich, bei Fluoreszenzmessungen sogar im Picogrammbereich. In diesen Bereichen ist eine annähernde lineare Abhängigkeit von Substanzmenge und Meßsignal vorhanden.

Jeder Fleck besitzt aufgrund unterschiedlicher Substanzbelegung ein charakteristisches Konzentrationsprofil. Dies bedingt zusätzliche Schwierigkeiten für die optische Auswertung, so daß sich die richtige Fleckpositionierung unter dem Meßspalt als ein sehr wesentlicher Faktor darstellt. Dies geschieht bei den neueren Geräten rechnergesteuert. Wenn das bei älteren Modellen nicht der Fall ist, empfiehlt es sich, ein Konzentrationsprofil des zu vermessenden Fleckes aufzunehmen und die Tischposition beim Maximum für die Messungen zu übernehmen.

Die quantitative Auswertung erfolgt entweder gegen einen externen Standard auf einer Bezugsbahn derselben Platte oder, was zu genaueren Ergebnissen führt, über einen internen Standard, der der Probelösung beigefügt wird. Zu beachten ist, daß die Mengen der zu bestimmenden Substanz und des internen Standards so bemessen sind, daß annähernd im linearen Meßbereich gearbeitet wird. Für eine ausführliche Behandlung dieses Problems siehe [153].

Um die bekannten Fehlerquellen bei der Direktauswertung in ihren Auswirkungen einzugrenzen, bedienen sich die Hersteller von Densitometern unterschiedlicher Meßsysteme und Meßtechniken. Unterscheiden lassen sich zunächst die Einstrahlmessung, bei der ein monochromatisches Lichtbündel senkrecht auf die DC-Schicht gestrahlt und das remittierte Licht innerhalb eines gewissen Öffnungswinkels gemessen wird, und die Zweistrahlmessung, bei der zwei getrennte monochromatische Lichtbündel unterschiedlicher Wellenlänge zeitlich verschoben als Meß- und Vergleichsstrahl über die Probe gefahren werden. Der Fleck selbst läßt sich dann noch wahlweise linear, d. h. spaltförmig, oder punktförmig in Form eines Mäanders (Desaga CD 60, Camag, Shimadzu CS900), in Zick-Zack-Linien oder nach der Flying-Spot Methode abtasten. (Letztere Methode ist von der Firma Shimadzu entwickelt worden und soll wegen der sich überlagernden Plattenvorschub- und Scanrichtung besonders bei unregelmäßigen Flecken zur Erfassung aller Punkte führen).

Die Präzision, die bei der Direktauswertung von Dünnschichtchromatogrammen erzielt werden kann, hängt von der Reproduzierbarkeit der Einzelvorgänge, wie der Probenauftragung, der chromatographischen Entwicklung, des Positionierens unter dem Meßspalt und der apparativen Messung ab. Die Summe der Fehler dieser Einzelvorgänge ergibt nach dem Gesetz der Fehlerfortpflanzung den Gesamtfehler der Meßmethode und damit auch die Reproduzierbarkeit der densitometrischen Methode.

Es ist daher erforderlich, vor der quantitativen Auswertung von Chromatogrammen die Reproduzierbarkeit der Einzelvorgänge mit Hilfe der zu verwendenden Standards zu ermitteln.

Die Abb. 11.1 – 11.3 (Farbabb. 11.1 siehe S. 198) und Tabelle 11.1 zeigen die densitometrische Bestimmung am Beispiel des quantitativen Nachweises von Aloin in einem Fertigarzneimittel. Die Versuchsbedingungen sind wie folgt:

Probenlösung:	1 Dragee (ca. 100 mg Kap-Aloe) wurde durch Abspülen mit Wasser von dem Überzug befreit, zermörsert und im Ultraschallbad 10 min mit 10 ml Methanol extrahiert und in einen 100 ml-Meßkolben filtriert. Dieser Vorgang wurde 2 x wieder-

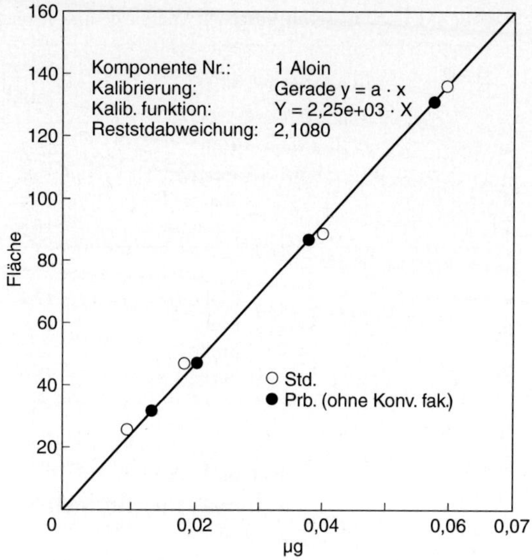

Abb. 11.2 Kalibrierungskurve (Meßwellenlänge 370 nm); x = Standard, * = Probenlösung

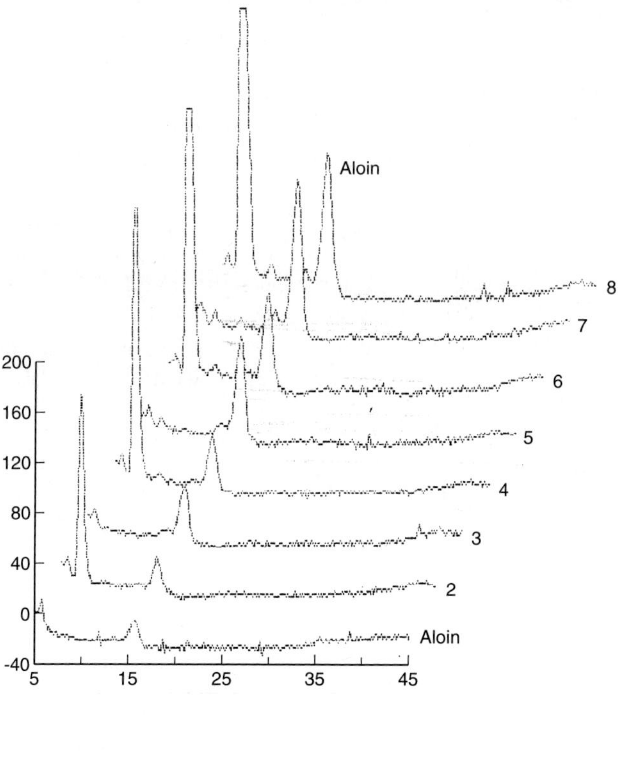

Abb. 11.3 Densitogramm der chromatographischen Trennungen (Meßwellenlänge 370 nm)

Tabelle 11.1 Ergebnisse im Vergleich Standard- und Probenlösung

Position	Standard	Y-Position [mm]	Fläche [mm²]	Ergebnis [cf15(m]
1	Aloin	15,5	25,0	0,0100
3	Standard 2	15,2	47,1	0,0200
5	Standard 3	15,4	88,4	0,0400
7	Standard 4	15,8	134,9	0,0600
	Proben			
2	Probe 1	15,1	31,9	0,0142
4	Probe 2	15,2	47,0	0,0209
6	Probe 3	15,5	87,1	0,0387
8	Probe 4	16,2	131,1	0,0583

holt und danach auf 100 ml aufgefüllt. 5 ml der Probe wurden nochmals 1:10 mit Methanol verdünnt und zum Auftragen verwendet.

Vergleichslösung: 2 mg Aloin R in 10,0 ml Methanol

Auftragemenge: 0,5 µl bei (1) und (2), 1 µl bei (3) und (4), 2 µl bei (5) und (6), 3 µl bei (7) und (8)

Auftragegerät: DESAGA AS 30 – Auftragevolumen in Zyklen zu 0,5 µl mit Zwischentrocknung, 3 mm breit

Stationare Phase: HPTLC-NH_2F_{254S}; Plattengröße: 5 cm x 5 cm

MobilePhase: Essigsäureethylester/Isopropanol/Wasser (100 + 17 + 13; v, v, v); Kammersättigung

Laufstrecke: 3,5 cm

Laufzeit: 5 min

Nachweis: Tauchen in eine Magnesiumacetatlösung (0,5 % in Methanol) und anschließendes Erwärmen auf 90°C

Auswertung: UV-Licht bei 366 nm und Aufnahme des Densitogrammes bei 370 nm, Remission, Spaltbreite 2,0 mm x 0,1 mm

Resultat: Mittels Flächenberechnung läßt sich die Konzentration der Probenlösung gegenüber der Standardlösung ermitteln.

12 Sprüh-, Tauch- und Derivatisierungsreagenzien für die Dünnschichtchromatographie

Die folgenden Reagenzien können sowohl zum Sprühen als auch zum Tauchen verwendet werden, falls nichts anderes vermerkt ist.

12.1 Universalreagenzien

R 1 Iod-Dampf:
In einer der üblichen dichtschließenden dünnschichtchromatographischen Entwicklungskammern werden auf den Boden 10 – 20 Iodkristalle geschüttet. In die mit violettem Ioddampf gefüllte Kammer stellt man für einige Minuten die fließmittelfreien Chromatogramme. Nach dem Herausnehmen dampft das Iod von der Schicht schneller ab als von den braunen Substanzzonen. Zur Fixierung dieser Zonen kann man Stärkelösung (2,0 g – 50 ml Wasser, aufkochen) nachsprühen und erhält so blaue Flecken auf hellem Untergrund.

R 2 Iod-Chloroform-Reagenz:
0,5 g Iod werden in 100 ml Chloroform gelöst.

R 3 Kaliumpermanganat-Schwefelsäure-Reagenz:
0,5 g Kaliumpermanganat werden vorsichtig in 15 ml konz. Schwefelsäure gelöst (Explosionsgefahr durch Manganheptoxid). Durch starke Oxidation treten dunkle bis schwarze Flecken auf.

R 4 Molybdatophosphorsäure-Reagenz:

Sprühlösung:	20,0 g Molybdatophosphorsäure werden in 100 ml 96 %igem Ethanol gelöst.
Tauchlösung:	Eine 1 – 5 %ige ethanolische Lösung der Sprühlösung wird zum Tauchen der Platten verwendet.

Nachbehandlung: Durch Erhitzen auf 105 – 110°C erhält man blaue Flecken auf gelbem Grund. Durch Bedampfen mit Ammoniak kann der gelbe Hintergrund aufgehellt werden.

R 5 Molybdatophosphorsäure-Anisaldehyd-Reagenz:
In 10 ml Anisaldehyd-Schwefelsäure-Reagenz [R36] löst man vor dem Gebrauch 1,0 g Molybdatophosphorsäure.

Nachbehandlung: Durch Erhitzen auf 100 °C erhält man graublaue Flecken auf hellem Untergrund.

R 6 Schwefelsäure-Reagenz:
Zu 90 ml Methanol werden unter Kühlung langsam 10 ml konz. Schwefelsäure gegeben.
Nachbehandlung: Zur Verdeutlichung der Reaktion wird die Platte auf 120 – 130 °C erwärmt.

12.2 Gruppenreagenzien

Aminosäuren

R 7 Ninhydrin-Reagenz:
0,2 g Ninhydrin werden in 100 ml Methanol gelöst. Man erhält rötliche bis blauviolette Substanzzonen auf hellem Untergrund.
Nachbehandlung: Chromatogramme werden bis zur optimalen Farbbildung auf 110 °C erhitzt.

Anthrachinone

R 8 Kalilauge-Reagenz:
10,0 g Kaliumhydroxid werden in 100 ml 50 %igem Ethanol gelöst.
Nachbehandlung: 5 min auf 105 °C erhitzen. Die Auswertung erfolgt im Tages- und langwelligen UV-Licht (365 nm). Anthrachinone zeigen eine Rotfärbung.

Alkaloide

R 9 Van Urk-Reagenz:
0,2 g 4-Dimethylaminobenzaldehyd werden in einer abgekühlten Mischung von 35 ml dest. Wasser und 65 ml konzentrierter Schwefelsäure gelöst. Anschließend werden 0,15 ml einer 10 %igen wäßrigen Eisen(III)-chlorid-Lösung zugegeben. Das Reagenz ist nach 12-stündigem Stehen gebrauchsfertig. Kühl und dunkel aufbewahrt ist es einen Monat haltbar. Die Mutterkornalkaloide färben sich blau.

R 10 Iodoplatinat-Reagenz:
Sprühlösung: 1,5 ml 10 %ige Hexachloroplatin(IV)-säurelösung werden mit 48,5 ml Wasser und danach mit 50 ml einer 6 %igen wäßrigen Kaliumiodidlösung versetzt. Diese Lösung ist in braunen Glasflaschen längere Zeit haltbar.
Tauchlösung: Das Reagenz wird im Verhältnis 1 : 1 mit Wasser verdünnt.
Die Alkaloide erscheinen als violette bis grau-blaue Flecken.

R 11 Dragendorff-Reagenz:

Stammlösung: 2,6 g basisches Bismutcarbonat und 7,9 g Natriumiodid werden mit 25 ml Eisessig einige min gekocht. Nach etwa 12 h werden die ausgefallenen Natriumacetatkristalle abfiltriert. 20 ml des klaren, rotbraunen Filtrats werden mit 80 ml Essigsäureethylester und 0,5 ml Wasser gemischt. In braunen Flaschen ist diese Lösung längere Zeit haltbar.

Wichtig: Vor der Behandlung mit dem Nachweisreagenz müssen die Platten frei von Fließmittel sein!

Sprühlösung: 0,5 ml Stammlösung mit 5 ml Essigsäureethylester und 10 ml Eisessig mischen.

Tauchlösung: 1,5 ml Stammlösung mit 5 ml Essigsäureethylester und 10 ml Eisessig mischen.

Die Substanzen erscheinen als orangerote Flecken auf gelbem Untergrund.

Azulene, Proazulene

R 12 EP-Reagenz (Essigsäure-Phosphorsäure-Reagenz):

0,25 g 4-Dimethylaminobenzaldehyd werden in einer Mischung aus 47,5 ml Eisessig, 5 ml 85 %iger *o*-Phosphorsäure und 47,5 ml Wasser gelöst.

Azulene reagieren bereits in der Kälte mit starker Farbintensivierung (blau); Proazulene erst nach 3 – 5 min nach Erhitzen auf 100°C.

Barbiturate

R 13 Kaliumpermanganat-Reagenz:

0,5 g Kaliumpermanganat werden frisch in 100 ml Wasser gelöst.

Die Substanzen erscheinen als helle Flecken auf violettem Untergrund.

R 14 Quecksilber(II)-oxid-Diphenylcarbazon-Reagenz:

Sprühlösung I: Es werden 2,0 g HgO in 40 ml Wasser suspendiert und unter Rühren 8,0 ml konz. Schwefelsäure zugegeben. Nach dem Abkühlen wird mit Wasser auf 100 ml aufgefüllt.

Sprühlösung II: 0,1 g Diphenylcarbazon werden in 100 ml Chloroform gelöst.

Die Schicht wird zunächst mit der Sprühlösung I besprüht und nach dem Trocknen mit der Sprühlösung II.

Nachbehandlung: Die Schicht wird einer langwelligen UV-Strahlung (365 nm) ausgesetzt.

Der violette Untergrund verblaßt, und die Flecken bleiben deutlich violett gefärbt.

Corticosteroide

R 15 Tetrazolblau-Reagenz:

10 ml einer 0,5 %igen methanolischen Tetrazoliumchloridlösung werden immer frisch mit 5 ml einer 25 %igen wäßrigen Natronlauge und mit 5 ml Methanol vermischt.

Nachbehandlung: Vorsichtiges Erwärmen auf 110°C.
Die Corticosteroide färben sich graublau.

Fettsäuren

R 16 2,7-Dichlorfluorescein-Reagenz:
0,05 g Dichlorfluorescein und 0,1 g Aluminiumchlorid werden in 100 ml Methanol gelöst. Unter dem langwelligem UV-Licht (365 nm) fluoreszieren die Flecken gelb.

R 17 Rhodamin B-Reagenz:
25 mg Rhodamin B werden in 100 ml Wasser gelöst. Es erscheinen dunkelrote Flecken auf hellrotem Untergrund.

Flavonoide

R 18 Aluminiumchlorid-Reagenz:
1,0 g Aluminiumchlorid ($AlCl_3 \cdot 6\,H_2O$) wird in 100 ml 96 %igem Ethanol gelöst. Die Flavonoide fluoreszieren unter langwelligem UV-Licht (365 nm) stark gelb.

R 19 2,7-Dichlorfluorescein-Lösung:
Es wird eine 0,2 %ige 2,7-Dichlorfluorescein-Lösung in 96 %igem Ethanol zubereitet und zum Tauchen verwendet. Anschließend werden die Chromatogramme unter langwelligem UV-Licht (366 nm) ausgewertet. Die Flecken fluoreszieren gelb.

R 20 Rhodamin B-Reagenz:
25 mg Rhodamin B werden in 100 ml Wasser gelöst. Nach dem Besprühen oder Tauchen der Platte erscheinen detektierte Substanzen als dunkelrote Flecken auf hellrotem Untergrund.

R 21 Antimon(III)-chlorid-Reagenz (Carr-Price-Reagenz):

Sprühlösung:	Es wird eine 10 %ige Antimon(III)-chlorid-Lösung in Chloroform zubereitet. Die Lösung ist stets frisch herzustellen.
Tauchlösung:	Die Sprühlösung wird mit Chloroform zu einer 2 %igen Lösung verdünnt.

Nachbehandlung: Eventuelles Erhitzen auf 110°C bis zur optimalen Farbbildung. Die Flavonoide fluoreszieren unter langwelligem UV-Licht (365 nm) stark gelblich.

R 22 Triethanolamin-Reagenz:
Tauchlösung: Es wird eine 1 %ige Triethanolamin-Lösung in Ether zubereitet. Die Platten werden schnell in diese Lösung getaucht. Unmittelbar nach dem Tauchen werden sie unter langwelligem UV-Licht (365 nm) betrachtet. Die Substanzen fluoreszieren stark gelblich.

R 23 Naturstoff-Reagenz (nach Neu):
1 g Diphenylborsäure-2-aminoethylester wird in 100 ml Methanol gelöst. Das Reagenz ist im Kühlschrank einige Tage haltbar, sollte aber beim quantitativen Arbeiten stets

frisch hergestellt werden. Die Auswertung erfolgt im langwelligen UV-Licht (365 nm).

R 24 Polyethylenglycol-Reagenz:
Es wird eine 5 %ige ethanolische Polyethylenglycollösung aus Polyethylenglycol (PEG) 4000 hergestellt. Sie erhöht die Nachweisempfindlichkeit bei Auswertungen im langwelligen UV Licht (365 nm).

R 25 Tween-Lösung:
Es wird eine 5 %ige ethanolische Tween 80-Lösung hergestellt. Sie erhöht die Nachweisempfindlichkeit bei Auswertungen im langwelligen UV-Licht (366 nm).

Herzglykoside

R 26 Chloramin-T-Trichloressigsäure-Reagenz:
Eine jeweils frisch zubereitete 3 %ige wäßrige Chloramin-T-Lösung wird mit einer 25 %igen ethanolischen Trichloressigsäurelösung im Verhältnis 1:4 gemischt.
Nachbehandlung: 5–10 min auf 160 °C erhitzen und im langwelligen UV-Licht (365 nm) auswerten. Die Herzglykoside fluoreszieren unterschiedlich blau, violett bis grün.

R 27 3,5-Dinitrobenzoesäure-Lösung (Kedde-Reagenz)
Es wird ein Gemisch aus frisch bereiteter 3 %iger ethanolischer 3,5-Dinitrobenzoesäure und 2 N Natronlauge im Verhältnis 1+1 hergestellt. Die rosa bis blauvioletten Flecken werden im Tageslicht ausgewertet.

Phenolische Substanzen

R 28 Ammoniakalische Silbernitrat-Lösung (Tollens-Reagenz):
0,1 N Silbernitrat-Lösung und 5 N Ammoniaklösung werden zu gleichen Teilen vermischt. Durch Reduktion des Silbers bilden sich schwarze Flecken.
Vorsicht! Bei längerem Stehen bildet sich explosives Silberazid!

R 29 Echtblausalz B-Reagenz:

Sprühreagenz:	50 mg Echtblausalz B werden jeweils vor Gebrauch in 10 ml Wasser gelöst.

Nachbehandlung: Die trockene Schicht wird mit einer 0,56 %igen ethanolischen Kalilauge behandelt.

R 30 2,6-Dibromchinonchlorimid-Reagenz (Gibbs-Reagenz):
Es wird eine frisch zubereitete 0,4 %ige methanolische Lösung von 2,6-Dibromchinonchlorimid (eventuell Dichlorchinonchlorimid) hergestellt.
Nachbehandlung: Die gut getrockneten Platten werden vorsichtig mit Ammoniakdämpfen bis zur optimalen Farbentwicklung behandelt. Die Flecken färben sich grünlich bis stark blau.

Phenothiazine

R 31 Schwefelsäure-Formaldehyd-Reagenz:
Es werden 0,25 ml einer 35 %igen Formaldehydlösung mit 20 ml 25 %iger Schwefelsäure vermischt.
Nachbehandlung: Die Platten können auf 105°C bis zur optimalen Farbentwicklung erwärmt werden. Die Substanzen färben sich unterschiedlich rot bis blau.

Phospholipide

R 32 Molybdatophosphorsäure-Reagenz (Dittmer-Lester-Reagenz):
Lösung A: 4,0 g MoO_3 werden in 100 ml 65 %iger H_2SO_4 bis zum Lösen erhitzt.
Lösung B: 0,178 g Mo werden in 50 ml 65 %iger H_2SO_4 auch unter Erhitzen gelöst.
Vorratslösung: Nach dem Abkühlen werden beide Lösungen zusammengefügt. Diese Lösung ist mehrere Monate haltbar.
Tauchlösung: Es werden 5 ml der Vorratslösung mit 10 ml Wasser und 15 ml Ethanol frisch vermischt.
Das Reagenz wird auf Platten appliziert, die vor der Chromatographie mit 0,5 %iger Phosphorsäure in 70 %igem Methanol imprägniert wurden. Die Substanzen erscheinen nach dem Tauchen als blaue Flecken auf hellem Untergrund, der sich innerhalb von 30 min fast vollständig entfärbt, wobei die Intensität der blauen Phospholipidzonen zunimmt.

Psychoanaleptika

R 33 Bromkresolgrün-Reagenz:
Es wird eine 0,1 %ige ethanolische Bromkresolgrünlösung hergestellt, der 0,2 ml Eisessig zugesetzt werden. Vor dem Tauchen wird die Platte mit Ameisensäure bedampft. Die Auswertung der Platte muß unmittelbar nach dem Tauchen erfolgen.

Saponine

R 34 Blutgelatine:
a) Zubereitung des defibrinierten Blutes: Frisch aufgefangenes Rinderblut wird mit Glasperlen (∅ etwa 5 mm) bis zum Gerinnen geschüttelt. Die durch Kolieren abgetrennte Flüssigkeit wird wie unter d) angegeben weiter verarbeitet.
b) Herstellung einer isotonischen Phosphatpufferlösung: Unter gelindem Erwärmen werden auf dem Wasserbad 1,590 g wasserfreies Na_2PO_4, 0,437 g $NaH_2PO_4 \cdot 2\,H_2O$ und 0,074 g NaCl in 80 ml Wasser gelöst. Nach dem Abkühlen auf 20°C wird auf 100 ml ergänzt. Der pH-Wert beträgt 7,4.
c) Zubereitung des Gelatine-Gels: Etwa 4 g Gelatine-Pulver werden mit 100 ml isotonischer Phosphatpufferlösung versetzt. Nach 30 min Quelldauer wird die Gelatine durch Erwärmen auf dem Wasserbad auf 80°C gelöst.
d) Herstellen der Blutgelatine: Die auf 40°C abgekühlte Gelatine-Lösung wird unter Rühren mit 4 ml defibriniertem Blut versetzt.
e) Saponin-Nachweis: Die Dünnschichtplatte wird von den Resten des Fließmittels im Luftstrom befreit. Auf die Schicht wird zum Befeuchten die Lösung b) gesprüht. Danach wird auf die waagerecht liegende Schicht die Blutgelatine gegossen. Man läßt

die Schicht längere Zeit liegen. An Stellen, wo sich hämolytisch aktive Substanzen befinden, entstehen hämolytische Höfe.

R 35 Nilblau-Reagenz:
2,5 mg Nilblauchlorid werden in 100 ml Methanol gelöst und 1 ml einer 8 %igen wäßrigen NaOH-Lösung zugefügt.
Nachbehandlung: Nach dem Besprühen werden die Platten einige Minuten mit Wasserdampf behandelt. Die Saponine erscheinen als weiße Flecken auf blauem Hintergrund. Dieser Nachweis ist nur für hämolytisch aktive Saponine geeignet.

Steroide

Antimon(III)-chlorid-Reagenz: siehe Flavonoide [R21].

Terpene

R 36 Anisaldehyd-Schwefelsäure-Reagenz:

Sprühlösung:	0,5 ml Anisaldehyd werden mit 10 ml Eisessig, 85 ml Methanol und 5 ml konz. Schwefelsäure in der angegebenen Reihenfolge gemischt.
Tauchlösung:	1 ml Anisaldehyd wird in 98 ml Eisessig gelöst. Anschließend werden 2 ml konz. Schwefelsäure zugegeben.

Nachbehandlung: Die Platte wird bis zur optimalen Farbbildung auf 100 - 110°C erhitzt. Die Auswertung erfolgt im Tageslicht.

Valepotriate

R 37 Dinitrophenylhydrazin-Eisessig-Salzsäure-Reagenz:
In einem Gemisch aus 40 ml Eisessig, 40 ml 25 %iger HCl und 20 ml Methanol werden 0,2 g 2,4-Dinitrophenylhydrazin gelöst. Die Auswertung erfolgt im Tageslicht.

Xanthine

R 38 Iod-Salzsäure-Reagenz:

Sprühlösung I:	1,0 g Kaliumiodid und 2,0 g Iod werden in 100 ml 96 %igem Ethanol gelöst.
Sprühlösung II:	5 ml 25 %ige HCl werden mit 5 ml 96 %igem Ethanol gemischt.

Die Schicht wird zunächst mit Lösung I besprüht. Nach ca. 2 min sprüht man Lösung II vorsichtig nach. Es erscheinen blauviolette bis rotbraune Flecken.

Zucker

R 39 Naphthoresorcin-Reagenz:
0,02 g Naphthoresorcin (Naphthalin-1,3-diol) werden in 10 ml Ethanol gelöst und vorsichtig unter Kühlung mit 96 %iger Schwefelsäure versetzt.
Nachbehandlung: Verschiedene Zucker erscheinen nach Erhitzen auf 120°C bis zur optimalen Farbbildung als rot bis blau gefärbte Flecken.

R 40 Anilin-Acetat-Reagenz:

Tauchlösung: 1 g Anilin wird in 100 ml Dichlormethan gelöst. Die Lösung wird mit 2 g Eisessig versetzt und durchmischt.

Nachbehandlung: Die Platte wird bis zur optimalen Farbbildung auf 110 °C erhitzt. Man erhält ockergelbe Flecken, die im langwelligen UV-Licht rot fluoreszieren.

12.3 Derivatisierungsreagenzien

*R 41 **Acetylierungs-Reagenz I**:*

Essigsäureanhydrid und Pyridin werden im Verhältnis 1+4 gemischt (Abzug !).

*R 42 **Acetylierungs-Reagenz II**:*

Essigsäureanhydrid und Pyridin werden im Verhältnis 1+2 gemischt (Abzug !).

*R 43 **Bromierungs-Reagenz**:*

1 g Brom wird in 100 ml Chloroform gelöst (Abzug !).

*R 44 **Methylierungs-Reagenz**:*

6,5 g N-Methyl-N-Nitroso-4-Toluolsulfonamid werden in 10 ml Diethylenglykolmonoethylether gelöst.

13 Ausgewählte Versuchsbeispiele

Dieser Abschnitt ist Versuchen gewidmet, die man mit Hilfe der H-Kammer durchführen kann. Wie bereits erwähnt, erreicht man auf 5 cm x 5 cm-Platten sehr gute Trennergebnisse in kürzester Zeit (ca. 3 min), die der klassischen Trennung auf 20 cm x 20 cm- bzw. 10 cm x 20 cm-Platten in nichts nachstehen bzw. sogar oft bessere Trennungen bei kürzeren Laufzeiten liefern. Darüberhinaus wird durch die Verwendung kleiner Platten und dem damit verbundenen geringen Fließmittelverbrauch (1 ml gegenüber 50 - 1000 ml beim klassischen Verfahren) dem Umweltschutz Rechnung getragen. Alle Lösungsmittelgemische sind als volumetrische Gemische [V/V] herzustellen.

Bei pflanzlichen Drogen entspricht die Bezeichnung dem derzeit gültigen Arzneibuch (DAB 10), bei Gewürzen und Giftpflanzen ist die Stammpflanze angegeben.

13.1 Versuche zur Einführung in die Dünnschichtchromatographie

13.1.1 Auswahl eines geeigneten Fließmittels und des optimalen Auftragevolumens

Probenlösung:	Testfarbstoffgemisch (lipophil)
Durchführung:	Auf 6 Platten Kieselgel 60, Plattengröße 5 cm x 5 cm, werden verschiedene Volumina (0,1; 0,3; 0,6 µl) des lipophilen Farbstoffgemisches aufgetragen. Jeweils eine Platte wird in (a) Petroleumbenzin, (b) Toluol, (c) Dichlormethan, (d) Chloroform, (e) Aceton und (f) Methanol entwickelt. Die optimalen Trennbedingungen sollen ermittelt werden.
Laufstrecke:	3–4 cm
Nachweis:	Eigenfarbe
Versuchsdauer:	Pro Platte 3–4 min
Resultat:	Das optimale Fließmittel und die optimale Probenmenge ergeben sich aus dem Chromatogramm mit der besten Trennung des Farbstoffgemisches.

13.1.2 Auswahl eines geeigneten Lösemittels zum Auftragen von Substanzgemischen

Probenlösung:	Das Testfarbstoffgemisch (lipophil) wird jeweils im Verhältnis 1:10 verdünnt mit (a) n-Hexan, (b) Toluol, (c) Chloroform und (d) Aceton.

Durchführung: Je 5 µl der Probenlösungen werden ohne Absetzen auf die Schicht aufgetragen. Vergleichen Sie die Fleckengröße durch Auflegen eines durchsichtigen Millimeterpapiers und durch Auszählen der Quadratmillimeter!
Stationäre Phase: Kieselgel 60; Plattengröße 5 cm x 5 cm
Mobile Phase: Toluol
Laufstrecke: 3–4 cm
Nachweis: Eigenfarbe
Versuchsdauer: ca. 5 min
Resultat: Das beste Ergebnis erkennt man an der geringsten Diffusion des Substanzflecks (kleinste Fläche).

13.1.3
Trennung der Farbstoffe aus Filzschreibern

Probe: Filzschreiber Stadler 32 schwarz, rot, grün und blau
Durchführung: Die Tinte wird direkt auf die Platte aufgetragen, indem man mit dem jeweiligen Filzschreiber der entsprechenden Farbe einen schnell geführten Strich (Länge ca. 7 mm) zieht. Vergleichen Sie die Zusammensetzung der einzelnen Filzschreiber!
Stationäre Phase: Kieselgel 60; Plattengröße 5 cm x 5 cm
Mobile Phase: Obere Phase eines Gemisches aus 1-Butanol/Eisessig/Wasser [40+10+50]
Laufstrecke: 3 cm
Nachweis: Eigenfarbe
Versuchsdauer: ca. 12 min

13.1.4
Bestimmung der Nachweisgrenze am Beispiel von Östradiolbenzoat

Probenlösung: (a) 0,2 mg, (b) 0,04 mg und (c) 0,01 mg Östradiolbenzoat, gelöst in 10 ml Chloroform/Methanol [90+10]
Auftragevolumen: gemäß folgendem Auftrageschema

Lösung:	a	a	b	b	b	c	c
Volumen [µl]:	2	1	3	2	1	2	1
Menge [ng]:	40	20	12	8	4	2	1

Stationäre Phase: Kieselgel 60 F_{254}; Plattengröße 5 cm x 5 cm
Mobile Phase: Toluol/Essigsäureethylester [80+20]
Laufstrecke: 3,5 cm
Nachweis: Die vom Fließmittel befreite Schicht wird mit 10 %iger methanolischer Schwefelsäure behandelt [R6].
Nachbehandlung: Das Chromatogramm wird bis zur optimalen Farbbildung auf 120 °C erhitzt. Die Flecken sind besonders gut unter dem langwelligen UV-Licht (366 nm) durch ihre gelb- bis orangefarbene Fluoreszenz zu sehen.

Versuchsdauer: ca. 30 min
Resultat: Nach diesem Schema kann man bei beliebigen Substanzen die Nachweisgrenzen für 5 cm x 5 cm -Platten überprüfen.

13.2 Versuche für den naturwissenschaftlichen Unterricht

13.2.1 Trennung von Rhamnose, Xylose, Arabinose und Galactose

Probenlösung: Je 50 mg Rhamnose, Xylose, Arabinose und Galactose werden in 10 ml 70 %igem Ethanol gelöst.
Auftragevolumen: 1–2 μl bandförmig (4 mm)
Stationäre Phase: Kieselgel 60; Plattengröße 5 cm x 5 cm
Mobile Phase: Acetonitril/Wasser [85+15]
Laufstrecke: 4 cm
Nachweis: Behandeln mit Naphthoresorcin-Reagenz [R39]
Nachbehandlung: Vorsichtiges Erhitzen auf 120 °C bis zur optimalen Farbbildung
Versuchsdauer: ca. 10 min
Resultat: Die einzelnen Zucker lassen sich anhand der unterschiedlichen Farben gut voneinander unterscheiden. Rhamnose erscheint grau, Xylose grau, Arabinose blau und Galactose rot.

13.2.2 Trennung von Raffinose, Lactose, Saccharose, Glucose und Fructose

Probenlösung: Aus den genannten Mono-, Di-, und Trisacchariden wird eine Lösung in 70 %igem Methanol (jeweils 100 ng/nl) zubereitet.
Auftragevolumen: 100 nl, 200 nl und 0,5 μl
Stationäre Phase: HPTLC-Platten Si 50 000 (Merck); Plattengröße 5 cm x 5 cm
Mobile Phase: Acetonitril/Wasser [85+15]
Laufstrecke: 4,5 cm, 5 min Zwischentrocknung, anschließend 4,5 cm (zweifache Entwicklung)
Anmerkung: Platte und Kammer werden 10 min im Trockenschrank auf 80 °C vorgeheizt.
Nachweis:
a) Das im Warmluftstrom 5 min getrocknete Chromatogramm wird 9 s lang in Anilin-Reagenz [R40] getaucht.
b) Nach dem Bedampfen der Chromatogramme mit Ammoniak erscheinen alle Kohlenhydrate als ockergelbe Zonen, die im langwelligen UV-Licht (Hochdrucklampe!) rot fluoreszieren.

Nachbehandlung: Die Platte wird bis zur optimalen Farbbildung auf 110 °C erhitzt.
Versuchsdauer: 45 min
Resultat: Fructose erscheint bei R_f = ca. 0,50, Glucose bei R_f = ca. 0,40, Lactose bei R_f = ca. 0,20, Raffinose bei R_f = ca. 0,15 und Saccharose bei R_f = ca. 0,30.

13.2.3
Trennung von Aminosäuren

Probenlösung:	Es werden 5 mg Alanin, Valin und Leucin in jeweils 10 ml Wasser gelöst. Zusätzlich wird ein Gemisch aus gleichen Teilen dieser Lösungen hergestellt.
Auftragevolumen:	Von jeder Lösung wird bandförmig (4 mm) 1 μl aufgetragen. Die aufgetragenen Banden gut im kalten Luftstrom trocknen!
Stationäre Phase:	Kieselgel 60; Plattengröße 5 cm x 5 cm
Mobile Phase:	1-Butanol/Eisessig/Wasser [40+10+10]
Laufstrecke:	3,5 cm
Nachweis:	Die Schicht wird mit Ninhydrin-Reagenz [R7] behandelt.
Nachbehandlung:	Die Platte wird vorsichtig auf 110 °C bis zur optimalen Farbbildung erhitzt.
Versuchsdauer:	ca. 10 min
Resultat:	Vergleich der R_f-Werte des Gemisches mit denen der Standardsubstanzen

13.2.4
Trennung einiger Phenole (Brenzkatechin, Resorcin, Hydrochinon, Pyrogallol, Phloroglucin)

Probenlösung:	Je 2 mg Brenzkatechin, Resorcin, Pyrogallol und Phloroglucin werden in jeweils 10 ml Ethanol und 2 mg Hydrochinon in 5 ml Ethanol gelöst.
Auftragevolumen:	1 μl
Stationäre Phase:	Kieselgel 60 F_{254}; Plattengröße 5 cm x 5 cm
Mobile Phase:	Toluol/Methanol/Eisessig [45+8+4]; Kammersättigung
Laufstrecke:	3,5 cm
Nachweis:	Das Chromatogramm wird mit einem frisch zubereiteten Gibbs-Reagenz [R30] behandelt.
Nachbehandlung:	Die trockene Platte wird bis zur optimalen Farbbildung *vorsichtig* mit Ammoniakdämpfen behandelt.
Versuchsdauer:	ca. 20 min
Resultat:	Die Phenole lassen sich gut voneinander trennen, wenn die Kammersättigung sorgfältig durchgeführt wird. Die Reihenfolge der einzelnen Phenole nach fallenden R_f-Werten ist: Brenzkatechin, Resorcin, Hydrochinon, Pyrogallol, Phloroglucin.

13.2.5
Trennung der wichtigsten Blattfarbstoffe

Probenlösung:	10 g frische Petersilienblätter werden in einer Reibschale mit 5 g gereinigtem Seesand und Petroleumbenzin (40–60 °C)/Methanol/Toluol [31+61+8] zerrieben. Nach ca. 10 min wird die Lö-

sung dekantiert und in einen Scheidetrichter überführt. Dann werden langsam 80 ml Wasser zugegeben. Es bilden sich zwei Schichten. Die obere Schicht enthält praktisch das gesamte Chlorophyll. Sie wird mit einer Pipette abgehoben und mit wasserfreiem Natriumsulfat getrocknet.

Anmerkung: Es muß in diffusem Licht gearbeitet werden!

Auftragevolumen: Von der Probenlösung werden bandförmig (40 mm) 10–20 μl aufgetragen.

Stationäre Phase: Cellulose-Fertigplatten; Plattengröße 5 cm x 5 cm

Mobile Phase: Petroleumbenzin (40–60 °C)/Aceton [50+10]

Laufstrecke: 4 cm

Nachweis: Eigenfarbe

Versuchsdauer: ca. 60 min

Resultat: Es lassen sich 5 Hauptbanden unterscheiden, die von den niedrigsten R_f-Werten aus gezählt dem Chlorophyll b, dem Chlorophyll a, dem Xantophyll und den Carotinoiden entsprechen.

13.2.6
Nachweis von Myristinsäure und Trimyristin in Muskatnuß

Probenlösung: 250 mg gepulverte Droge (Myristicae semen) werden mit 5 ml Chloroform 5 min lang geschüttelt. Der Extrakt wird durch einen kleinen Papierfilter gegeben. Das Filtrat wird zur Dünnschichtchromatographie verwendet.

Vergleichslösung: 10 mg Myristinsäure und 10 mg Trimyristin werden jeweils in 2,5 ml Chloroform gelöst.

Auftragevolumen: Vergleichs- und Probenlösung je 1 und 2 μl

Stationäre Phase: Kieselgel 60 F_{254}; Plattengröße 5 cm x 5 cm

Mobile Phase: Petroleumbenzin (40–60 °C)/Ether/Eisessig [84+15+1], Kammersättigung (z. B. dickeres Filterpapier)

Laufstrecke: 4 cm

Nachweis:
a) Für einen gezielten Nachweis der Myristinsäure wird die Dünnschichtplatte in 2,7-Dichlorfluorescein-Reagenz [R16] getaucht und anschließend in langwelligem UV-Licht (365 nm) betrachtet.
b) Zum Nachweis der Myristinsäure und des Trimyristins wird die Dünnschichtplatte in Rhodamin B-Reagenz [R17] getaucht.

Versuchsdauer: 30 min

Resultat: Myristinsäure, mit R16 behandelt, erscheint im UV-Licht als gelb fluoreszierende Zone. Myristinsäure und Trimyristin, mit R17 behandelt, erscheinen als dunkelrote Flecken auf hellrotem Untergrund (Farbabb. 13.1 siehe S. 199).

13.2.7
Trennung der Fettsäuren Laurinsäure, Myristinsäure, Palmitinsäure und Stearinsäure

Probenlösung:	Es werden jeweils 10 mg Laurinsäure (C12)(1), Myristinsäure (C14)(2), Palmitinsäure (C16)(3) und Stearinsäure (C18)(4) in 5 ml n-Hexan gelöst.
Auftragevolumen:	Auf die Startpunkte 1, 2, 3 und 4 werden 0,5 µl aufgetragen. Auf dem Startpunkt G werden nacheinander 1, 2, 3 und 4 aufgetragen.
Auftragsschema:	x x x x x 1 2 G 3 4
Stationäre Phase:	Kieselgel HPTLC RP-18; Plattengröße 5 cm x 5 cm
Mobile Phase:	Acetonitril/Essigsäureethylester [90+10], Kammersättigung
Laufstrecke:	2 x 3,5 cm (Zwischentrocknung)
Nachweis:	Die Schicht wird mit Dichlorfluorescein-Reagenz behandelt [R16].
Nachbehandlung:	Die Platte wird 5 min auf 100 °C erwärmt.
Versuchsdauer:	ca. 20 min
Resultat:	Man beobachtet die R_f-Werte der Fettsäuren in Abhängigkeit ihrer Kettenlänge. Laurinsäure (C12) weist den höchsten R_f-Wert auf und Stearinsäure (C18) den niedrigsten. Am besten sind die Substanzen im langwelligen UV-Licht (365 nm) zu sehen. Sie zeigen hellgelbe Fluoreszenz auf dunklerem Untergrund.

13.2.8
Nachweis von Arbutin in Majoran *(Majorana hortensis)* und Wildem Majoran *(Origanum vulgare)*

Probenlösung:	0,5 g grob gepulverte Droge werden mit 5 ml Methanol-Wasser-Gemisch [50+50] am Rückfluß 15 min lang extrahiert. Der noch heiße Ansatz wird filtriert. Nach dem Erkalten werden 0,2 ml einer 9,5 %igen wäßrigen kohlensäurefreien Blei(II)acetatlösung zum Filtrat gegeben und mit einem Methanol-Wasser-Gemisch [50+50] auf 10 ml aufgefüllt. Der Niederschlag wird abfiltriert. Zum Filtrat wird tropfenweise zusätzlich Bleiacetatlösung gegeben, bis sich kein Niederschlag mehr bildet. Die klare Flüssigkeit wird zur Chromatographie verwendet.
Vergleichslösung:	10 mg Hydrochinon und 10 mg Arbutin werden jeweils in 10 ml Methanol gelöst.
Auftragevolumen:	1 µl
Stationäre Phase:	Kieselgel 60 F_{254}; Plattengröße 5 cm x 5 cm
Mobile Phase:	Essigsäureethylester/Methanol/Wasser [77+13+10]
Laufstrecke:	3,5 cm

Nachweis: a) Unter kurzwelligem UV-Licht (254 nm) wird die Fluoreszenzminderung markiert.
b) Dann wird die Schicht mit 2,6-Dibromchinonchlorimid-Reagenz [R30] behandelt.

Nachbehandlung: Die Schicht wird vorsichtig bis zur optimalen Farbentwicklung Ammoniakdämpfen ausgesetzt. Arbutin färbt sich blau, Hydrochinon braun.

Versuchsdauer: ca. 1 h

Resultat: Der Vergleich mit den Standardsubstanzen zeigt, daß Majoran Arbutin enthält, der Wilde Majoran dagegen nicht (Farbabb. 13.2 siehe S. 199).

13.2.9
Trennung von Phosphatidyl-Derivaten aus entöltem Sojalecithin

Probenlösung: Es werden 150 mg entöltes Sojalecithin in 10 ml Chloroform gelöst.

Vergleichslösung: Es werden jeweils 25 mg Phosphatidylcholin (PC), Phosphatidylinosit (PI), Phosphatidsäure (PA) und Phosphatidylethanolamin (PE) in 10 ml Chloroform gelöst.

Auftragevolumen: Sowohl von der Probenlösung als auch von den Vergleichslösungen werden je 1 μl aufgetragen.

Achtung: Bei der Verwendung von R32 wird die Dünnschichtplatte vor der Auftragung mit 0,5 %iger Phosphorsäure in 70 %igem Methanol zur Verbesserung der Trennung imprägniert.

Stationäre Phase: Kieselgel 60 F_{254}; Plattengröße 5 cm x 5 cm

Mobile Phase: Chloroform/Methanol/Acetat-Pufferlösung pH 4,0 [65+25+4]
Kammersättigung
Acetat-Pufferlösung pH 4,0: 1,8 ml 0,2 M Natriumacetatlösung (27,22 g Natriumacetat × 3 H_2O in 1000 ml H_2O) 8,2 ml 0,2 M Essigsäure/1000 ml H_2O

Laufstrecke: 4 cm

Nachweis: Das Chromatogramm wird mit Molybdatophosphorsäure-Reagenz [R32] oder [R4] behandelt.

Nachbehandlung: Nach der Behandlung mit R4 wird das Chromatogramm bis zur optimalen Farbbildung auf 100 -110 °C erwärmt.

Versuchsdauer: ca. 30 min

Resultat: Die Proben des entölten Sojalecithins werden mit den Standardsubstanzen verglichen.

13.2.10
Nachweis von Anethol im Anis *(Anisi fructus)* und im Sternanis *(Illicii veri fructus)*

Probenlösung: 0,1 g gepulverte Droge werden 15 min lang mit 2 ml Dichlormethan geschüttelt und anschließend abfiltriert. Das Filtrat wird im

Wasserbad bei 60 °C vorsichtig zur Trockne eingedampft und der Rückstand in 0,5 ml Toluol gelöst.

Vergleichslösung: Es werden jeweils 0,2 %ige Lösungen in Toluol von Anethol, Olivenöl und Anisaldehyd zubereitet.

Auftragevolumen: 1 µl

Stationäre Phase: Kieselgel 60 F_{254}; Plattengröße 5 cm x 5 cm

Mobile Phase: Toluol

Laufstrecke: 3,5 cm

Nachweis:
a) Die vom Fließmittel völlig befreite Schicht wird unter kurzwelligem UV-Licht (254 nm) betrachtet und die Fluoreszenzminderung markiert.
b) Danach wird die Schicht in Anisaldehyd-Schwefelsäure-Reagenz getaucht [R36].

Nachbehandlung: Die Platte wird bis zur optimalen Farbbildung auf 100–110 °C erhitzt.

Versuchsdauer: ca. 30 min

Resultat: Anisöl, gewonnen aus Anis und Sternanis, enthält als wertbestimmende Substanz Anethol. Darüberhinaus enthält das Anisöl aus Anis Triglyceride, die denen des Olivenöls entsprechen (gleiche R_f-Werte).

13.2.11.
Nachweis von Menthol in der Pfefferminze *(Menthae piperitae folium)* und Carvon in der Krauseminze *(Menthae crispae folium)*

Probenlösung: Es werden jeweils zwei mittelgroße frische Blätter der Pfefferminze bzw. Krauseminze in einem kleinen Kolben mit ca. 1 ml Dichlormethan oder n-Hexan übergossen. Unter leichtem Schwenken wird 10 min extrahiert. Danach wird die Flüssigkeit in eine kleine offene Schale dekantiert. Im Abzug läßt man das Lösemittel abdunsten, und der Rückstand wird in 0,5 ml Toluol aufgenommen.

Vergleichslösung: Aus Carvon wird eine 0,2 %ige Lösung in Toluol zubereitet. Weitere Vergleichslösungen siehe 13.3.8, 13.7.1 und 13.7.2.

Stationäre Phase, mobile Phase, Laufstrecke und Nachbehandlung siehe 13.3.8, 13.7.1 und 13.7.2.

Resultat: Die Pfefferminze enthält als Hauptsubstanz Menthol (färbt sich blau), die Krauseminze Carvon (färbt sich rotbraun).

13.2.12
Nachweis des Capsaicins in Cayennepfeffer *(Capsicum frutescens s. l.)*

Probenlösung: 0,5 g gepulverte Droge werden mit 2 ml Dichlormethan 10 min lang im Ultraschallbad extrahiert. Anschließend wird das Drogenmaterial abfiltriert. Das Filtrat wird zur Chromatographie verwendet.

Vergleichslösung: 1 mg Capsaicin wird in 2 ml 96 %igem Ethanol gelöst.

Auftragevolumen: Von der Probenlösung werden 2 µl und 4 µl und von der Vergleichslösung 1 µl aufgetragen.

Stationäre Phase: Kieselgel 60 F_{254}; Plattengröße 5 cm x 5 cm
Die DC-Platten werden vor der Benutzung mit Diethylether gereinigt und anschließend an der Luft getrocknet.

Mobile Phase: Diethylether

Laufstrecke: 3,5 cm

Nachweis: Die Platte wird mit Dibromchinonchlorimid-Reagenz [R30] behandelt. Nach dem Trocknen wird sie vorsichtig Ammoniakdämpfen ausgesetzt.
Capsaicin färbt sich blau.

Versuchsdauer: ca. 40 min

Resultat: Der R_f-Wert des Capsaicins wird dem betreffenden Substanzfleck im Extrakt zugeordnet. Andere blau gefärbte Substanzen gehören den Capsaicinoiden an.

13.2.13
Nachweis von Coffein in verschiedenen Kaffeesorten

Probenlösung: 0,1 g gepulverte Droge werden in einem 25 ml Rundkolben mit 5 ml 1N H_2SO_4 5 min lang bis zum Sieden erhitzt und danach heiß filtriert. Das erkaltete Filtrat wird im Scheidetrichter mit 5 ml 10 %iger Ammoniaklösung alkalisiert und mit 5 ml Chloroform ausgeschüttelt. Die mit wenig Natriumsulfat getrocknete Chloroformphase engt man auf etwa 0,1 ml ein und nimmt den Rückstand in 1 ml Chloroform-Methanol-Gemisch [60+40] auf.

Vergleichslösung: Es werden jeweils 5 mg Coffein, 3 mg Theobromin und 7 mg Theophyllin in einem Gemisch von 10 ml Chloroform-Methanol [60+40] gelöst.

Auftragevolumen: Es werden von den Probenlösungen 2 µl, von der Coffeinlösung 0,5 µl und von den anderen Vergleichslösungen je 3 µl aufgetragen.

Stationäre Phase: Kieselgel 60 F_{254}; Plattengröße 5 cm x 5 cm

Mobile Phase: Essigsäureethylester/Methanol/Wasser [81+11+8] mit Kammersättigung durch dickeres Filterpapier oder Gegenplatte.

Laufstrecke: 3,5 cm

Nachweis: Die Platte wird mit Iod-Salzsäure-Reagenz [R38] behandelt.

Versuchsdauer: ca. 50 min

Resultat: Je nach verwendeter Kaffeesorte erscheint in der Höhe des Coffeins ein brauner Fleck unterschiedlicher Größe. Bei entcoffeiniertem Kaffee läßt sich Coffein entweder überhaupt nicht oder nur sehr schwach nachweisen. Es können oberhalb (Theophyllin – blauviolett) bzw. unterhalb (Theobromin – rotbraun) des Coffeins Substanzen erscheinen.

13.2.14
Unterscheidung zwischen Kubeben *(Piper cubeba L. fil.)* und Schwarzem Pfeffer *(Piper nigrum L.)*

Probenlösung: Jeweils 0,5 g fein gepulverte Pfefferfrüchte werden mit 10 ml Methanol 4 min lang geschüttelt. Die Extraktion wird in einem mit Aluminiumfolie umwickelten Reagenzglas durchgeführt. Nach dem Absetzen wird die überstehende Flüssigkeit zum Chromatographieren verwendet.

Vergleichslösung: 10 mg *trans*-Piperin werden in 10 ml Methanol gelöst und im Dunklen aufbewahrt.

Auftragevolumen: 1 μl der Vergleichslösung und jeweils 1μl und 2μl von den Untersuchungslösungen

Stationäre Phase: Kieselgel 60 F_{254}; Plattengröße 5 cm x 5 cm

Mobile Phase: Toluol/Essigsäureethylester [70+30] oder Dichlormethan/Essigsäureethylester [80+20]

Laufstrecke: 3,5 cm–4 cm

Nachweis:
a) Fluoreszenzminderung (Piperin $R_f = 0{,}2$, Cubebin $R_f = 0{,}4$) beim Betrachten im kurzwelligen UV-Licht (254 nm)
b) Im langwelligen UV-Licht (365 nm) zeigt Piperin blaue Fluoreszenz.
c) Nach dem Behandeln der Schicht mit dem Anisaldehyd-Schwefelsäure-Reagenz [R36] erscheint Piperin gelb und Cubebin blau.

Nachbehandlung: Die Platte wird bis zur optimalen Farbbildung auf 100–110 °C erhitzt.

Anmerkung: Alle Arbeiten müssen unter Lichtausschluß durchgeführt werden.

Versuchsdauer: ca. 20 min

Resultat: Durch die Anwesenheit von zwei Hauptinhaltsstoffen (Cubebin, Piperin) kann zwischen Kubeben und Schwarzem Pfeffer unterschieden werden.

13.3
Naturstoffe

13.3.1
Nachweis von Flavonoiden in Arnika- und Calendulablüten

Probenlösung: Je 1 g gepulverte Droge (Arnicae flos und Calendula flos) werden 5 min lang mit 20 ml Methanol auf einem heißen Wasserbad extrahiert. Anschließend wird filtriert und das Filtrat schonend auf 2 ml eingeengt.

Vergleichslösung: 5 mg Rutin und 10 mg Chlorogensäure werden in 10 ml Methanol gelöst.

Auftragevolumen: 2 µl

Stationäre Phase: Kieselgel 60 F_{254}; Plattengröße 5 cm x 5 cm

Mobile Phase: Essigsäureethylester/Ameisensäure/Wasser [65+15+20]

Laufstrecke: 3,5 cm

Nachweis: Nach dem Trocknen der Platte bei 110 °C werden die fluoreszierenden Zonen im langwelligen UV-Licht (365 nm) gekennzeichnet. Anschließend wird die Schicht mit Naturstoff-Reagenz [R23] behandelt und erneut unter dem langwelligen UV-Licht betrachtet.

Versuchsdauer: ca. 20 min

Resultat: Vergleich der R_f-Werte der Standardsubstanzen mit denen der Probenlösungen. Oberhalb der Chlorogensäure befindet sich Isoquercetin und unterhalb des Rutins Isorhamnetin-rutinorhamnosid.

13.3.2
Nachweis der Herzglykoside im roten Fingerhut *(Digitalis purpureae folium)*

Probenlösung: 1 g grob gepulverte Droge werden mit 20 ml 50 %igem Ethanol und 10 ml einer 9,5 %igen wäßrigen Blei(II)acetatlösung 2 min lang auf dem Wasserbad erhitzt. Nach dem Abkühlen wird der Niederschlag abzentrifugiert und der Überstand 2x mit je 15 ml Chloroform ausgeschüttelt. Die vereinigten Chloroformphasen werden mit wasserfreiem Natriumsulfat getrocknet und filtriert. Das Chloroform wird im Rotationsverdampfer abdestilliert und der Rückstand mit 1 ml Dichlormethan-Methanol [50+50] gelöst.

Vergleichslösung: 5 mg eines Purpureaglykosid-Gemisches und 5 mg Digitoxin werden jeweils in 10 ml Dichlormethan/Methanol [50+50] gelöst.

Auftragevolumen: Es werden von der Probenlösung 1 µl und von den Vergleichslösungen je 2 µl bandförmig (5 mm) aufgetragen (Abstand vom Rand der Platte 7 mm!).

Stationäre Phase: HPTLC-Kieselgel 60 F_{254}; Plattengröße 5 cm x 5 cm

Mobile Phase: Essigsäureethylester/Methanol/Wasser [75+10+15]

Laufstrecke: 3,5 cm

Nachweis: Die Schicht wird mit Chloramin-Trichloressigsäure-Reagenz [R26] behandelt.

Nachbehandlung: Die Schicht wird ca. 10 min lang auf 160 °C erhitzt. Unter langwelligem UV-Licht (365 nm) erscheinen die Substanzen als stark fluoreszierende Flecken.

Versuchsdauer: ca. 1 h

Resultat: Vergleich der R_f-Werte der Vergleichssubstanzen mit denen der Probenlösung.

13.3.3
Nachweis von Herzglykosiden in Oleanderblättern *(Oleandri folium)*

Probenlösung:	0,5 g grob gepulverte Droge werden mit 20 ml 50 %igem Ethanol und 10 ml einer 9,5 %igen wäßrigen Blei(II)acetatlösung 15 min lang auf dem Wasserbad erhitzt. Nach dem Abkühlen wird der Niederschlag abzentrifugiert und der Überstand 2x mit je 15 ml Dichlormethan ausgeschüttelt. Die vereinigten Dichlormethanphasen werden mit wasserfreiem Natriumsulfat getrocknet, filtriert und am Rotationsverdampfer abdestilliert. Der Rückstand wird mit 1 ml Dichlormethan-Methanol-Gemisch [50+50] aufgenommen. Diese Lösung wird zur Chromatographie verwendet.
Vergleichslösung:	Es werden 5 mg Oleander-Gesamtglykoside in 2 ml Dichlormethan/Methanol [50+50] gelöst.
Auftragevolumen:	Von der Vergleichslösung werden 2 μl und von der Probenlösung 2 μl und 5 μl aufgetragen.
Stationäre Phase:	Kieselgel 60 F_{254}; Plattengröße 5 cm x 5 cm
Mobile Phase:	Essigsäureethylester/Methanol/Wasser [75+10+15]
Laufstrecke:	3,5 cm
Nachweis:	a) Das Chromatogramm wird in Chloramin-Trichloressigsäure-Reagenz getaucht [R26]. b) Das Chromatogramm wird mit 3,5-Dinitrobenzoesäure-Reagenz (Kedde-Reagenz) [R27] behandelt.
Nachbehandlung:	Die Schicht wird ca. 10 min lang auf 160 °C erhitzt und im langwelligen UV-Licht (365 nm) betrachtet.
Versuchsdauer:	ca. 40 min
Resultat:	Bei Verwendung von R26 fluoreszieren alle Substanzen. Bei Applikation des Reagenzes R27 geben Cardenolide im Tageslicht sofort eine rosa bis blauviolette Färbung (Farbabb. 13.3 siehe S. 199).

13.3.4
Nachweis von Herzglykosiden in Strophantus-Samen *(Strophantus gratus, Strophantus kombé)*

Probenlösung:	Zur Entfettung wird das Drogenmaterial mit Petrolether bis etwa 40 °C 30 min lang in der Soxhlet-Apparatur extrahiert. 2 g entfettete Droge werden mit 20 ml 70 %igem Ethanol 1 h lang am Rückfluß zum Sieden erhitzt.
Vergleichslösung:	Es werden jeweils 100 mg g-Strophantin und k-Strophantin in 70 %igem Ethanol gelöst.
Auftragevolumen:	2 μl bandförmig
Stationäre Phase:	HPTLC-Kieselgel 60 F_{254}; Plattengröße 5 cm x 5 cm
Mobile Phase:	1-Butanol/Eisessig/Wasser [40+10+50] werden in einem Scheidetrichter vermischt und kräftig durchgeschüttelt. Nach ca. 1 h wird die obere Phase zur Chromatographie verwendet.

Laufstrecke: 4 cm

Nachweis: Das Chromatogramm wird in ein Chloramin-Trichloressigsäure-Reagenz [R26] getaucht.

Nachbehandlung: Das Chromatogramm wird 10 min lang auf 160 °C erhitzt und im langwelligen UV-Licht (365 nm) ausgewertet.

Versuchsdauer: ca. 70 min

Resultat: Durch die Zuordnung der Standardsubstanzen (k- und g-Strophantin) kann entschieden werden, ob das Drogenmaterial der Pflanze Strophantus gratus oder kombé zuzuordnen ist.

13.3.5
Nachweis von Herzglykosiden in der Meerzwiebel *(Scillae bulb. var. alba)*

Probenlösung: 2 g grob gepulverte Droge werden mit 20 ml 50 %igem Ethanol und 10 ml einer 9,5 %igen wäßrigen Blei(II)acetatlösung 15 min lang auf dem Wasserbad erhitzt. Nach dem Abkühlen wird der Niederschlag abzentrifugiert und der Überstand 2x mit je 15 ml Dichlormethan ausgeschüttelt. Die vereinigten Dichlormethanphasen werden mit wasserfreiem Natriumsulfat getrocknet, filtriert und am Rotationsverdampfer abdestilliert. Der Rückstand wird mit 1 ml Dichlormethan-Methanol-Gemisch [50+50] aufgenommen. Diese Lösung wird zur Chromatographie verwendet.

Vergleichslösung: Es werden 5 mg Proscillaridin A in 10 ml einer Mischung aus Dichlormethan und Methanol [50+50] gelöst.

Auftragevolumen: 5 μl

Stationäre Phase: HPTLC-Kieselgel 60 F_{254}; Plattengröße 5 cm x 5 cm

Mobile Phase: Essigsäureethylester/Methanol/Wasser [75+10+15]

Laufstrecke: 3,5 cm

Nachweis:
a) Das Chromatogramm wird in ein Chloramin-Trichloressigsäure-Reagenz [R26] getaucht.
b) Das Chromatogramm wird in Antimon(III)-chlorid-Reagenz [R21] getaucht.

Nachbehandlung:
a) Die Schicht wird 10 min lang auf 160 °C erhitzt und im langwelligen UV-Licht (365 nm) betrachtet.
b) Die Schicht wird im Tageslicht betrachtet. Zur Intensivierung der Flecken kann die Schicht auf 110 °C erhitzt werden.

Versuchsdauer: ca. 1 h

Resultat: Die charakteristische Zone des Proscillaridins A (R_f ca. 0,65) kann gut zugeordnet werden.

13.3.6
Nachweis von phenolischen Substanzen in Preiselbeerblättern *(Vitis idaeae folium)* und Bärentraubenblättern *(Arctostaphylos uvae ursi folium)*

Probenlösung: 0,5 g grob gepulverte Droge werden mit 5 ml eines Methanol-Wasser-Gemisches [50+50] am Rückfluß 15 min lang extrahiert. Der noch heiße Ansatz wird filtriert. Nach dem Erkalten werden dem Filtrat 0,5 ml einer 9,5 %igen wäßrigen Blei(II)acetatlösung zugegeben und mit dem Methanol-Wasser-Gemisch [50+50] auf 10 ml aufgefüllt. Nach dem Absetzen des Niederschlages wird die Lösung filtriert.

Vergleichslösung: 10 mg Arbutin, 10 mg Methylarbutin, 10 mg Hydrochinon und 10 mg 2-Methylhydrochinon werden jeweils in 10 ml Methanol gelöst.

Auftragevolumen: Es werden von der Probenlösung 2 μl und von den Vergleichslösungen 1 μl bandförmig (5 mm) aufgetragen.

Stationäre Phase: HPTLC-Kieselgel 60 F_{254}; Plattengröße 5 cm x 5 cm

Mobile Phase
a) Essigsäureethylester/Methanol/Wasser [77+13+10]
b) Chloroform/Methanol [95+5]

Laufstrecke: Mit Fließmittel a) wird 2 x 1,5 cm mit Zwischentrocknung entwickelt, anschließend mit Fließmittel b) 1 x 3,5 cm

Nachweis:
a) Unter kurzwelligem UV-Licht (254 nm) wird die Fluoreszenzminderung markiert.
b) Dann wird die Schicht mit 2,6-Dibromchinonchlorimid-Reagenz [R30] behandelt.

Nachbehandlung: Die Schicht wird vorsichtig bis zur optimalen Farbentwicklung Ammoniakdämpfen ausgesetzt. Arbutin und Methylhydrochinon färben sich blau, Hydrochinon braun und Methylarbutin rosa.

Versuchsdauer ca. 1 h

Resultat: Durch Vergleich der R_f-Werte der Vergleichssubstanzen mit denen der Probenlösung können die einzelnen Komponenten identifiziert werden.

13.3.7
Nachweis von Hauptbestandteilen der etherischen Öle aus dreilappigem Salbei *(Salviae trilobae folium)*, offizinellem Salbei *(Salviae officinalis folium)*, Lavendelblüten *(Lavandulae flos)*, Koriander *(Coriandri fructus)* und Eukalyptusblättern *(Eucalypti globuli folium)*

Probenlösung: Die etherischen Öle werden mit Toluol zu 0,2 %igen Lösungen verdünnt.

Vergleichslösung: 0,2 %ige Lösungen in Toluol von Linalylacetat, Linalool, 1,8-Cineol und Thujon.

Auftragevolumen: 1 µl
Stationäre Phase: Kieselgel 60 F_{254}; Plattengröße 5 cm x 5 cm
Mobile Phase: Toluol/Dichlormethan [50+50]
Laufstrecke: 2 x 3 cm (Zwischentrocknung)
Nachweis: a) Die vom Fließmittel völlig befreite Schicht wird unter kurzwelligem UV-Licht (254 nm) betrachtet und die Fluoreszenzminderung markiert.
b) Danach wird die Schicht mit Anisaldehyd-Schwefelsäure-Reagenz [R36] behandelt.
Nachbehandlung: Die Platte wird bis zur optimalen Farbbildung auf 100–110 °C erhitzt.
Versuchsdauer: ca. 20 min
Resultat: Vergleich der R_f-Werte der Standardsubstanzen mit denen der Probenlösungen.

13.3.8
Nachweis von Hauptbestandteilen der etherischen Öle aus Pfefferminze *(Menthae piperitae folium)*, Krauseminze *(Menthae crispae folium)* und Thymian *(Thymi herba)*

Probenlösung: Es werden aus den etherischen Ölen von Pfefferminze, Krauseminze und Thymian 0,2 %ige Lösungen in Toluol zubereitet.
Vergleichslösung: Es werden jeweils 0,2 %ige Lösungen aus Menthol, Menthon, Thymol, Carvacrol und Menthylacetat zubereitet.
Auftragevolumen: 1 µl
Stationäre Phase: Kieselgel 60 F_{254}; Plattengröße 5 cm x 5 cm
Mobile Phase: Toluol/Dichlormethan [50+50]
Laufstrecke: 2 x 3 cm (Zwischentrocknung)
Nachweis: a) Die vom Fließmittel völlig befreite Schicht wird unter kurzwelligem UV-Licht (254 nm) betrachtet und die Fluoreszenzminderung markiert.
b) Danach wird die Schicht mit Anisaldehyd-Schwefelsäure-Reagenz [R36] behandelt.
Nachbehandlung: Die Platte wird bis zur optimalen Farbbildung auf 100–110 °C erhitzt.
Versuchsdauer: ca. 20 min
Resultat: Vergleich der R_f-Werte der Standardsubstanzen mit denen der Probenlösungen.

13.3.9
Nachweis der Valepotriate in indischer Baldrianwurzel *(Valerianae wallichii radix)*

Probenlösung: 1 g Droge werden in einem Reagenzglas mit 5 ml Dichlormethan 5 min lang geschüttelt. Die Droge wird abfiltriert, und das Filtrat wird am Rotationsverdampfer bei höchstens 40 °C zur

	Trockne eingeengt. Der Rückstand wird in 0,5 ml Methanol aufgenommen.
Vergleichslösung:	10 mg des Valtrats werden in 10 ml Hexan gelöst.
Auftragevolumen:	Vergleichslösung 2 µl, Probenlösung 2 und 5 µl
Stationäre Phase:	Kieselgel 60 F_{254}; Plattengröße 5 cm x 5 cm
Mobile Phase:	Hexan/Diethylether [50+50]
Laufstrecke:	3,5 cm
Nachweis:	Das Chromatogramm wird in Dinitrophenylhydrazin-Reagenz [R37] getaucht.
Nachbehandlung:	Die Platte wird bis zur optimalen Farbausbildung auf 120 °C erwärmt.
Versuchsdauer:	50 min
Resultat:	Im Drogenextrakt ist Valtrat (R_f = ca. 0,45) durch Vergleich leicht zuzuordnen. Ein zweiter Fleck (R_f = ca. 0,2) entspricht dem Isovaleroxyhydroxy-Didrovaltrat (IVHD), Anisaldehyd und Vanillin dienen als Leitsubstanzen (Farbabb. 13.4 siehe S. 200).

13.3.10
Unterscheidung zwischen der Javanischen Gelbwurz *(Curcumae xanthorrhizae rhizoma)* und dem Curcumawurzelstock *(Curcumae longae rhizoma)*

Probenlösung:	0,5 g Droge werden 30 min lang im Ultraschallbad extrahiert. Die Droge wird abfiltriert, und das Filtrat wird zur Chromatographie verwendet.
Vergleichslösung:	Jeweils 5 mg Curcumin und Thymol werden in 10 ml Methanol gelöst.
Auftragevolumen:	0,5 µl
Stationäre Phase:	Kieselgel 60 F_{254}; Plattengröße 5 cm x 5 cm
Mobile Phase:	Toluol/Methanol/Eisessig [95+5+4]
Laufstrecke:	ca. 4 cm
Nachweis:	a) Unter kurzwelligem UV-Licht (254 nm) wird die Fluoreszenzminderung markiert. b) Die Platte wird mit Dibromchinonchlorimid-Reagenz [R30] behandelt. Nach dem Trocknen wird sie vorsichtig Ammoniakdämpfen ausgesetzt. Thymol und Xanthorrhizol färben sich blau.
Versuchsdauer:	ca. 45 min
Resultat:	Die Unterscheidung der beiden Drogen besteht darin, daß Curcuma xanthorrhiza Xanthorrhizol enthält und Curcuma longa nicht. Thymol dient als Leitsubstanz (Farbabb. 13.5 siehe S. 200).

13.3.11
Nachweis des Atropins und des Scopolamins im Drogenmaterial

Probenlösung: 1 g gepulverte Droge (Tollkirschblatt – Belladonnae folium, Stechapfelblatt-Stramonii folium, Bilsenkraut – Hyoscyami folium) werden mit 5 ml 5 %iger Salzsäure 3 min lang geschüttelt. Das Filtrat wird mit 25 %iger Ammoniaklösung vorsichtig alkalisiert und das Gemisch mit Wasser auf ca. 5 ml verdünnt. Diese Lösung wird dreimal mit je 3 ml Chloroform ausgeschüttelt (Vorsicht: Emulsionsbildung!). Die vereinigten Extrakte werden filtriert und dann auf dem Wasserbad zur Trockne eingedampft. Der Rückstand wird in ca. 0,25 ml Methanol aufgenommen und zur Chromatographie verwendet.

Vergleichslösung: 25 mg Atropin und 10 mg Scopolamin oder entsprechende Salze werden in je 10 ml Methanol gelöst.

Auftragevolumen: Probenlösung 1 µl und 2 µl, Vergleichslösung je 2 µl

Stationäre Phase: HPTLC-Kieselgel 60 F_{254}; Plattengröße 5 cm x 5 cm

Mobile Phase: Aceton/Wasser/25 %iger Ammoniak [88+12+3]; Kammersättigung

Laufstrecke: 3,5 cm

Nachweis:
a) Die Schicht wird unter langwelligem und kurzwelligem UV-Licht (365 und 254 nm) beobachtet und die Fluoreszenz bzw. die Fluoreszenzminderung markiert.
b) Danach wird die vom Fließmittel völlig befreite Schicht mit Dragendorff-Reagenz [R11] behandelt. Die Alkaloide erscheinen als orangerote Flecken. Durch Nachbehandeln mit 5 %iger methanolischer Schwefelsäure erhöht sich die Nachweisempfindlichkeit.

Versuchsdauer: ca. 1 h

Resultat: Vergleich der R_f-Werte der Vergleichssubstanzen mit denen der Untersuchungslösung (Farbabb. 13.6 siehe S. 200).

13.3.12
Nachweis von Strychnin und Brucin in Brechnußsamen *(Strychni semen)*

Probenlösung: 0,2 g mittelfein gepulverte, mit n-Hexan entfettete Samen werden mit 5 ml einer Mischung aus 96 %igem Ethanol und Chloroform [20+10] kräftig geschüttelt. Nach Zugabe von 1 ml 20 %iger wäßriger Natriumcarbonatlösung wird das Gemisch 15 min lang bedeckt beiseite gestellt. Nach nochmaligem Schütteln wird die Lösung filtriert und zur Chromatographie benutzt.

Vergleichslösung: 10 mg Brucin und 10 mg Strychnin werden jeweils in 10 ml eines Gemisches aus 96 %igem Ethanol und Chloroform [20+10] gelöst.

Auftragevolumen: Es werden von der Probenlösung 2 µl und von den Vergleichslösungen 1 µl bandförmig (5 mm) aufgetragen.

Stationäre Phase: HPTLC-Kieselgel 60 F_{254}; Plattengröße 5 cm x 5 cm

Mobile Phase: 96 %iger Ethanol/25 %iger Ammoniak [95+5]; Kammersättigung

Laufstrecke: 3,5 cm

Nachweis:
a) Unter kurzwelligem UV-Licht (254 nm) wird die Fluoreszenzminderung markiert.
b) Die Schicht wird mit Iodoplatinat-Reagenz [R10] behandelt. Die Flecken erscheinen blau und violett-grau.

Versuchsdauer: ca. 30 min

Resultat: Vergleich der R_f-Werte der Standardsubstanzen mit denen der Probenlösung.

13.3.13 Nachweis von zwei Hauptalkaloiden (Emetin und Cephaelin) der Brechwurzel *(Ipecacuanhae radix)*

Probenlösung: 0,1 g fein gepulverte Droge werden in einem kleinen Reagenzglas mit einem Tropfen 26 %iger Ammoniaklösung versetzt und mit 5 ml Chloroform unter Schütteln (ca. 15 min) extrahiert. Das Filtrat wird direkt aufgetragen.

Vergleichslösung: 2 mg Emetin und 2 mg Cephaelin werden jeweils in 10 ml Methanol gelöst.

Auftragevolumen: Von der Probenlösung werden 2 μl und von den Vergleichslösungen je 1 μl bandförmig (5 mm) aufgetragen.

Stationäre Phase: HPTLC-Kieselgel 60 F_{254}; Plattengröße 5 cm x 5 cm

Mobile Phase: Chloroform/Methanol [85+15]; Kammersättigung durch Gegenplatte

Laufstrecke: 2 x 3,5 cm. Bei jeder Entwicklung wird das Fließmittel frisch eingefüllt.

Nachweis:
a) Die Schicht wird mit Iod-Chloroform-Reagenz [R2] behandelt und 15 min lang auf 60 °C erwärmt. Nach dem Abkühlen werden die fluoreszierenden Zonen im langwelligen UV-Licht (365 nm) markiert. Emetin besitzt eine stark gelbe, Chephaelin eine bläuliche Fluoreszenz.
b) Anschließend wird die Schicht mit Gibbs-Reagenz [R30] behandelt.

Nachbehandlung: Die völlig trockene Schicht wird bis zur optimalen Farbbildung vorsichtig Ammoniakdämpfen ausgesetzt. Emetin bleibt gelblich, Cephaelin färbt sich blau bis grünlich.

Versuchsdauer: ca. 30 min

Resultat: Vergleich der R_f-Werte der Standardsubstanzen mit denen der Probenlösung.

13.3.14
Nachweis von Cytisin und Nicotin in Goldregen und Tabak

Probenlösungen:	Goldregenextrakte aus Blättern und Blüten: 2 g getrocknete Blüten bzw. Blätter des Goldregens werden zerkleinert und mit 30 ml 1 N Schwefelsäure 15 min auf dem Wasserbad erhitzt und anschließend filtriert. Nach dem Alkalisieren mit 2 ml 25 %iger Ammoniaklösung wird zweimal mit 20 ml Chloroform ausgeschüttelt. Die Chloroformphase wird über Natriumsulfat filtriert und zur Trockne eingeengt. Der Rückstand wird in 1 ml Methanol aufgenommen. Tabakextrakt aus 0,65 g Zigarettentabak „Light“: Der Tabakextrakt wird auf die gleiche Weise hergestellt wie der Goldregenextrakt. Der Rückstand wird in 2,5 ml Methanol aufgenommen.
Vergleichslösung:	0,01 g Cytisin in 10 ml Methanol und 10 μl Nicotin in 10 ml Methanol
Auftragevolumen:	Cytisin 2 μl, Nicotin und Probelösungen jeweils 1 μl
Stationäre Phase:	Kieselgel 60 F_{254}; Plattengröße 5 cm x 5 cm
Mobile Phase:	Dichlormethan/Methanol/10 %iger Ammoniak [83+15+2]
Laufstrecke:	4 cm
Nachweis:	Die fließmittelfreie Schicht (trocknen im warmen Luftstrom) wird in Dragendorff-Reagenz [R11] getaucht.
Resultat:	Cytisin und Nicotin, die als orangerote Flecken auf gelblichem Untergrund erscheinen, lassen sich anhand der R_f-Werte (Cytisin 0,35; Nicotin 0,65) gut zu den aufgetragenen Tabak- und Goldregen-Blatt- bzw. Blütenextrakten zuordnen.

13.3.15
Trennung einiger Opium-Alkaloide

Probenlösung:	1,0 g Opium bzw. 0,5 g Opiumextrakt werden in einem 25 ml-Meßkolben mit 1 ml 10 %iger Ammoniaklösung und 3 ml Isopropanol-Chloroform [10+30] gegeben. Das ganze wird 30 min lang geschüttelt. Anschließend wird mit Isopropanol-Chloroform [10+30] bis zur Marke aufgefüllt. Die Lösung wird filtriert.
Vergleichslösung:	Es werden jeweils 25 mg Morphin (= 33 mg Morphinhydrochlorid), 12,5 mg Narcotin (= 14,1 mg Narcotinhydrochlorid), 2 mg Papaverin (= 2,2 mg Papaverinhydrochlorid), 1,2 mg Codein (= 1,7 mg Codeinphosphat), 1,0 mg Thebainhydrochlorid und 0,5 mg Narcein (= 0,54 mg Narceinhydrochlorid) in 25 ml 70 %igem Ethanol gelöst.
Auftragevolumen:	1–2 μl

Stationäre Phase: Kieselgel 60 F_{254}; Plattengröße 5 cm x 5 cm

Mobile Phase: Toluol/Aceton/96 %iger Ethanol/25 %iger Ammoniak [40+40+6+2]

Laufstrecke: 3,5 cm

Nachweis:
a) Fluoreszenzminderung in kurzwelligem UV-Licht (254 nm)
b) Behandeln der Schicht mit Iodoplatinat-Reagenz [R10]
c) Behandeln der Schicht mit Dragendorff-Reagenz [R11]

Versuchsdauer: ca. 30 min

Resultat: Es werden zwei Platten zur Chromatographie vorbereitet, und jede Platte wird mit einem anderen Reagenz behandelt. Es sollen die Unterschiede in der Nachweisreaktion und Intensität beobachtet werden. Darüberhinaus werden die R_f-Werte der Vergleichssubstanzen mit denen der untersuchten Proben verglichen.

13.3.16
Trennung einiger Mutterkorn-Alkaloide

Probenlösung: 0,75 g gepulverte Droge (Secale cornutum) werden mit 1 ml 10 %iger Ammoniaklösung befeuchtet und mit 10 ml Methanol versetzt. Das Untersuchungsgut wird 30 min lang durch Schütteln (Schüttelmaschine) extrahiert. Anschließend wird das Drogenmaterial abfiltriert und das Filtrat am Rotationsverdampfer unter Vakuum bei Raumtemperatur zur Trockne eingeengt. Der Rückstand wird in 1 ml Methanol aufgenommen.

Vergleichslösung: Es werden jeweils 5 mg Ergotamintartrat, Dihydroergotamin und Ergocrystin in 5 ml Methanol gelöst.

Auftragevolumen: Von der methanolischen Lösung des Drogenextraktes werden 5 μl und von den Vergleichslösungen jeweils 2 μl bandförmig (5 mm) aufgetragen.

Stationäre Phase: Kieselgel 60 F_{254}; Plattengröße 5 cm x 5 cm

Mobile Phase: Toluol/Essigsäureethylester/Diethylamin [70+20+10]

Laufstrecke: 4 cm

Nachweis:
a) Die Schicht wird unter kurzwelligem UV-Licht (254 nm) beobachtet.
b) Danach wird die Schicht mit van Urk-Reagenz [R9] behandelt. Die Indolalkaloide erscheinen als stark oder schwach blaue Flecken.

Versuchsdauer: ca. 40 min

Resultat: Die Standardsubstanzen werden den Substanzen im Drogenextrakt zugeordnet.

13.3.17
Nachweis von vier Hauptalkaloiden in der China-Rinde *(Chinae cortex)*

Probenlösung:	0,1 g Droge werden mit 2 Tropfen 26 %iger Ammoniaklösung befeuchtet. Zur Extraktion der Alkaloide werden 5 ml eines Chloroform-Ether-Gemisches [10+20] zugegeben und 10 min lang geschüttelt. Das Filtrat (Papierfilter mit schwarzem Band) wird direkt zur Chromatographie verwendet.
Vergleichslösung:	In 10 ml Methanol werden je 1 mg Chinin, 1 mg Chinidin, 3 mg Cinchonin und 3 mg Cinchonidin bzw. deren Salze gelöst.
Auftragevolumen:	2 µl der Probenlösung und je 1 µl der Vergleichlösungen werden bandförmig (5 mm) aufgetragen.
Stationäre Phase:	HPTLC-Kieselgel 60 F_{254}; Plattengröße 5 cm x 5 cm
Mobile Phase:	Chloroform/Diethylamin [90+10]
Laufstrecke:	4 cm
Nachweis:	Die Schicht wird zum Entfernen des Fließmittels ca. 10 min lang auf 110 °C erhitzt. a) Das Chromatogramm wird unter kurzwelligem UV-Licht (254 nm) beobachtet und die Fluoreszenzminderung markiert. b) Anschließend wird die Platte mit dem Schwefelsäure-Reagenz [R6] behandelt. Im langwelligen UV-Licht (365 nm) tritt eine starke hellblaue Fluoreszenz auf. c) Nach dem Behandeln mit Iodoplatinat-Reagenz [R10] erscheinen die Chinaalkaloide als violett-graue Flecken.
Versuchsdauer:	ca. 45 min
Resultat:	Vergleich der R_f-Werte der Standardsubstanzen mit denen der Untersuchungslösung

13.3.18
Trennung einiger Rauwolfia-Alkaloide und ihre Identifizierung in Arzneimitteln

Probenlösung:	Die Menge der zu verarbeitenden Arzneimittelspezialität und das Auftragevolumen richtet sich nach dem Gehalt. Die Angaben auf der Packung müssen mit Konzentration der Vergleichslösungen verglichen (Arzneimittelspezialität z. B. für Raubasin: Gilurytmal®-Dragees 50 mg) und die Endkonzentrationen entsprechend eingestellt werden. Die Dragees werden vor dem Pulverisieren von der Zuckerschicht befreit (abwaschen). Dann werden 2 Tropfen 26 %ige Ammoniaklösung zugegeben, das Ganze mit ca. 5 ml Chloroform ausgeschüttelt, filtriert und das Filtrat zur Trockne eingedampft. Der Rückstand wird in ca. 0,1 ml eines Chloroform-Methanol-Gemisches [50+50] aufgenommen.

Vergleichslösung: Es werden jeweils 10 mg Reserpin, Rescinnamin, Raubasin und Ajmalin in 10 ml Chloroform gelöst.

Auftragevolumen: 1–2 µl bandförmig (5 mm)

Stationäre Phase: Kieselgel 60 F_{254}; Plattengröße 5 cm x 5 cm

Mobile Phase: Methanol/Ethylmethylketon/n-Heptan [8,4+33,6+58]; Kammersättigung

Laufstrecke: 4 cm

Nachweis:
a) Bei den Substanzen werden unter langwelligem UV-Licht (365 nm) Eigenfluoreszenz bzw. unter kurzwelligem UV-Licht (254 nm) die Fluoreszenzminderung beobachtet. Reserpin zeigt eine helle Fluoreszenz, Rescinnamin eine bläuliche.
b) Anschließend wird die Platte mit Iodoplatinat-Reagenz [R10] behandelt. Die einzelnen Substanzen färben sich grau.
c) Zum spezifischen Nachweis von Ajmalin wird die Platte mit rauchender Salpetersäure besprüht. Die Substanz färbt sich rot.

Versuchsdauer: ca. 20 min

Resultat: Die Inhaltsstoffe der Arzneimittelspezialitäten werden mit den Standardsubstanzen verglichen.

13.3.19
Nachweis von Aloin in Aloe *(Aloe barbadensis, Aloe capensis)*

Probenlösung: 0,50 g gepulverte Droge werden in 20 ml Methanol im Wasserbad zum Sieden gebracht. Es wird ca. 5 min lang unter gelegentlichem Umschwenken extrahiert. Die Flüssigkeit wird dekantiert und mit Methanol auf das doppelte Volumen verdünnt.

Vergleichslösung: 20 mg Aloin werden in 10 ml eines Essigsäureethylester-Methanol-Wasser-Gemisches [77+13+10] gelöst.

Auftragevolumen: 2 µl der Probenlösung und 1 µl der Vergleichslösung werden bandförmig (5 mm) aufgetragen.

Stationäre Phase: Kieselgel 60 F_{254}; Plattengröße 5 cm x 5 cm

Mobile Phase: Essigsäureethylester/Methanol/Wasser [77+13+10]

Laufstrecke: 4 cm

Nachweis: Das Chromatogramm wird mit 10 %iger ethanolischer KOH [R8] behandelt und 5 min lang auf 105 °C erwärmt. Die Auswertung erfolgt im Tageslicht. Die Flecken erscheinen rot bis rotbraun gefärbt.

Versuchsdauer: ca. 45 min

Resultat: Man vergleicht den R_f-Wert des Aloins mit dem der Probenlösung. Darüberhinaus muß Aloe barbadensis unter dem Aloin-Fleck noch eine violette Zone aufweisen.

13.4 Konservierungsmittel

13.4.1 Trennung einiger Konservierungsmittel zur Behandlung von Citrusfrüchten (Diphenyl, Diphenylamin, *o*-Phenylphenol)

Probenlösung: Die Schale einer behandelten Citrusfrucht wird gründlich mit 70 %igem Ethanol abgewaschen. Die Alkohollösung wird auf ca. 1 ml eingedampft und zur Chromatographie verwendet.

Vergleichslösung: Jeweils 10 mg Diphenyl, Diphenylamin und *o*-Phenylphenol werden in 10 ml 70 %igem Ethanol gelöst.

Auftragevolumen: Von der Probenlösung werden je nach Konzentration 1 oder 2 µl und von den Vergleichslösungen 2 µl bandförmig (5 mm) aufgetragen.

Stationäre Phase: Kieselgel 60 F_{254}; Plattengröße 5 cm x 5 cm

Mobile Phase: Cyclohexan/Eisessig [85+15]

Laufstrecke: 4 cm

Nachweis:
a) Fluoreszenzminderung im kurzwelligen UV-Licht (254 nm)
b) Das Chromatogramm wird mit Gibbs-Reagenz [R30] behandelt.

Versuchsdauer: ca. 30 min

Resultat: Die abgewaschenen Konservierungsmittel werden mit den Standardlösungen verglichen. *o*-Phenylphenol färbt sich rötlichbraun ($hR_f = 20$). Diphenylamin färbt sich blau ($hR_f = 35$). Diphenyl ($hR_f = 55$) reagiert nicht und ist nur unter dem UV-Licht (254 nm) als Fluoreszenzminderung zu sehen.

13.4.2 Trennung einiger Konservierungsmittel für pharmazeutische Zubereitungen (Nipagin M, Nipasol M)

Probenlösung: Es werden jeweils 10 mg Nipagin M (*p*-Hydroxybenzoesäuremethylester, PHBM) und Nipasol M (*p*-Hydroxybenzoesäurepropylester, PHBP) in 10 ml 96 %igem Ethanol gelöst.

Auftragevolumen: 0,1–0,2 µl

Stationäre Phase: Kieselgel 60 F_{254}; Plattengröße 5 cm x 5 cm

Mobile Phase: n-Pentan/99 %iger Essigsäure [80+20]

Anmerkung: Vor der Entwicklung wird die Schicht mit Dämpfen einer 99 %igen Essigsäure vorbehandelt (die Essigsäure wird auf den mit Filterpapier ausgekleideten Boden der Kammer gegeben, wo sie auch während des Chromatographierens verbleibt).

Laufstrecke: 4 cm

Nachweis: Fluoreszenzminderung im kurzwelligen UV-Licht (254 nm)

Versuchsdauer: ca. 10 min

Resultat: Es werden die R_f-Werte verglichen.

13.4.3 Trennung von Benzoesäure, Sorbinsäure, *p*-Hydroxybenzoesäure und Gallussäure auf Cyanophasen

Probenlösung: Es werden jeweils 10 mg *p*-Hydroxybenzoesäure (3) und Sorbinsäure (2), 100 mg Gallussäure (4) und 200 mg Benzoesäure (1) in 10 ml Methanol gelöst.

Auftragevolumen: 0,1 und 0,25 µl

Stationäre Phase: HPTLC-CN $F_{254\,s}$ (Merck); Plattengröße 5 cm x 5 cm

Mobile Phase: 0,1 M (0,147 g) Tetramethylammoniumchlorid in Wasser/Ethanol/Aceton [8+2+1]

Laufstrecke: 4,5 cm

Nachweis: Fluoreszenzminderung im kurzwelligen UV-Licht (254 nm)

Resultat: Die Substanzen erscheinen in der Reihenfolge 1, 2, 3, 4. Benzoesäure weist den niedrigsten R_f-Wert auf. Die Substanzen 1, 2 und 3 liegen dicht beieinander, die Gallussäure (4) ist gut von diesen abgesetzt.

13.5 Herbizide, Fungizide und Pestizide

13.5.1 Nachweis von Triazin-Herbiziden am Beispiel von Sennesblättern *(Sennae folium)*

Probenlösung: 1 g grob gepulverte Sennesblätter werden mit 10 ml Methanol versetzt und durch Schütteln extrahiert. Anschließend wird die gelbbraune Lösung klar dekantiert.

Vergleichslösung: Von den gängigen Triazin-Herbiziden Norazin, Prometryn, Chlorazin und Ametryn werden 0,1 %ige methanolische Lösungen hergestellt.

Auftragevolumen: Es werden von der Probenlösung 5 µl und von den Vergleichslösungen 1 µl bandförmig (5 mm) aufgetragen.

Stationäre Phase: Kieselgel 60 F_{254}; Plattengröße 5 cm x 5 cm

Mobile Phase: n-Pentan/Chloroform/Acetonitril [50+40+10]

Laufstrecke: 4 cm

Nachweis: Fluoreszenzminderung beim Betrachten im kurzwelligen UV-Licht (254 nm)

Versuchsdauer: ca. 20 min

Resultat: Die Flecken der Herbizide werden mit den Substanzen im Pflanzenextrakt verglichen. Zur Absicherung können die Ortsabsorptionsspektren (z. B. λ_{max} (Ametryn) = 224 nm) aufgenommen werden.

13.5.2
Bestimmung von Pyrethrin I und II in *Pyrethri flos*

Probenlösung: 0,45 ml eines 25 %igen Pflanzenextraktes werden in 15 ml Dichlormethan gelöst und mit der mobilen Phase in einem Meßkolben auf 50 ml aufgefüllt.

Vergleichslösung: Jeweils 0,1 g Pyrethrin I und II (es handelt sich üblicherweise um ein Gemisch aus Jasmolin, Cinerin und Pyrethrin I und II) werden in 50,0 ml mobiler Phase gelöst.

Auftragevolumen: Es werden jeweils von der Proben- und den Vergleichslösungen 0,2–0,5 μl aufgetragen.

Stationäre Phase: HPTLC-Kieselgel 60 F_{254}; Plattengröße 5 cm x 5 cm

Mobile Phase: n-Hexan/Essigsäureethylester [85+15]; vor dem Gebrauch mit wasserfreiem Natriumsulfat trocknen.

Laufstrecke: 4 cm

Nachweis:
a) Die Schicht wird unter kurzwelligem UV-Licht (245 nm) betrachtet und die Fluoreszenzminderung markiert.
b) Danach wird die vom Fließmittel völlig befreite Schicht mit Molybdatophosphorsäure-Reagenz [R4] behandelt.

Nachbehandlung: Durch Erhitzen auf 100–110 °C erhält man blaue Flecken auf gelbem Grund. Durch Bedampfen mit Ammoniak kann der gelbe Hintergrund aufgehellt werden.

Versuchsdauer: 30 min

Resultat: Pyrethrin I (R_f = ca. 0,2) und Pyrethrin II (R_f = ca. 0,1) werden mit den abgetrennten Pyrethrinen aus den Pflanzenextrakten verglichen.

13.5.3
Trennung der Fungizide Iprodion, Procymidon und Vinclozolin

Probenlösung: Jeweils 10 mg Iprodion (1), Procymidon (2) und Vinclozolin (3) werden in 10 ml Methanol gelöst. Je 0,1 ml dieser Stammlösungen werden zur Chromatographie mit 10 ml Dichlormethan verdünnt.

Auftragevolumen: 0,5, 1 und 2 μl

Stationäre Phase: HPTLC-Kieselgel 60 F_{254} (Merck); Plattengröße 5 cm x 5 cm

Mobile Phase: Toluol/n-Hexan/Diisopropylether/Ethylacetat [67+20+8+5], Kammersättigung mit Filterpapier.

Nachweis: Die fließmittelfreie Schicht wird unter kurzwelligem UV-Licht (254 nm) beobachtet und die Fluoreszenzminderung markiert.

Versuchsdauer: 15 min

Resultat: Die Fungizide 1, 2 und 3 erscheinen in der angegebenen Reihenfolge als dunkle Flecken auf gelb fluoreszierendem Hintergrund.

13.6 Arzneimittel

13.6.1 Trennung von Paracetamol, Phenazon und Coffein aus einer Spalt® N-Tablette

Probenlösung: Eine Spalt® N-Tablette (enthält: Paracetamol 250 mg, Phenazon 250 mg und Coffein 50 mg) wird im Mörser pulverisiert und das Pulver in ein Becherglas mit 10 ml Methanol gespült. Die methanolische Lösung wird mit Hilfe eines kleinen Papierfilters in einen 100-ml-Meßkolben gegeben. Der Extraktionsvorgang wird noch viermal wiederholt. Anschließend wird die Extraktionsflüssigkeit mit Methanol bis zur Marke aufgefüllt.

Vergleichslösung: Es werden jeweils 10 mg Paracetamol (Ben-u-ron®) und 10 mg Phenazon (Eu-Med®mono) in 10 ml Methanol und 5 mg Coffein in 10 ml eines Chloroform-Methanol-Gemisches [60+40] gelöst.

Auftragevolumen: Es werden von der Probenlösung 0,5 und 1 μl und von den Vergleichslösungen 1 μl aufgetragen.

Stationäre Phase: Kieselgel 60 F_{254}; Plattengröße 5 cm x 5 cm. (Es können auch HPTLC Platten verwendet werden.)

Mobile Phase: Essigsäureethylester/Methanol [90+10]

Laufstrecke: 4,5 cm

Nachweis: Fluoreszenzminderung im kurzwelligen UV-Licht (254 nm)

Versuchsdauer: 20 min

Resultat: Die R_f-Werte der Standardsubstanzen werden mit denen der Untersuchungslösung verglichen.

13.6.2 Trennung von Acetylsalicylsäure, Paracetamol und Coffein aus einer Thomapyrin®-Tablette

Probenlösung: Eine Tablette Thomapyrin® wird pulverisiert und mit jeweils 5 ml Methanol zweimal extrahiert. Die Eluate werden durch ein Papierfilter gegeben und das Filtrat zur Chromatographie verwendet.

Vergleichslösung: Es werden jeweils 5 mg Coffein, 5 mg Acetylsalicylsäure und 5 mg Paracetamol in 1 ml Methanol gelöst.

Auftragevolumen: Von der Probenlösung und den Vergleichslösungen werden je 1 und 2 μl aufgetragen.

Stationäre Phase: Kieselgel 60 F_{254}; Plattengröße 5 cm x 5 cm

Mobile Phase: Chloroform/Eisessig/Essigsäureethylester [91,5+6+2,5]

Laufstrecke: 4,5 cm

Nachweis: Fluoreszenzminderung im kurzwelligen UV-Licht (254 nm)

Versuchsdauer: ca. 15 min

Resultat: Alle drei Substanzen zeigen im kurzwelligen UV-Licht eine Fluoreszenzminderung, so daß die R_f-Werte der Inhaltsstoffe der Tablette mit denen der Vergleichslösungen gut vergleichbar sind. In der Nähe des Starts befindet sich Paracetamol, dann folgen in Richtung der Front Coffein und Acetylsalicylsäure.

13.6.3
Vergleich des „Japanischen Heilpflanzenöls®" mit dem Pfefferminzöl

Probenlösung: Es werden jeweils 0,2 %ige Lösungen in Toluol aus dem „Japanischen Heilpflanzenöl" und dem Pfefferminzöl (DAB 10) bereitgestellt.

Vergleichslösung: Es werden jeweils 0,2 %ige Lösungen aus Menthol, Menthon, Menthylacetat, Menthofuran, und α-Phellandren in Toluol zubereitet.

Auftragevolumen: Von den Probe- und den Vergleichslösungen werden auf einer Platte jeweils 0,5 μl und auf einer zweiten Platte jeweils 1 μl aufgetragen.

Stationäre Phase: Kieselgel 60 F_{254}; Plattengröße 5 cm x 5 cm

Mobile Phase: Toluol/Dichlormethan [50+50]

Laufstrecke: 1 x 2 cm und 1 x 4 cm (Zwischentrocknung bei Zimmertemperatur)

Nachweis:
a) Die vom Fließmittel völlig befreite Schicht wird unter kurzwelligem UV-Licht (254 nm) betrachtet und die Fluoreszenzminderung markiert.
b) Danach wird die Schicht mit Anisaldehyd-Schwefelsäure-Reagenz [R36] behandelt.

Nachbehandlung: Die Platte wird bis zur optimalen Farbbildung auf 100–110 °C erhitzt.

Versuchsdauer: ca. 20 min

Resultat: Die R_f-Werte der Standardsubstanzen werden mit denen der Untersuchungslösung verglichen. Menthol ist blau (R_f = ca. 0,2), Menthon ist grau (R_f = ca. 0,45) und nur in höheren Konzentrationen nachweisbar. Menthylacetat ist blaugrau (R_f = ca. 0,5), Menthofuran beigebraun (R_f = ca. 0,85) und α-Phellandren blauviolett (R_f = ca. 0,9).

13.6.4
Trennung von Aescin und Saponin – Identifizierung in Opino® retard Dragees

Probenlösung: 1 Dragee wird durch Abwaschen von der Zuckerschicht befreit. Anschließend wird es im Mörser zerkleinert und mit ca. 5 ml 80 %igem Ethanol 3 min lang extrahiert. Die ethanolische Lösung wird filtriert und mit 80 %igem Ethanol auf 50 ml aufgefüllt.

Vergleichslösung:	25 mg Saponin (Saponium album MERCK) und 2,5 mg Aescin werden jeweils in 10 ml 80 %igem Ethanol gelöst.
Auftragevolumen:	2 µl bandförmig (10 mm)
Stationäre Phase:	HPTLC-Kieselgel 60 F_{254}; Plattengröße 5 cm x 5 cm
Mobile Phase:	Chloroform/Methanol/Wasser [64+50+10]
Laufstrecke:	4 cm
Nachweis:	Zum Nachweis der hämolytisch aktiven Saponine wird die Dünnschicht vollständig vom Fließmittel befreit und mit isotonischem Phosphatpuffer (siehe [R34b]) besprüht. Anschließend wird die Blutgelatine [R34d] in dünner Schicht über die Platte gegossen und bis zur Ausbildung der Hämolysehöfe in einer Petrischale (Schutz vor zu schnellem Austrocknen und vor Staub) längere Zeit beiseite gestellt (über Nacht). Für eine 5 cm x 5 cm -Platte benötigt man 1,5–2 ml Blutgelatine (Farbabb. 13.7 siehe S. 201).
Versuchsdauer:	reine Arbeitszeit ca. 1 h
Resultat:	Die Standardsubstanzen werden mit den Inhaltsstoffen des Arzneimittels verglichen.

13.6.5
Unterscheidung zwischen Metamizol-Natrium, Phenazon und Paracetamol

Probenlösung:	Es werden jeweils 2 mg Metamizol-Natrium, Phenazon und Paracetamol in 2 ml Methanol gelöst.
Auftragevolumen:	0,5 µl, 1 µl und 2 µl
Stationäre Phase:	Kieselgel 60 F_{254}; Plattengröße 5 cm x 5 cm
Mobile Phase:	Essigsäureethylester/Methanol/26 %iger Ammoniak [80+19+1]
Laufstrecke:	4 cm
Nachweis:	Kurzwelliges UV-Licht (254 nm)
Versuchsdauer:	ca. 20 min
Resultat:	Substanzen sind an Hand der Fluoreszenzminderung gut nachweisbar.

13.6.6
Unterscheidung zwischen Benzocain, Procain und Tetracainhydrochlorid

Probenlösung:	Es werden jeweils 2 mg Benzocain, Procain und Tetracainhydrochlorid in 2 ml Methanol gelöst.
Auftragevolumen:	0,5 µl, 1 µl und 2 µl
Stationäre Phase:	Kieselgel 60 F_{254}; Plattengröße 5 cm x 5 cm
Mobile Phase:	Essigsäureethylester/Aceton/26 %iger Ammoniak [60 + 40 + 2]
Laufstrecke:	4 cm
Nachweis:	Kurzwelliges UV-Licht (254 nm)
Versuchsdauer:	ca. 10 min

Resultat:	Substanzen sind anhand der Fluoreszenzminderung gut nachweisbar.

13.6.7
Bestimmung der Ascorbinsäure

Probenlösung:	Es werden 2 mg der Ascorbinsäure in 2 ml Methanol gelöst.
Auftragevolumen:	0,5 μl, 1 μl und 2 μl
Stationäre Phase:	Kieselgel 60 F_{254}; Plattengröße 5 cm x 5 cm
Mobile Phase:	Isopropanol/Wasser/Eisessig [60+40+2]
Anmerkung:	Sollte sich eine ß-Front bilden – Kammersättigung
Laufstrecke:	4 cm
Nachweis:	Kurzwelliges UV-Licht (254 nm)
Versuchsdauer:	ca. 15 min
Resultat:	Substanzen sind anhand der Fluoreszenzminderung gut nachweisbar. Es sollen keine Nebenflecken vorkommen.

13.6.8
Trennung der Barbitursäurederivate Hexobarbital, Amobarbital, Cyclobarbital und Phenobarbital

Probenlösung:	Es werden jeweils 10 mg Hexobarbital (1), Amobarbital (2) und Phenobarbital (4) in 10 ml 96 %igem Ethanol und 10 mg Cyclobarbital (3) in 10 ml 70 %igem Ethanol gelöst.
Auftragevolumen:	1–2 μl auf zwei Platten für den Nachweis nach b) und c)
Stationäre Phase:	Kieselgel 60 F_{254}; Plattengröße 5 cm x 5 cm
Mobile Phase:	Chloroform/Aceton [50+50]; 1 Tropfen 25 %ige Ammoniaklösung zugeben und gut durchmischen.
Laufstrecke:	1,5 cm; Zwischentrocknung; anschließend 3 cm
Nachweis:	a) Fluoreszenzminderung im kurzwelligen UV-Licht (254 nm) (konzentrationsabhängig!) b) Vorsichtiges Behandeln mit Kaliumpermanganat-Reagenz [R13] c) Quecksilber(II)-Salz-Diphenylcarbazon-Reagenz [R14]
Nachbehandlung:	c) Die Schicht wird einer langwelligen UV-Strahlung (365 nm) ausgesetzt. Der violette Untergrund verblaßt, und die Flecken bleiben deutlich violett gefärbt.
Versuchsdauer:	ca. 20 min
Resultat:	Die Barbitursäurederivate erscheinen mit Reagenz b) als gelbe Flecken auf violettem Hintergrund, mit Reagenz c) violett auf fast weißem Hintergrund.

13.6.9
Trennung einiger Phenothiazine (Chlorpromazin, Levopromazin, Perphenazin, Thioridazin, Prochlorperazin)

Probenlösung:	Je 20 mg der Reinsubstanzen werden in 10 ml Chloroform gelöst.
Auftragevolumen:	1–2 µl
Stationäre Phase:	Kieselgel 60 F_{254}; Plattengröße 5 cm x 5 cm
Mobile Phase:	Chloroform/Aceton/25 %iger Ammoniak [50+49+1] (Lösung gut durchmischen!)
Laufstrecke:	4 cm
Nachweis:	a) Fluoreszenzminderung im kurzwelligen UV-Licht (254 nm) b) Die vom Fließmittel völlig befreite Schicht wird mit Schwefelsäure-Formaldehyd-Reagenz [R31] behandelt.
Nachbehandlung:	Zur besseren Farbbildung kann die Platte vorsichtig erwärmt werden.
Versuchsdauer:	ca. 20 min
Resultat:	Die Substanzen erscheinen als farbige Flecken: Chlorpromazin rosarot, Levopromazin violett, Perphenazin rosarot, Thioridazin blaugrün und Prochlorperazin rosarot.

13.6.10
Trennung der Psychoanaleptika Amphetamin und Ephedrin

Probenlösung:	Die Substanzen werden wie folgt aus Arzneimittelspezialitäten extrahiert: Die entsprechende Menge Dragees oder Tabletten werden im Mörser pulverisiert und in einen Scheidetrichter überführt. Es werden 1–2 ml Wasser zugegeben und mit einigen Tropfen 26 %iger Ammoniaklösung alkalisiert. Die wäßrige Phase wird anschließend mit Chloroform ausgeschüttelt. Je nach Konzentration des Untersuchungsgutes wird die Chloroformlösung direkt oder nach dem Einengen auf die DC-Platte aufgetragen (die Konzentration der Probenlösung soll der Konzentration der Vergleichslösungen angeglichen werden).
Vergleichslösung:	Jeweils 10 mg Ephedrinhydrochlorid und Amphetamin werden in 10 ml Ethanol gelöst.
Auftragevolumen:	1–2 µl
Stationäre Phase:	Kieselgel 60 F_{254}; Plattengröße 5 cm x 5 cm
Mobile Phase:	Methanol/26 %iger Ammoniak [99+1]
Laufstrecke:	4,5 cm
Nachweis:	a) Das Chromatogramm wird mit Bromkresol-Reagenz [R33] behandelt. Vor dem Tauchen wird die Platte mit Ameisensäure bedampft. b) Stets frisch hergestelltes Echtblausalz B-Reagenz [R29] wird vorsichtig auf die Schicht aufgesprüht.

Nachbehandlung: a) Die Schicht wird bis zur optimalen Farbbildung mit heißer Luft erwärmt.
b) Die Schicht kann auch vor dem Besprühen mit R29 durch Ammoniakdämpfe alkalisiert werden.

Versuchsdauer: ca. 20 min

Resultat: Amphetamin und Ephedrin erscheinen mit R33 als blaue Flecken auf gelbem Hintergrund. Mit R29 erscheint Ephedrin orangegelb und Amphetamin rotbraun.

13.6.11 Trennung von Corticosteroiden

Probenlösung: Von einem corticosteroidhaltigen Präparat (z. B. Decortin®-Tabletten, Merck) werden für die Untersuchung soviel Dragees oder Tabletten genommen, daß die für die Auftragung erforderliche Konzentration erreicht wird (0,1 %ige Lösung). Sie werden in einem Mörser pulverisiert und mit einem Chloroform-Methanol-Gemisch [90+10] extrahiert. Die für die Chromatographie benötigte Lösung wird filtriert.

Vergleichslösung: Je 0,1 %ige Lösungen des Tetrahydrocortison (1), Prednisolon (2), Hydrocortison (3), Prednison (4), Cortison (5), Corticosteron (6), 11-Dehydrocorticosteron (7) und 11-Desoxycorticosteron (8) in Chloroform/Methanol [90+10].

Auftragevolumen: Von den Vergleichslösungen werden jeweils 0,1 µl auf die Startpunkte 1 bis 8 aufgetragen. Auf Startpunkt G wird von allen Vergleichslösungen nacheinander je 0,1 µl aufgetragen. So erhält man ein Gemisch von den Vergleichssubstanzen. Auf Standpunkt P werden 1–2 µl der Probenlösung aufgetragen.

Auftragsschema: 1 2 3 4 P G 5 6 7 8

Stationäre Phase: Kieselgel 60 F_{254}; Plattengröße 5 cm x 5 cm

Mobile Phase: Chloroform/Methanol [93+7]

Laufstrecke: 2 x 4 cm (Zwischentrocknung im Kaltluftstrom)

Nachweis: a) Fluoreszenzminderung im kurzwelligen UV-Licht (254 nm)
b) Die einzelnen Substanzen erscheinen nach dem Behandeln mit Tetrazolblau-Reagenz [R15] graublau.

Nachbehandlung: Zum besseren Sichtbarmachen kann die Platte vorsichtig auf 110 °C erwärmt werden.

Versuchsdauer: ca. 30 min

Resultat: Mit Hilfe der Vergleichssubstanzen wird die Arzneimittelspezialität geprüft.

13.6.12 Bestimmung von Clotrimazol in Cutistad® Lösung

Probenlösung: 0,2 ml Cutistad (= 2 mg Clotrimazol) werden mit 5 ml dest.Wasser in einem kleinem Gefäß (A) vermischt; anschließend wird die Lösung kräftig geschüttelt. Es bildet sich ein Niederschlag, der mit einem kleinen Papierfilter (Schleicher & Schüll Nr. 589[2], Weißband 5,5 cm ∅) abfiltriert wird. Es wird mit weiteren 5 ml nachgespült. Der Papierfilter und das Gefäß (A) werden im Trockenschrank bei 100 °C getrocknet. Der zurückbleibende Niederschlag wird mit kleinen Portionen Dichlormethan gelöst und in einen 10 ml Meßkolben überführt, der mit Dichlormethan bis zur Marke aufgefüllt wird.

Vergleichslösung: 2 mg Clotrimazol werden in 10 ml Dichlormethan gelöst.
Auftragevolumen: 2 µl
Stationäre Phase: Kieselgel 60 F_{254}; Plattengröße 5 cm x 5 cm
Mobile Phase: Xylol/Ethanol/Ether [9+1+1]; Kammersättigung
Laufstrecke: 2 x 3,5 cm mit Zwischentrocknung
Nachweis: Das fließmittelfreie Chromatogramm wird in frisch verdünntes Dragendorff-Reagenz [R11] getaucht.
Versuchsdauer: ca. 20 min
Resultat: Die orangeroten Flecken der Vergleichs- und Probenlösung werden verglichen.

13.7 Substanzen in Zahnpasten und Lutschbonbons

13.7.1 Nachweis von Menthol und 1,8-Cineol (Eucalyptol) in Lutschbonbons (Vivil®, Wick blau, Em-eucal®, „Winterbonbons")

Probenlösung: Der jeweilige Bonbon wird entsprechend zerkleinert (geschnitten, im Mörser pulverisiert usw.) und in 5 ml Wasser gelöst. Die wäßrige Phase wird in einem kleinen Scheidetrichter zweimal mit jeweils 2,5 ml Hexan ausgeschüttelt. Die vereinigten Hexanphasen werden mit wasserfreiem Natriumsulfat getrocknet. Diese Lösung wird zur Chromatographie verwendet.
Vergleichslösung: 100 µl 1,8-Cineol (Eucalyptol) und 10 mg Menthol werden jeweils in 10 ml Toluol gelöst.
Auftragevolumen: Von der Probenlösung werden je nach Bedarf 0,5, 1 oder 2 µl, von den Vergleichslösungen 0,5 bzw. 1 µl aufgetragen.
Stationäre Phase: Kieselgel 60 F_{254}; Plattengröße 5 cm x 5 cm
Mobile Phase: Toluol/Chloroform [25+75]
Laufstrecke: 4 cm
Nachweis:
a) Die vom Fließmittel völlig befreite Schicht wird unter kurzwelligem UV-Licht (254 nm) betrachtet und die Fluoreszenzminderung markiert.
b) Danach wird die Schicht mit Anisaldehyd-Schwefelsäure-Reagenz [R36] behandelt.

Nachbehandlung: Die Platte wird bis zur optimalen Farbbildung auf 100–110 °C erhitzt.

Versuchsdauer:	ca. 20 min
Resultat:	Die R_f-Werte der Standardsubstanzen werden mit denen der untersuchten Bonbonsorten verglichen. Eucalyptol (R_f = ca. 0,23) und Menthol (R_f = ca. 0,13) sind beide dunkelblau gefärbt.

13.7.2
Nachweis von Menthol und Carvon in verschiedenen Zahnpasten (Mynta, Weleda Pflanzen-Zahncreme)

Probenlösung:	Von der jeweiligen Zahnpaste werden ca. 2,0 g abgewogen und in 5 ml Wasser gelöst. Die wäßrige Lösung wird mit 5 ml Hexan ausgeschüttelt. Die Hexanphase wird mit einer kleinen Menge (Spatelspitze) Natriumsulfat getrocknet und auf 1,5 ml eingeengt. Diese Lösung wird aufgetragen.
Vergleichslösung:	Es werden jeweils 10 mg Menthol und 2,5 mg Carvon in 10 ml Toluol gelöst.
Auftragevolumen:	Von der Probenlösung werden 0,5 und 2 μl und von der Vergleichslösung je 1 μl aufgetragen.
Stationäre Phase:	Kieselgel 60 F_{254}; Plattengröße 5 cm x 5 cm
Mobile Phase:	Chloroform/Toluol [75+25]
Laufstrecke:	3,5 cm
Nachweis:	a) Die vom Fließmittel völlig befreite Schicht wird unter kurzwelligem UV-Licht (254 nm) betrachtet und die Fluoreszenzminderung markiert. b) Danach wird die Schicht mit Anisaldehyd-Schwefelsäure-Reagenz [R36] behandelt.
Nachbehandlung:	Die Platte wird bis zur optimalen Farbbildung auf 100–110 °C erhitzt.
Versuchsdauer:	ca. 20 min
Resultat:	Vergleich der R_f-Werte der Standardsubstanzen mit denen aus den untersuchten Zahnpastensorten. Menthol färbt sich blau, Carvon rotbraun (Farbabb. 13.8 siehe S. 201).

13.8
Substanzen in Körperflüssigkeiten

13.8.1
Bestimmung von Coffein im Harn

Probenlösung:	2 ml Harn werden mit 0,2 ml 6 M NaOH vermischt. 2 g NaCl werden zugegeben. Anschließend werden 2 ml Chloroform zugesetzt und ca. 5 min geschüttelt. Zum Abtrennen der zwei Phasen wird 5 min zentrifugiert. Die organische Phase wird zur Chromatographie verwendet.

Vergleichslösung: Es werden 5 mg Coffein in 10 ml eines Chloroform-Methanol-Gemisches [60+40] gelöst.

Auftragevolumen: Es werden von der Probenlösung 1, 2 und 4 μl und von der Vergleichslösung 0,5 μl aufgetragen.

Sationäre Phase: Kieselgel 60 F_{254}; Plattengröße 5 cm x 5 cm

Mobile Phase, Laufstrecke, Nachweis: siehe Versuch 13.2.13 S. 125

Versuchsdauer: ca. 40 min

Resultat: Die Flecken aus der Probe werden mit dem Coffeinfleck aus der Vergleichslösung verglichen. (Die erlaubten Grenzwerte, festgelegt von der Medizinischen Kommission des IOC vom 1987, liegen bei 12 mg/Liter Harn).

13.9 Derivatisierung

13.9.1 Methylierung im Mikromaßstab am Beispiel von Hydrochinon

Vorbereitung: Ein Glasröhrchen (z. B. eine Pasteurpipette) wird an einem Ende verjüngt. In den konischen Teil wird ein wenig Quarzwolle gegeben und ca. 15 mg Extrelut-Füllmaterial und wieder ein wenig Quarzwolle (Abb. 13.20). Im Bereich des Pfeils wird das Glasröhrchen in der Flamme nochmals vorsichtig ausgezogen (Teil A). Der Teil B wird genauso gefüllt wie bereits beschrieben.

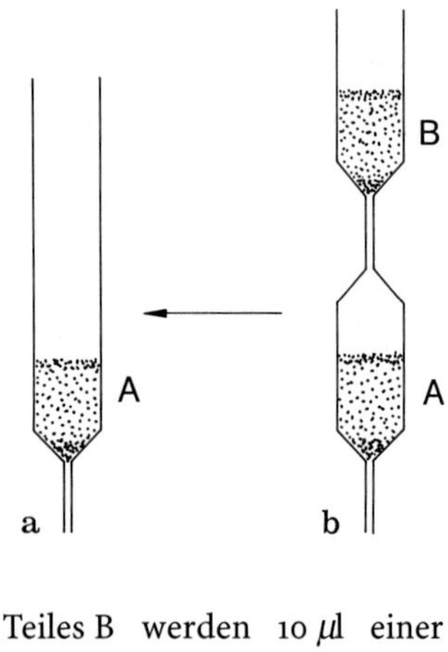

Abb. 13.20

Probenlösung: Auf die Extrelut-Füllung des Teiles B werden 10 μl einer 0,25 %igen methanolischen Hydrochinonlösung gebracht. Auf die Extrelut-Füllung des Teiles A werden 10 μl des Methylierungsreagenzes [R44] gebracht (Abzug, Gummihandschuhe!!).

Weiterbehandlung:	Das Röhrchen wird in ein Reagenzglas gestellt und ca. 5 min vorsichtig im warmen Luftstrom erwärmt. Anschließend wird es zwischen dem Teil A und B durchgetrennt und in den Teil B soviel Methanol gegeben, daß man zum Auftragen auf die Dünnschicht ca. 5 μl Probenlösung erhält.
Vergleichslösung:	10 mg Hydrochinon und 10 mg 2-Methylhydrochinon werden jeweils in 10 ml Methanol gelöst.
Auftragevolumen:	5 μl der eluierten Probe und 1 μl der Vergleichslösungen werden bandförmig (5 mm) aufgetragen.
Stationäre Phase:	Kieselgel 60 F_{254}; Plattengröße 5 cm x 5 cm
Mobile Phase:	Essigsäureethylester/Methanol/Wasser [77+13+10]
Laufstrecke:	4 cm
Nachweis:	Die vom Fließmittel vollkommen befreite Platte wird unter kurzwelligem UV-Licht (254 nm) betrachtet und die Fluoreszenzminderung markiert. Anschließend wird die Schicht mit Gibbs-Reagenz [R30] behandelt.
Nachbehandlung:	Die gut getrocknete Platte wird vorsichtig Ammoniakdämpfen ausgesetzt.
Versuchsdauer:	ca. 30 min
Resultat:	Beim Ansatz von mehreren Proben kann der Zeitablauf der Methylierung beobachtet werden.

13.9.2
Acetylierung von Menthol zu Menthylacetat

Ansatz:	0,25 mg Menthol werden mit 2,5 ml Acetylierungsgemisch (Essigsäureanhydrid/Pyridin [20+80] [R41]) versetzt und bei Zimmertemperatur stehengelassen. Die Arbeiten sind im Abzug durchzuführen!
Probennahme:	Unmittelbar nach dem Mischen, nach 10 min und nach einer Stunde wird je eine Probe von 0,5 ml entnommen und wie folgt aufgearbeitet.
Probenlösung:	Die Probe wird in einem Scheidetrichter mit 10 ml n-Hexan ausgeschüttelt. Nach Ablassen der Wasser-Pyridin-Phase wird die Hexanschicht zweimal mit je 10 ml Wasser gewaschen. Anschließend wird von der Hexanschicht 1 ml abgenommen und in einem Reagenzglas mit 5 ml n-Hexan verdünnt.
Vergleichslösung:	0,2 %ige Lösungen von Menthol und Menthylacetat in Toluol.
Auftragevolumen:	1 μl von den Vergleichs- und 2 μl von den Probenlösungen.
Stationäre Phase:	Kieselgel 60 F_{254}; Plattengröße 5 cm x 5 cm
Mobile Phase:	Toluol/Dichlormethan [50+50]
Laufstrecke:	3–3,5 cm
Nachweis:	Behandeln mit Anisaldehyd-Schwefelsäure-Reagenz [R36]
Nachbehandlung:	Erhitzen bis zur optimalen Farbentwicklung auf 100–110 °C
Versuchsdauer:	ca. 1,5 h

Resultat: Die Umsetzung des Menthols zum Menthylacetat wird zeitlich verfolgt.

13.9.3
Acetylierung von Menthol zum Menthylacetat im Mikromaßstab

Mentholllösung: 50 mg Menthol werden in 10 ml Methanol gelöst.
Ansatz: Eine Schmelzpunktkapillare wird spitz ausgezogen und ca. 0,75 cm hoch mit Kieselgur gefüllt. Auf einem Objektträger werden jeweils 5 μl des Acetylierungsgemisches (Essigsäureanhydrid/Pyridin [10+20] [R42]) und der Menthollösung gemischt. Dieses Gemisch läßt man in die Schmelzpunktkapillare einsaugen und ca. 40 min lang reagieren. Alle Arbeiten im Abzug durchführen!
Probenlösung: Die Kapillare mit dem Untersuchungsgut wird mit einem Luftstrahl (Wasserstrahlpumpe) von der überschüssigen Menge des Acetylierungsgemisches befreit (ca. 2 min). Anschließend wird n-Hexan eingesaugt. Die sich nun in der Kapillare befindliche Hexanlösung wird zur Chromatographie verwendet.
Vergleichslösung: 0,2 %ige Lösungen von Menthol und Menthylacetat in Toluol
Auftragevolumen: 1–2 μl, bandförmig
Stationäre Phase: Kieselgel 60 F_{254}; Plattengröße 5 cm x 5 cm
Mobile Phase: Toluol/Dichlormethan [50+50]
Laufstrecke: 3–3,5 cm
Nachweis: Behandeln mit Anisaldehyd-Schwefelsäure-Reagenz [R36]
Nachbehandlung: Bis zur optimalen Farbentwicklung auf 100–110 °C erhitzen.
Versuchsdauer: ca. 60 min
Resultat: Anhand der R_f-Werte werden die Vergleichssubstanzen mit denen, die durch die Acetylierung entstanden sind, verglichen (Menthol R_f = 0,1–0,15; Menthylacetat R_f = 0,50–0,55).

13.9.4
Überprüfung der Hydrierung von Citronellal

Probenlösung: 10 μl Citronellal werden in 2 ml peroxidfreiem Ether gelöst und vorsichtig mit 50 mg Lithiumaluminiumhydrid versetzt. Das Reaktionsgemisch wird auf einem 40 °C (max.!) heißen Wasserbad ca. 1 min lang erwärmt (Etherdämpfe!). Der abgedampfte Ether wird wieder auf 2 ml Volumen ergänzt. Anschließend wird tropfenweise 10 %ige Salzsäure zugegeben, bis die überstehende Lösung klar ist und einen pH-Wert von 1 aufweist. Nach ca. 5 min wird die Etherphase abfiltriert und mit 5 %iger $NaHCO_3$-Lösung zur Neutralisation ausgeschüttelt. Nach Trennung der Phasen wird die Etherphase mit wasserfreiem Natriumsulfat getrocknet, filtriert und zur Chromatographie verwendet.

Vergleichslösung:	Es werden jeweils 10 mg Citronellal und Citronellol in 10 ml Toluol gelöst.
Auftragevolumen:	1 µl
Stationäre Phase:	Kieselgel 60 F_{254}; Plattengröße 5 cm x 5 cm
Mobile Phase:	Toluol/Dichlormethan [50+50]
Laufstrecke:	3,5 cm
Nachweis:	Das vom Fließmittel befreite Chromatogramm wird mit Anisaldehyd-Schwefelsäure-Reagenz [R36] behandelt.
Nachbehandlung:	Das Chromatogramm wird bis zur optimalen Farbbildung auf 100–110 °C erhitzt.
Versuchsdauer:	ca. 30 min
Resultat:	Anhand der Vergleichssubstanzen wird die Vollständigkeit der Hydrierung beobachtet.

13.9.5
Bromierung direkt auf der Schicht am Beispiel von Fluorescein

Probenlösung:	0,25 mg Fluorescein-Natrium werden in 10 ml Methanol gelöst (PL).
Vergleichslösung:	0,25 mg Eosin-Natrium werden in 10 ml Methanol gelöst (VL).
Reagenzlösung:	1 g Brom wird in 100 ml Chloroform gelöst (Abzug!)(RL) [R43].
Auftragevolumen:	0,5 µl pro Startpunkt
Auftrageschema:	PL PL+RL VL RL
Stationäre Phase:	Kieselgel 60 F_{254}; Plattengröße 5 cm x 5 cm
Mobile Phase:	Essigsäuremethylesther/Methanol/25 % Ammoniak [50+30+10]
Laufstrecke:	3–3,5 cm
Nachweis:	Betrachten im langwelligen UV-Licht (365 nm).
Versuchsdauer:	ca. 35 min
Resultat:	Fluorescein-Natrium (R_f = 0,35) wird durch Bromieren zum Eosin-Natrium (R_f = 0,6) umgesetzt. Die Verschiebung der R_f-Werte hilft bei der Identifizierung.

13.9.6
Saure Hydrolyse in situ von Glykosiden am Beispiel von Hesperidin

Probenlösung:	5 mg Hesperidin werden in 5 ml Methanol gelöst.
Vergleichslösung:	5 mg Hesperetin werden in 5 ml Methanol gelöst.
Auftragevolumen:	Von der Hesperidinlösung werden auf die Punkte 1, 2 und 3 jeweils 1, 2 und 5 µl aufgetragen. Auf den Punkt V_1 werden 2 µl der Hesperidinlösung und auf den Punkt V_2 1 µl der Hesperetinlösung aufgetragen.
Auftrageschema:	V_1 1 2 3 V_2

Hydrolyse: Zunächst werden in die Vertiefung der Kammer alte gebrochene Frittenstäbchen gelegt. Darauf werden ca. 2 ml 12,5 %ige Salzsäure pipettiert. Anschließend wird die Dünnschichtplatte mit den auf die Punkte 1, 2 und 3 aufgetragenen Substanzen in die Kammer wie zu einer chromatographischen Entwicklung eingelegt. Die Kammer wird dann, mit der Deckplatte zugedeckt, 15 min lang in einen Trockenschrank (120 °C) gestellt. Nach dem Erkalten werden die Vergleichslösungen Hesperidin (V_1) und Hesperetin (V_2) aufgetragen.

Stationäre Phase: Kieselgel 60 F_{254}; Plattengröße 5 cm x 5 cm

Mobile Phase: Toluol/Essigsäureethylester/Ameisensäure [40+10+5]

Laufstrecke: 3,5–4 cm

Nachweis: Die vom Fließmittel völlig befreite Schicht wird mit Aluminiumchlorid-Reagenz [R18] behandelt und getrocknet. Anschließend kann sie noch mit Polyethylenglycol-Reagenz [R24] behandelt werden (Verstärkung der Fluoreszenz). Die Schicht wird im UV-Licht (365 nm) betrachtet.

Versuchsdauer: 45 min

Resultat: Hesperidin (Glykosid) wird durch Einwirkung der Salzsäuredämpfe (Abspaltung des Zuckers) zum Hesperetin (Aglykon) umgewandelt (Farbabb. 13.9 siehe S. 201).

13.9.7
Überprüfung der enzymatischen Aktivität von Emulsin mit Hilfe der Spaltung von Arbutin zu Hydrochinon

Probenlösung: 20 mg Arbutin werden in 1 ml Wasser gelöst (Lösung A). 40 mg Emulsin werden in 3 ml Wasser (Lösung B) suspendiert und 10 min lang in ein Ultraschallbad gestellt. Die Emulsinlösung wird filtriert.

Durchführung: In 4 kleine Probengläser werden mit einer Pasteurpipette jeweils 3 Tropfen der Lösung A gegeben. In das 1. Probengläschen werden 3 Tropfen der Lösung B gegeben, nach 5 min 3 Tropfen in das 2. Probenglas, nach weiteren 10 min 3 Tropfen in das 3. Probenglas und nach 15 min in das 4. Probenglas. Beim 4. Probenglas werden die Proben unmittelbar auf eine DC-Platte aufgetragen.

Vergleichslösung: Es werden jeweils 15 mg Arbutin und 10 mg Hydrochinon in 10 ml Methanol gelöst.

Auftragevolumen: 1 μl, punktförmig

Stationäre Phase: Kieselgel 60 F_{254}; Plattengröße 5 cm x 5 cm

Mobile Phase: Essigsäureethylester/Methanol/Wasser [77+13+10]

Laufstrecke: 3,5 cm

Nachweis:
a) Die Schicht wird mit Tollens-Reagenz [R28] besprüht.
b) Die gründlich getrocknete Schicht wird mit Gibbs-Reagenz [R30] behandelt.

Versuchsdauer:	35 min
Resultat:	Auf dem Chromatogramm ist die Zunahme des durch die enzymatische Spaltung entstandenen Aglykons (Hydrochinon) zu erkennen (Farbabb. 13.10 siehe S. 202).

13.9.8
Trennung von *cis*- und *trans*-Piperin in Pfefferextrakten mit Hilfe der Trennung-Reaktion-Trennung-(TRT)-Technik

Probenlösung:	0,5 g fein gepulverte Pfefferfrüchte werden mit 10 ml Methanol 4 min lang geschüttelt. Die Extraktion wird in einem mit Aluminiumfolie umwickelten Reagenzglas durchgeführt. Nach dem Absetzen wird die überstehende Flüssigkeit zum Chromatographieren verwendet.
Vergleichslösung:	10 mg *trans*-Piperin werden in 10 ml Methanol gelöst und im Dunklen aufbewahrt.
Auftragevolumen:	1 μl
Anmerkung:	Die Probenlösung wird 0,5 cm vom linken Rand der Platte entfernt und die Vergleichslösung 0,5 cm vom rechten Rand entfernt aufgetragen. Alle Arbeiten müssen unter Lichtausschluß durchgeführt werden.
Stationäre Phase:	Kieselgel 60 F_{254}; Plattengröße 5 cm x 5 cm
Mobile Phase:	Dichlormethan/Essigsäureethylester [90+10]
Durchführung:	In der 1. Dimension 3–3,5 cm; nach der Zwischentrocknung wird die Vergleichslösung in der Richtung der 2. Dimension aufgetragen (oberhalb der Fließmittelfront der 1. Dimension). Anschließend wird das Chromatogramm 15 min lang unter einer UV-Hochdrucklampe (365 nm) bestrahlt. Bevor dann in der 2. Dimension entwickelt wird, wird neben der bestrahlten Vergleichslösung diese nochmals aufgetragen. Anschließend wird in der 2. Dimension 3–3,5 cm entwickelt.
Nachweis:	Fluoreszenzminderung beim Betrachten im kurzwelligen UV-Licht (254 nm)
Resultat:	Durch UV-Bestrahlung wird *trans*-Piperin teilweise in *cis*-Piperin umgewandelt, was man an dem Erscheinen eines zweiten Fleckes erkennen kann.
Versuchsdauer:	ca. 45 min

13.9.9
Trennung von Monoterpenalkoholen auf einer mit Silbernitrat imprägnierten Schicht

Probenlösung:	0,1 g Menthol und 0,01 g Geraniol, Citronellol und Linalool werden in jeweils 10 ml Methanol gelöst.

Auftragevolumen:	1–2 µl
Stationäre Phase:	Kieselgel 60 F_{254}; Plattengröße 5 cm x 5 cm
Durchführung:	Die Fertigplatten werden 3 min lang in eine 3 %ige Silbernitratlösung (Methanol/Wasser [93+7]) getaucht. Anschließend wird bei 100 °C im Trockenschrank getrocknet. Die so imprägnierten Platten werden im Exsikkator aufbewahrt (vor Licht schützen!).
Mobile Phase:	Dichlormethan/Essigsäureethylester [50+50]
Laufstrecke:	4 cm
Nachweis:	Die vom Fließmittel vollkommen befreite Schicht wird mit Anisaldehyd-Schwefelsäure-Reagenz [R36] behandelt.
Nachbehandlung:	Das Chromatogramm wird bis zur optimalen Farbbildung auf 100–110 °C erhitzt.
Versuchsdauer:	ca. 30 min
Resultat:	Durch gezielte Komplexbildung lassen sich Substanzen mit unterschiedlicher Anzahl und Lage der Doppelbindungen trennen. Am stabilsten sind im gegebenen Beispiel Linalool ($hR_f = 15$) und Geraniol ($hR_f = 25$). Citronellol mit einer Doppelbindung wandert weiter ($hR_f = 65$). Menthol ohne Doppelbindung wandert am weitesten ($hR_f = 85$).

13.10 Aufnahme von IR-Spektren dünnschichtchromatographisch getrennter Substanzen

Der DC-IR Transfer (s. Abschn. 9.5.2) wird wie folgt durchgeführt: Die Bande der Probe wird in der Höhe des Vergleichs detektiert und markiert. Dann wird die substanzbeladene Schicht vorsichtig mit einem Spatel gelockert und ausgeschabt. Für diese Versuche ist es vorteilhaft, Platten mit Kieselgelschichten G 1500/LS 254 (Schleicher & Schüll) zu verwenden. Diese sind an der Oberfläche weicher und lassen sich ohne Verluste sehr gut bearbeiten. Die ausgeschabte Zone wird in ein mit KBr gefülltes Röhrchen gefüllt (vgl. Abb. 9.8.). Dann wird das Röhrchen in ein kleines Becherglas gestellt, das mit einem geeigneten Lösemittel gefüllt ist. Das Lösemittel steigt durch die KBr-Säule hoch und trägt die eluierte Substanz zum oberen Ende. Hier konzentriert sich die Substanz (anticirkularer Vorgang). Nach angemessener Zeit (empirisch 30 min) wird die oberste Zone des KBr abgeschabt und zum Verdampfen des Lösemittels im Trockenschrank bei 100 °C getrocknet; anschließend wird die Probe gewogen und mit reinem KBr auf 35–40 mg ergänzt. Die Probe wird in einem Achatmörser homogenisiert und in eine Preßform überführt. Mit Hilfe einer Preßzange (Abb. 9.9) wird ein Preßling hergestellt, der dann anschließend dem IR-Spektrophotometer zugeführt wird.

Die aufgenommenen Spektren werden entweder mit dem Standardspektrum oder mit einem Literaturspektrum verglichen oder interpretiert. Formeln können von den Autoren angefordert werden.

13.10.1 Vanillin

Probenlösung: 1 g der kleingeschnittenen Kapselfrucht von Vanilla planifolia ANDREWS („Vanilleschote") wird in 20,0 ml Diethylether in einem Erlenmeyerkolben 3 h mit Hilfe eines Magnetrühres (explosionsgeschützt) gerührt. Die Extraktlösung wird durch ein Faltenfilter, in dem sich eine Spatelspitze wasserfreies Natriumsulfat befindet, gegeben. Das Filtrat wird auf ca. 2 ml eingeengt (Rotationsverdampfer) und in ein 5 ml Meßkölbchen überführt. Es wird bis zur Eichmarke mit Diethylether aufgefüllt.

Vergleichslösung: 50 mg Vanillin werden in 5 ml Diethylether gelöst.

Auftragevolumen: Jeweils 100 µl der Probenlösung werden auf zwei 5 cm x 5 cm-Platten bandförmig (4 cm) aufgetragen. 0,5–1 µl der Vergleichslösung werden punktförmig rechts und links neben der Bande der Probenlösung aufgetragen.

Stationäre Phase: Kieselgel 60 F_{254} oder Kieselgel G 1500/LS 254; Plattengröße 5 cm x 5 cm

Mobile Phase: Essigsäureethylester/n-Hexan [70+30]

Laufstrecke: 4 cm

Nachweis: Die vom Fließmittel befreite Schicht wird unter dem kurzwelligen UV-Licht (245 nm) beobachtet. An Hand der Fluoreszenzminderung der Vergleichslösung können die bandförmigen Auftragungen der Probenlösung geortet und anschließend ausgeschabt werden.

Versuchsdauer: ca. 1,5 h

IR-Spektrum:

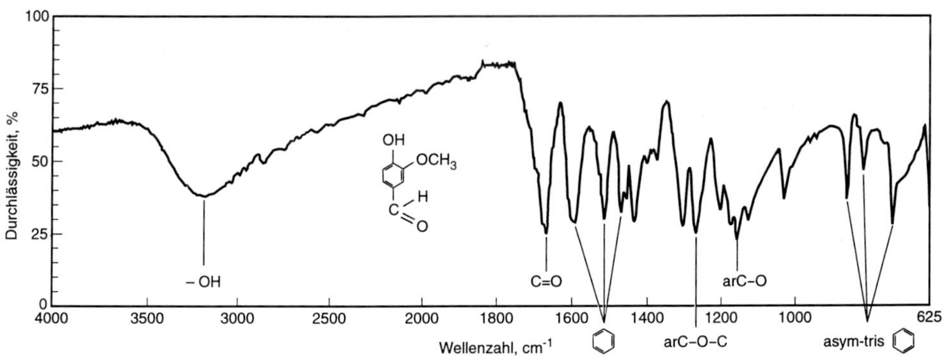

13.10.2
Cantharidin

Probenlösung: Es wird eine 1 %ige Cantharidinlösung in Aceton zubereitet.

Auftragevolumen: Jeweils 200 μl der Probenlösung werden auf zwei 5 cm x 5 cm-Platten bandförmig (4 cm) aufgetragen. 0,5–1 μl der Vergleichslösung werden punktförmig rechts und links neben der Bande der Untersuchungslösung aufgetragen.

Stationäre Phase: Kieselgel 60 F_{254} oder Kieselgel G 1500/LS 254; Plattengröße 5 cm x 5 cm

Mobile Phase: Toluol/Aceton[40+10]

Laufstrecke: 4 cm

Nachweis: Die vom Fließmittel befreite Schicht wird mit Ioddämpfen so behandelt, daß nur die punktförmigen Auftragungen erfaßt werden. So kann die bandförmige Auftragung geortet und anschließend ausgeschabt werden.

Versuchsdauer: 1,5 h

IR-Spektrum:

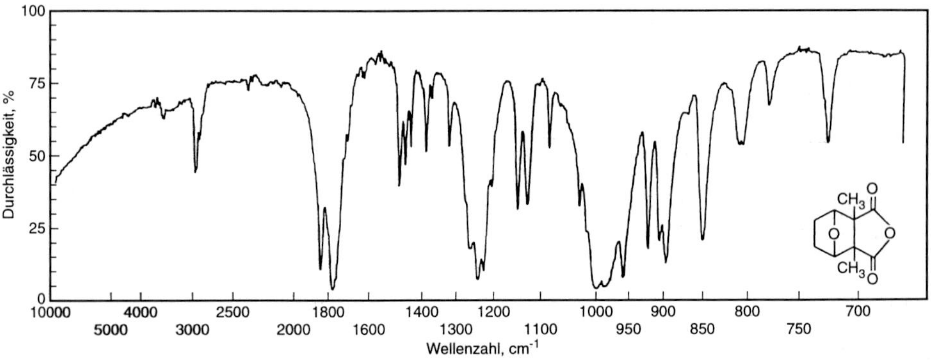

13.10.3 Piperin

Probenlösung: 2 g der frisch gepulverten Pfefferfrüchte (Steinfrüchte des kultivierten Kletterstrauches Piper nigrum L.) werden in ein kleines, vor Licht geschütztes (z. B. Aluminiumfolie) Perkolationsrohr überführt. Zur Extraktion werden 10,0 ml Dichlormethan verwendet. Das Auffanggefäß ist auch vor Licht zu schützen. Die so gewonnene Lösung wird gut durchmischt, und nach dem Absetzen der festen Teilchen wird die klare Lösung zur Chromatographie verwendet.

Vergleichslösung: 1 mg *all-trans*-Piperin wird in 1 ml Methanol p. a. gelöst und vor Licht geschützt (z. B.Aluminiumfolie).

Auftragevolumen: siehe 13.10.1

Stationäre Phase: Kieselgel 60 F_{254} oder Kieselgel G 1500/LS 254; Plattengröße 5 cm x 5 cm

Mobile Phase: Essigsäureethylester/n-Hexan [70+30]; Entwicklung der Chromatogramme in der Dunkelheit

Laufstrecke: 4 cm

Nachweis: Die vom Fließmittel befreite Schicht wird unter kurzwelligem UV-Licht (254 nm) betrachtet. Die punktförmigen Auftragungen der Vergleichslösung werden als Fluoreszenzminderung sichtbar. So kann die bandförmige Auftragung der Probenlösung geortet und anschließend ausgeschabt werden.

Versuchsdauer: ca. 1,5 h

IR-Spektrum:

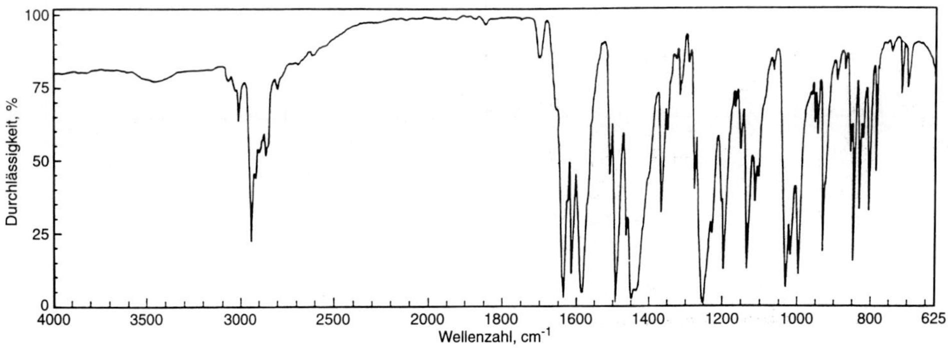

13.10.4 Coffein

Probenlösung:	10 g des Drogenmaterials (Kaffee, Tee, Kola, Guarana, Mate) werden, wie unter 13.2.13 beschrieben, verarbeitet.
Vergleichslösung:	Es werden 5 mg Coffein in einem Gemisch von 10 ml Chloroform-Methanol [60+40] gelöst.
Auftragevolumen:	siehe 13.10.2
Stationäre Phase:	Kieselgel 60 F_{254} oder Kieselgel G 1500/LS 254; Plattengröße 5 cm x 5 cm
Mobile Phase:	Essigsäureethylester/Methanol/Wasser [100+13,5+10]; Kammersättigung durch dickeres Filterpapier oder Gegenplatte
Laufstrecke:	4 cm
Nachweis:	Die vom Fließmittel befreite Schicht wird mit Iod-Salzsäure-Reagenz [R38] so behandelt, daß nur die punktförmigen Auftragungen des Coffeins (Vergleichslösung) erfaßt werden. So kann die bandförmige Auftragung geortet und anschließend ausgeschabt werden.
Versuchsdauer:	ca. 1,5 h
IR-Spektrum:	

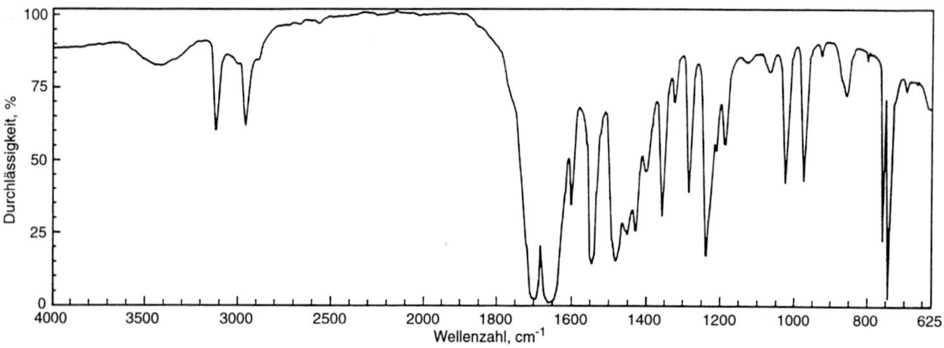

13.10.5 Trimyristin

Probenlösung:	250 mg des Drogenmaterials (Myristicae semen, Myristica fragrans HOUTT) werden, wie unter 13.2.6 beschrieben, verarbeitet.
Vergleichslösung:	10 mg Trimyristin werden in 2,5 ml Chloroform gelöst.
Auftragevolumen:	siehe 13.10.2
Stationäre Phase:	Kieselgel 60 F_{254} oder Kieselgel G 1500/LS 254; Plattengröße 5 cm x 5 cm
Mobile Phase:	Petroleumbenzin (40–60 °C)/Ether/Eisessig [84+15+1]; Kammersättigung durch dickeres Filterpapier oder Gegenplatte
Laufstrecke:	4 cm
Nachweis:	Die vom Fließmittel befreite Schicht wird mit Rhodamin B-Reagenz [R20] so behandelt, daß nur die punktförmigen Auftragungen des Trimyristins (Vergleichslösung) erfaßt werden. So kann die bandförmige Auftragung geortet und anschließend ausgeschabt werden.
Versuchsdauer:	ca. 1,5 h
IR-Spektrum:	

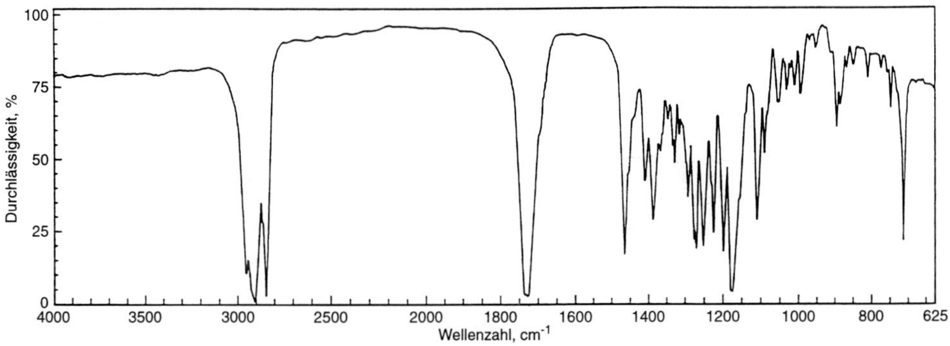

13.10.6 Strychnin

Probenlösung:	250 mg des Drogenmaterials (Strychni semen, Strychnos nux-vomica L.) werden, wie unter 13.3.12 beschrieben, verarbeitet.
Vergleichslösung:	10 mg Brucin und 10 mg Strychnin werden jeweils in 10 ml Ethanol 96 %-Chloroform-Gemisch [20+10] gelöst.
Auftragevolumen:	siehe 13.10.2
Stationäre Phase:	Kieselgel 60 F_{254} oder Kieselgel G 1500/LS 254; Plattengröße 5 cm x 5 cm
Mobile Phase:	96 %iger Ethanol/25 %iger Ammoniak [95+5]; Kammersättigung durch dickeres Filterpapier oder Gegenplatte
Laufstrecke:	4 cm
Nachweis:	Die vom Fließmittel befreite Schicht wird unter kurzwelligem UV-Licht (254 nm) betrachtet. Die Fluoreszenzminderung der Vergleichssubstanzen wird markiert. So kann die bandförmige Auftragung geortet und anschließend ausgeschabt werden.
Versuchsdauer:	ca. 1,5 h
IR-Spektrum:	

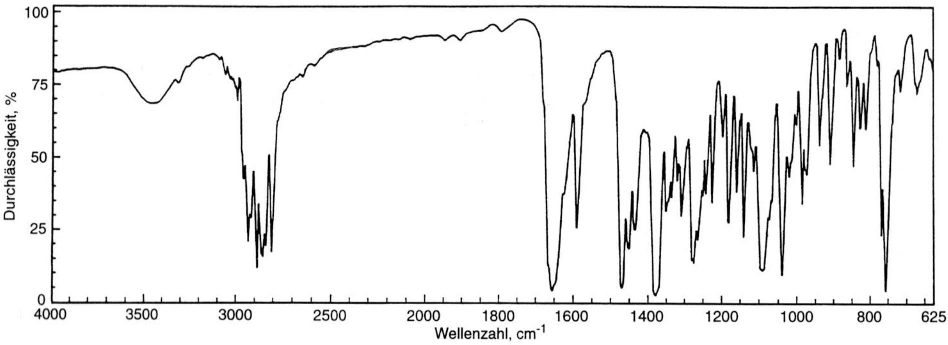

13.10.7
Arbutin

Probenlösung:	250 mg Drogenmaterial (s. 13.3.6) werden aufgearbeitet.
Vergleichslösung:	10 mg Arbutin werden in 10 ml Methanol gelöst.
Auftragevolumen:	siehe 13.10.2
Stationäre Phase:	Kieselgel 60 F_{254} oder Kieselgel G 1500/LS 254; Plattengröße 5 cm x 5 cm
Mobile Phase:	Essigsäureethylester/Methanol/Wasser [77+ 13+10]
Laufstrecke:	1 x 2 cm und 1 x 4 cm mit Zwischentrocknung
Nachweis:	Die vom Fließmittel befreite Schicht wird im Bereich der Vergleichslösung mit Gibbs-Reagenz [R30] behandelt und vorsichtig bis zur optimalen Farbentwicklung Ammoniakdämpfen ausgesetzt. So kann die bandförmige Auftragung geortet und anschließend ausgeschabt werden.
Versuchsdauer:	ca. 1,5 h
IR-Spektrum:	

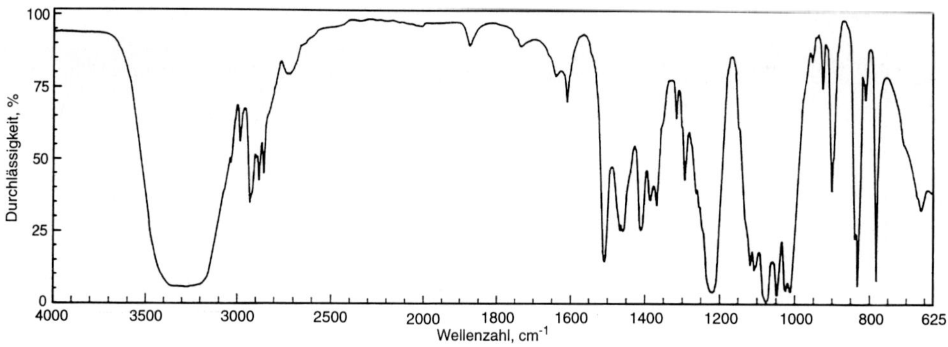

13.10.8
Aloin

Probenlösung:	Drogenmaterial nach 13.3.19 vorbereitet.
Vergleichslösung:	10 mg Aloin (ROTICHROM®·TLC) werden in 5 ml der mobilen Phase gelöst.
Auftragevolumen:	siehe 13.10.2
Stationäre Phase:	Kieselgel 60 F_{254} oder Kieselgel G 1500/LS 254; Plattengröße 5 cm x 5 cm
Mobile Phase:	Essigsäureethylester/Methanol/Wasser [77+13+10]
Laufstrecke:	4 cm
Nachweis:	Die vom Fließmittel befreite Schicht wird unter langwelligem UV-Licht (360 nm) beobachtet. Die intensivgelb fluoreszierende Zone wird ausgeschabt.
Versuchsdauer:	ca. 1,5 h
IR-Spektrum:	

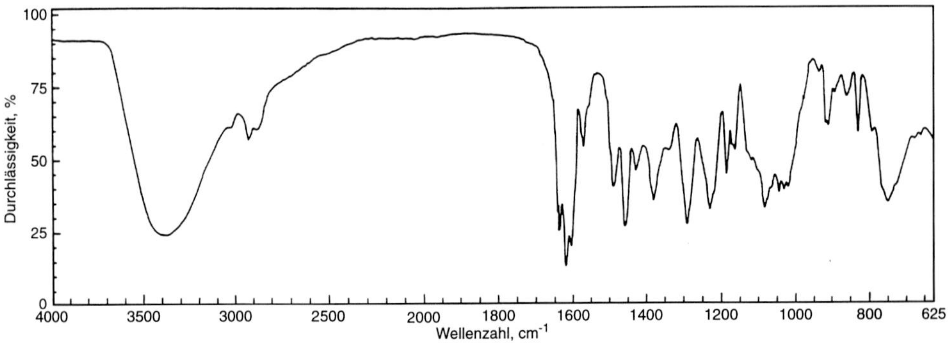

13.10.9 Cubebin

Probenlösung und Vergleichslösung:	siehe 13.2.14
Auftragevolumen:	Es werden jeweils 200 μl der Untersuchungslösung auf zwei 5 cm x 5 cm Platten aufgetragen (bandförmig, 4 cm). 0,5–1 μl der gleichen Lösung und der Vergleichslösung von Piperin (13.2.14) punktförmig rechts und links neben der Bande.
Stationäre Phase:	Kieselgel 60 F_{254} oder Kieselgel G1500/LS 254; Plattengröße 5 cm x 5 cm
Mobile Phase:	siehe 13.2.14
Laufstrecke:	4 cm
Nachweis:	Die vom Fließmittel vollkommen befreite Schicht wird unter langwelligem UV-Licht (360 nm) beobachtet. Piperin zeigt blaue Fluoreszenz. Dann wird die Randzone mit den Vergleichsubstanzen mit Anisaldehyd-Schwefelsäure-Reagenz behandelt und anschließend vorsichtig erhitzt (100-110 °C). Piperin (Leitsubstanz) erscheint gelb, Cubebin blau. Die so geortete Bande des Cubebins wird ausgeschabt.
Versuchsdauer:	ca. 1,5 h
IR-Spektrum:	

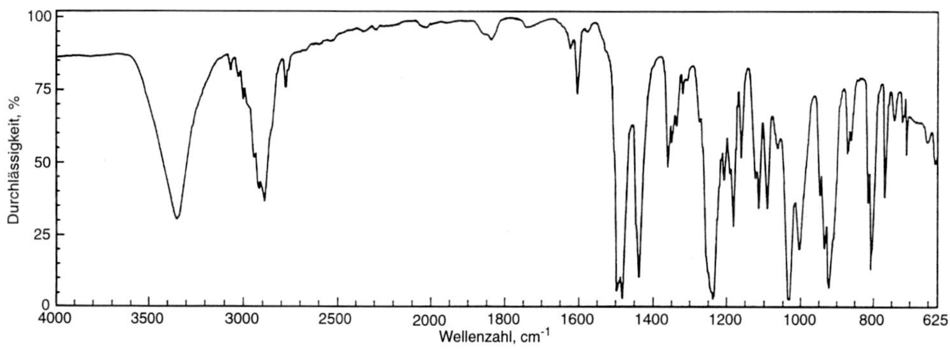

13.10.10
Rutin

Probenlösung:	5 mg Rutin werden in 10 ml Methanol gelöst.
Auftragevolumen:	siehe 13.10.2
Stationäre Phase:	Kieselgel 60 F_{254} oder Kieselgel G 1500/LS 254; Plattengröße 5 cm x 5 cm
Mobile Phase:	Essigsäureethylester/Ameisensäure/Wasser [65+15+20]
Laufstrecke:	4 cm
Nachweis:	Die vom Fließmittel befreite Schicht wird unter langwelligem UV-Licht (360 nm) beobachtet. Rutin fluoresziert gelb. Die so geortete Bande des Rutins wird ausgeschabt.
Versuchsdauer:	ca. 1,5 h
IR-Spektrum:	

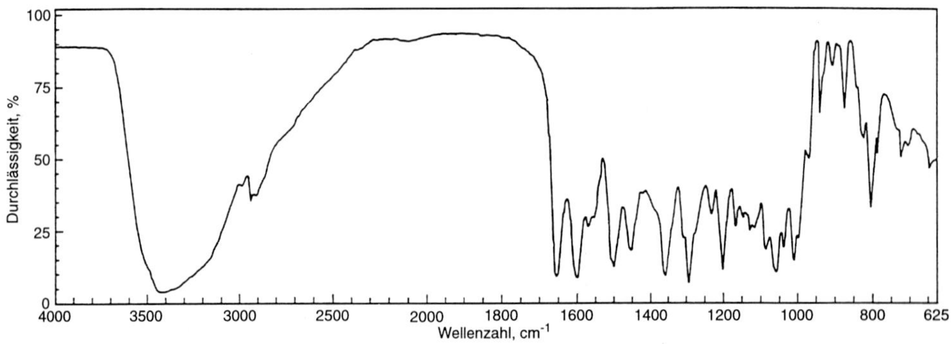

14 Arzneibuchpräparate

Es werden Beispiele der Arzneibuchpräparate aufgeführt, die zeigen sollen, daß auch hier die H-Kammer mit Erfolg eingesetzt werden kann. Bei Reagenzien haben wir die Bezeichnung R (europäische Herkunft) und RN (nationale Herkunft) beibehalten. Bei Arzneibuchmonographien haben wir einige typische Beispiele ausgewählt. Sonst kann man sich bei manchen Monographien auch an Beispielen aus dem naturwissenschaftlichen Unterricht (Abschn. 13.2), aus Naturstoffe (Abschn. 13.3) und Arzneimittel (Abschn. 13.6) orientieren.

Die angegebenen relativen Molekülmassen (M_r) sind dem Arzneibuch (DAB 10) entnommen.

14.1 Aescin R und RN

Aescin ist ein Gemisch verwandter Triterpensaponine aus den Samen von Aesculus hippocastanum L.

Summenformel: $C_{55}H_{86}O_{24}$
M_r 1131
IR-Spektrum:

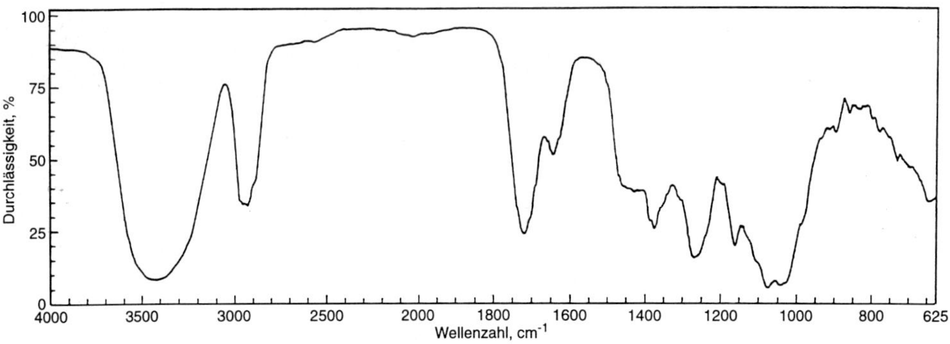

Probenlösung:	2,5 mg Aescin werden in 10 ml 70 % Ethanol gelöst.
Auftragevolumen:	2 µl, bandförmig (10 mm)
Stationäre Phase:	HPTLC-Kieselgel 60 F_{254}; Plattengröße 5 cm x 5 cm
Mobile Phase:	Chloroform/Methanol/Wasser [64+50+10]
Laufstrecke:	4 cm
Nachweis:	a) Zum Nachweis der hämolytisch aktiven Saponine wird die Dünnschicht vollständig vom Fließmittel befreit und mit isotonischem Phosphatpuffer [siehe R34] besprüht. Anschließend wird die Blutgelatine [R34] in dünner Schicht über die Platte gegossen und bis zur Ausbildung der Hämolysehöfe in einer Petrischale (Schutz vor zu schnellem Austrocknen und vor Staub) längere Zeit beiseite gestellt (über Nacht). Für eine 5 cm x 5 cm-Platte benötigt man 1,5–2 ml Blutgelatine. b) Die vollständig vom Fließmittel befreite Schicht wird mit Anisaldehyd-Schwefelsäure-Reagenz [R36] behandelt.
Nachbehandlung:	Die mit R36 behandelte Schicht wird vorsichtig bis zur optimalen Farbbildung auf 110 °C erwärmt. Man erhält rote Flecken auf fast farblosem Hintergrund.
Resultat:	s. Abb. 13.11 (S. 202)
Versuchsdauer:	Reine Arbeitszeit 1 h

14.2
Aloin R

Aloin ist ein 10-(ß-D-Glucopyranosyl)-1,8-dihydroxy-3-(hydroxymethyl)anthron, Monohydrat.

Summenformel: $C_{21}H_{22}O_9 \cdot H_2O$

M_r 436,4

Formel:

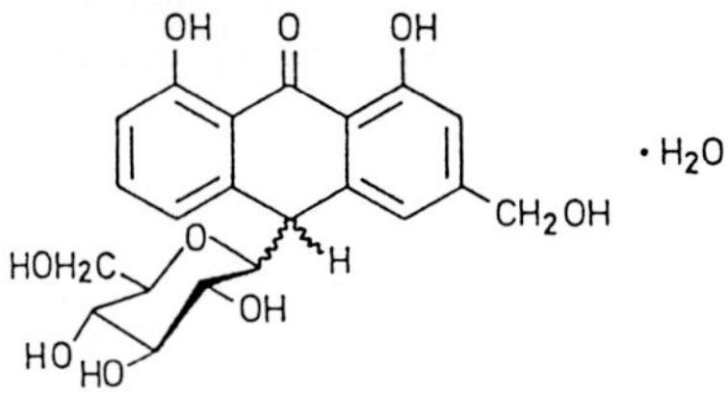

Probenlösung: 5 mg Aloin R werden in 10 ml der mobilen Phase gelöst.

Auftragevolumen: 0,5 μl, 1 μl evtl. 2 μl punkt- und/oder bandförmig

Stationäre Phase: Kieselgel 60 F_{254}; Plattengröße 5 cm x 5 cm

Mobile Phase: Essigsäureethylester/Methanol/Wasser [77+13+10]

Laufstrecke: 4 cm

Nachweis: Die vom Fließmittel vollkommen befreite Platte wird mit 10 %iger ethanolischer Kalilauge behandelt [R8]. Die Auswertung erfolgt im langwelligen UV-Licht (365 nm).

Nachbehandlung: Die Platte kann ca. 5 min lang auf 105 °C erwärmt werden.

Versuchsdauer: ca. 20 min

Resultat: Unter den angegebenen Bedingungen darf das Chromatogramm, unmittelbar nach dem Erwärmen betrachtet, nur einen Hauptfleck für das Aloin zeigen (Farbabb. 13.12 siehe S. 202).

14.3
Arbutin RN

Arbutin ist ein 4-Hydroxyphenyl-ß-D-glucopyranosid.

Summenformel: $C_{12}H_{16}O_7$

M_r 272,3

Formel:

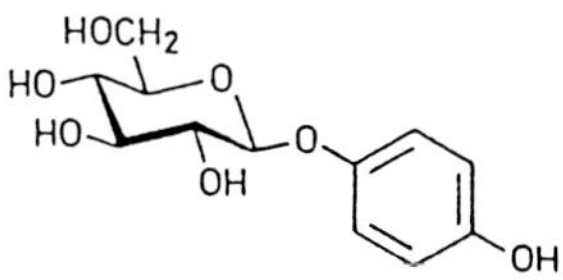

Probenlösung: 10 mg Arbutin RN werden in 10 ml Methanol gelöst.

Auftragevolumen: 0,5 μl, 1 μl ev. 2 μl punkt- und/oder bandförmig

Stationäre Phase: Kieselgel 60 F_{254}; Plattengröße 5 cm x 5 cm

Mobile Phase: Essigsäureethylester/Methanol/Wasser [77+13+10]

Laufstrecke: 4 cm

Nachweis: Die vom Fließmittel vollkommen befreite Platte wird unter kurzwelligem UV-Licht (254 nm) betrachtet und die Fluoreszenzminderung markiert. Anschließend wird die Schicht mit Gibbs-Reagenz [R30] behandelt.

Nachbehandlung: Die gut getrocknete Platte wird vorsichtig Ammoniakdämpfen ausgesetzt.

Versuchsdauer: ca. 20 min

Resultat: Unter den angegebenen Bedingungen darf das Chromatogramm nur eine blaue Hauptzone zeigen (Farbbb. 13.13 siehe S. 203).

14.4 Borneol R

Borneol ist ein endo-2-Bornanol.

Summenformel: $C_{10}H_{18}O$

M_r 154,3

Formel:

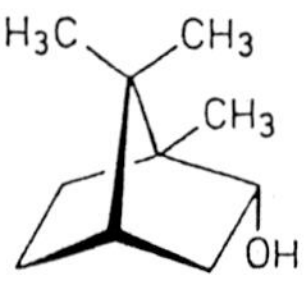

Probenlösung: 10 mg Borneol R werden in 10 ml Toluol gelöst.

Auftragevolumen: 1 µl und 2 µl punkt- und/oder bandförmig

Stationäre Phase: Kieselgel 60 F_{254}; Plattengröße 5 cm x 5 cm

Mobile Phase: Chloroform

Laufstrecke: 4 cm

Nachweis: Die vom Fließmittel vollständig befreite Platte wird mit Anisaldehyd-Schwefelsäure-Reagenz [R36) behandelt.

Nachbehandlung: Die Platte wird vorsichtig bis zur optimalen Farbbildung auf 100–110 °C erhitzt.

Versuchsdauer: ca. 20 min

Resultat: Das Chromatogramm darf unter den angegebenen Bedingungen nur einen Hauptfleck zeigen.

14.5
Bornylacetat R

Bornylacetat ist ein endo-2-Bornylacetat.

Summenformel: $C_{12}H_{20}O_2$
M_r 196,3
Formel:

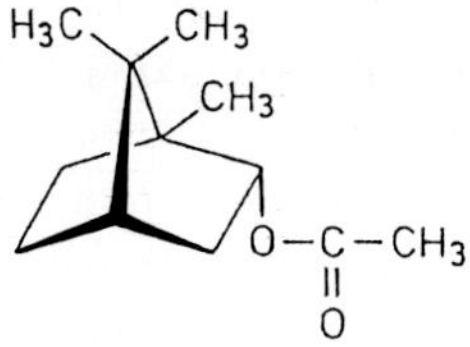

Probenlösung: 20 mg Bornylacetat R werden in 10 ml Toluol gelöst.
Auftragevolumen: 0,5 µl, 1 µl und 2 µl punkt- und/oder bandförmig
Stationäre Phase: Kieselgel 60 F_{254}; Plattengröße 5 cm x 5 cm
Mobile Phase: Chloroform
Laufstrecke: 4 cm
Nachweis: Die vom Fließmittel vollständig befreite Platte wird mit Anisaldehyd-Schwefelsäure-Reagenz [R36] behandelt.
Nachbehandlung: Die Platte wird vorsichtig bis zur optimalen Farbbildung auf 100–110 °C erhitzt.
Versuchsdauer: ca. 20 min
Resultat: Das Chromatogramm darf unter den angegebenen Bedingungen nur einen Hauptfleck zeigen (Farbabb. 13.14 siehe S. 203).

14.6
Capsaicin RN

Capsaicin ist ein (E)-8-Methyl-N-vanillyl-6-noanamid.

Summenformel: $C_{18}H_{27}NO_3$
M_r 305,4
Formel:

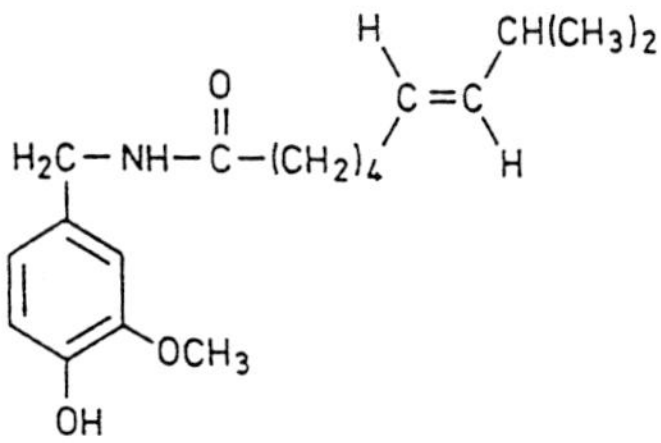

Probenlösung: 1 mg Capsaicin RN wird in 2 ml 96 %igem Ethanol gelöst.
Auftragevolumen: 1 µl
Stationäre Phase: Kieselgel 60 F_{254}; Plattengröße 5 cm x 5 cm
Mobile Phase: Diethylether
Laufstrecke: 4 cm
Nachweis: siehe 13.2.12

Versuchsdauer: ca. 20 min
Resultat: Das Chromatogramm darf unter den angegebenen Bedingungen nur eine blaugefärbte Zone zeigen.

14.7 Kümmelöl

Kümmelöl *(Carvi aetheroleum)* wird aus vollreifen, zerquetschten Früchten durch Waserdampfdestillation gewonnen.

Probenlösung:	20 µl Kümmelöl werden in 1,0 ml Toluol gelöst.
Vergleichslösung:	2 µl Carvon werden in 1 ml Dichlormethan gelöst.
Auftragevolumen:	0,5 µl und 1,0 µl
Stationäre Phase:	Kieselgel 60 F_{254}; Plattengröße 5 cm x 5 cm
Mobile Phase:	Dichlormethan
Laufstrecke:	4 cm
Nachweis:	Das Chromatogramm wird unter dem kurzwelligen UV-Licht (254 nm) beobachtet. Anschließend wird das Chromatogramm mit Anisaldehyd-Schwefelsäure-Reagenz [R36] behandelt.
Nachbehandlung:	Die Platte wird bis zur optimalen Farbbildung auf 100–105 °C erwärmt.
Versuchsdauer:	ca. 15 min
Resultat:	Vor dem Behandeln mit dem Reagenz [R36] zeigt Carvon eine Fluoreszenzminderung. Nach dem Behandeln erscheint es als orangeroter bis brauner Fleck. Die violett gefärbte Zone in der Nähe der Front entspricht den Terpenkohlenwasserstoffen.

14.8 Kümmel *(Carvi fructus)*

Probenlösung:	0,5 g frisch pulverisierte Droge werden 2–3 min lang mit 5,0 ml Dichlormethan geschüttelt und über etwa 2 g wasserfreiem Natriumsulfat abfiltriert. Das Filtrat wird für die Dünnschichtchromatographie verwendet.
Vergleichslösung:	Jeweils 2 µl Carvon und 5 µl Olivenöl werden in 1,0 ml Dichlormethan gelöst.
Auftragevolumen:	0,5 µl und 1,0 µl
Stationäre Phase:	Kieselgel 60 F_{254}; Plattengröße 5 cm x 5 cm
Mobile Phase:	Dichlormethan
Laufstrecke:	2 x 4 cm (Zwischentrocknung)

Nachweis und Nachbehandlung: siehe 14.7

Versuchsdauer:	ca. 30 min
Resultat:	Vor dem Behandeln mit dem Reagenz [R36] zeigt Carvon eine Fluoreszenzminderung. Nach dem Behandeln erscheint es als orangeroter bis brauner Fleck. Die Zone der Triglyceride färbt

sich violett. Die violett gefärbte Zone in der Nähe der Front entspricht den Terpenkohlenwasserstoffen.

14.9
Carvon RN

Carvon ist ein 6,8-*p*-Menthadien-2-on.

Summenformel: $C_{10}H_{14}O$

M_r 150,2

Formel:

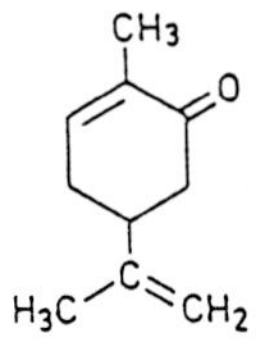

Probenlösung: 2 μl Carvon RN werden in 1 ml Dichlormethan gelöst.

Auftragevolumen: 0,5 μl, 1 μl und 2 μl punkt- und/oder bandförmig auftragen

Versuchsbedingungen siehe 14.7

Versuchsdauer: ca. 15 min

Resultat: Das Chromatogramm darf unter den angegebenen Bedingungen nur einen Hauptfleck zeigen (Farbabb. 13.15 siehe S. 203).

14.10
Chinidin R

Chinidin ist ein (8R, 9S)-6'-Methoxy-9-cinchonanol.

Summenformel: $C_{20}H_{24}N_2O_2$

M_r 324,4

Formel:

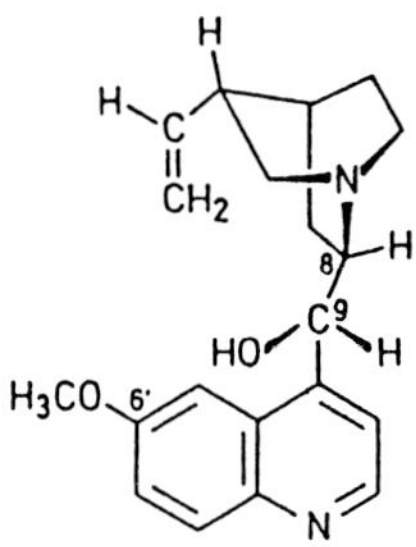

Versuchsdurchführung siehe 13.3.17

14.11
Chinin R

Chinin ist ein (8S, 9R)-6'-Methoxy-9-cinchonanol.

Summenformel: $C_{20}H_{24}N_2O_2$

M_r 324,4

Formel:

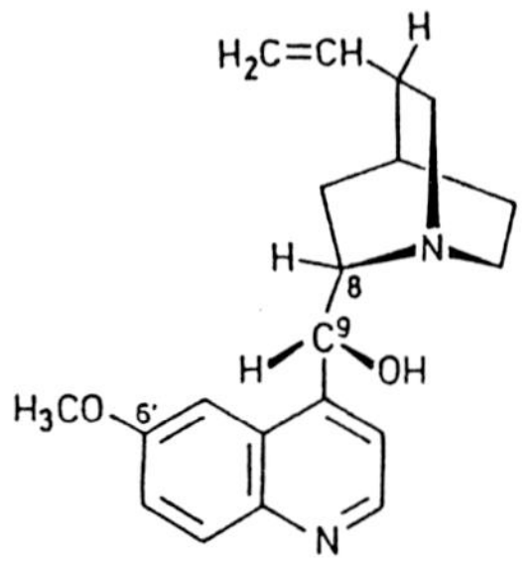

Versuchsdurchführung siehe 13.3.17

14.12
Weißdornblätter mit Blüten *(Crataegi folium cum flore)*

Probenlösung:	1,0 g pulverisierte Droge wird 5 min lang mit 10 ml Methanol bei 65 °C (Wasserbad) unter Schütteln erwärmt. Das Filtrat der abgekühlten Flüssigkeit wird zur Chromatographie verwendet. Je nach Bedarf kann das Filtrat schonend auf 2 ml eingeengt werden.
Vergleichslösung:	Von der Chlorogensäure und Kaffeesäure werden jeweils 10 mg und von Hyperosid und Rutosid (Rutin) jeweils 5 mg in 10 ml Methanol gelöst.
Auftragevolumen:	Es werden von der Proben- und Vergleichslösung je 0,5 µl, 1,0 µl und 2 µl punkt-und/oder bandförmig aufgetragen.
Stationäre Phase:	Kieselgel 60 F_{254}; Plattengröße 5 cm x 5 cm
Mobile Phase:	Essigsäureethylester/Ameisensäure/Wasser [65+15+20]
Laufstrecke:	3,5–4 cm
Nachweis:	Die völlig vom Fließmittel befreite Platte (trocknen bei 110 °C) wird im langwelligen UV-Licht (365 nm) beobachtet und die fluoreszierenden Zonen markiert. Anschließend wird die Schicht mit Naturstoff-Reagenz behandelt [R23].
Nachbehandlung:	Zur Intensivierung der Fluoreszenz wird die Platte in ein Polyethylenglycol-Reagenz [R24] getaucht und nach ca. 15 min erneut unter dem langwelligen UV-Licht (365 nm) betrachtet.
Resultat:	Die unterste Zone mit mittelstarker gelbbrauner Fluoreszenz entspricht dem Rutosid (Rutin). In Richtung der höheren R_f-Werte folgt die Chlorogensäure mit ihrer charakteristischen

hellblauen Fluoreszenz. Die darüber liegende gelbbraunorange fluoreszierende Zone entspricht dem Hyperosid.

14.13
Chlorogensäure RN

Chlorogensäure ist eine (1S)-3β-(3,4-Dihydroxycinnamoyloxy)-1α, 4α, 5α-trihydroxy-cyclohexancarbonsäure.

Summenformel: $C_{16}H_{18}O_9$
M_r 354,3
Formel:

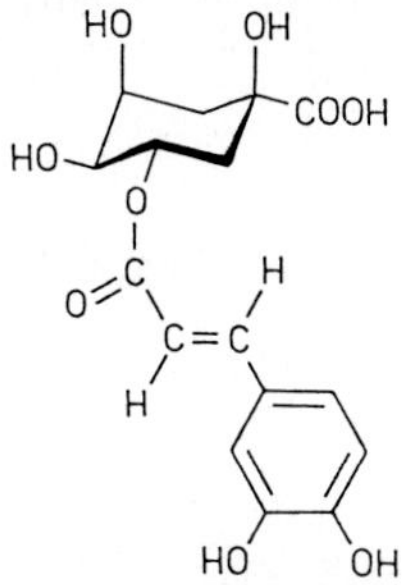

Probenlösung: 10,0 mg der Chlorogensäure RN werden in 10 ml Methanol gelöst.
Auftragevolumen: 0,5 µl, 1 µl und 2 µl punkt- und/oder bandförmig

Versuchsbedingungen siehe 14.12

Versuchsdauer: ca. 15 min
Resultat: Das Chromatogramm darf unter den angegebenen Bedingungen nur einen hellblau fluoreszierenden Hauptfleck (R_f = ca. 0,5) zeigen (Farbabb. 13.16 siehe S. 204).

14.14
Cineol R (syn. Eucalyptol)

Es handelt sich um ein 1,8-Epoxy-*p*-menthan (1,3,3-Trimethyl-2-oxabicyclo[2.2.2]octan).

Summenformel: $C_{10}H_{18}O$
M_r 154,3
Formel:

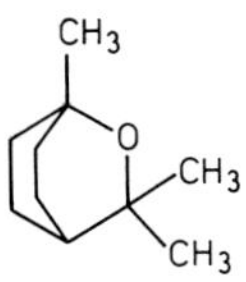

Probenlösung: Es wird eine 0,2 %ige Cineollösung in Toluol hergestellt.
Auftragevolumen: 0,5 µl, 1 µl und 2 µl punkt- und/oder bandförmig

Stationäre Phase:	Kieselgel 60 F_{254}; Plattengröße 5 cm x 5 cm . Es empfiehlt sich, vor der Chromatographie die Schicht mit Essigsäureethylester zu waschen.
Mobile Phase:	Dichlormethan
Laufstrecke:	4 cm
Nachweis:	Die fließmittelfreie Schicht wird mit Anisaldehyd-Schwefelsäure-Reagenz [R36] behandelt.
Nachbehandlung:	Die Platte wird bis zur optimalen Farbbildung auf 100–110 °C erhitzt.
Versuchsdauer:	ca. 15 min
Resultat:	Cineol färbt sich dunkelblau auf relativ hellem Hintergrund (Farbabb. 13.17 siehe S. 204).

14.15 Citral R

Citral ist ein Gemisch aus 2*E*- und 2*Z*-3,7-Dimethylocta-2,6-dienal.

Summenformel:	$C_{10}H_{16}O$
M_r	152,2
Formel:	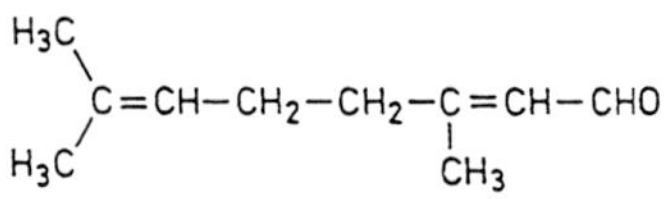

Probenlösung:	Es wird eine 0,1 %ige Citrallösung in Toluol zubereitet.
Auftragevolumen:	1 µl, 2 µl, 4 µl, 8 µl, 10 µl
Stationäre Phase:	Kieselgel 60 F_{254}; Plattengröße 5 cm x 5 cm
Mobile Phase:	Essigsäureethylester/Toluol [15+85]
Laufstrecke:	4 cm
Nachweis:	Unter kurzwelligem UV-Licht (254 nm) wird die Fluoreszenzminderung markiert.
Resultat:	Das Chromatogramm darf unter den angegebenen Bedingungen nur einen Hauptfleck zeigen (Farbabb. 13.18 siehe S. 204).

14.16 Maiglöckchenkraut *(Convallariae herba)*

Probenlösung:	3,0 g gepulverte Droge werden 5 min lang mit 30 ml 70 %igem Ethanol unter Rückfluß gekocht. Nach dem Abkühlen wird mit 40 ml Wasser und 30 ml 9,5 %iger, kohlendioxidfreier wäßriger Blei(II)-acetat-Lösung versetzt, gemischt und zentrifugiert. Die Lösung wird 2 x mit je 20 ml Chloroform ausgeschüttelt. Die vereinigten Chloroformphasen werden über etwa 2 g wasserfreiem Natriumsulfat getrocknet und anschließend filtriert. 30 ml des Filtrats werden im Wasserbad zur Trockne einge-

	dampft. Der Rückstand wird in 0,5 ml einer Mischung von Chloroform und Methanol [50+50] gelöst.
Vergleichslösung:	0,2 %ige Lösung des Convallatoxins, gelöst in Methanol
Auftragevolumen:	jeweils 0,5 µl, 1,0 µl und 2 µl der Probenlösung und Vergleichslösung
Stationäre Phase:	HPTLC-Kieselgel 60 F_{254}; Plattengröße 5 cm x 5 cm
Mobile Phase:	Essigsäureethylester/Methanol/Wasser [75+10+7,5]
Laufstrecke:	3,5–4 cm
Nachweis:	Die Schicht wird mit Chloramin-Trichloressigsäure-Reagenz [R26] oder Anisaldehyd-Schwefelsäure-Reagenz [R36] behandelt.
Nachbehandlung:	Die Schicht wird ca. 10 min lang auf 160 °C erhitzt. Unter langwelligem UV-Licht (365 nm) erscheinen die Substanzen als stark hell fluoreszierende Flecken.
Resultat:	Im mittleren R_f-Bereich werden die Zonen des Convallatoxins verglichen. Wenn zum Nachweis das Anisaldehyd-Schwefelsäure-Reagenz verwendet wird [R 36], zeigt sich Convallatoxin nach dem Erwärmen (100–110 °C) als grün fluoreszierende Zone.

14.17 Convallatoxin RN

5,14-Dihydroxy-19-oxo-3β-α-L-rhamnopyranosyloxy-5β,14β-card-20(22)-enolid.

Summenformel: $C_{29}H_{42}O_{10}$

M_r 550,7

Formel:

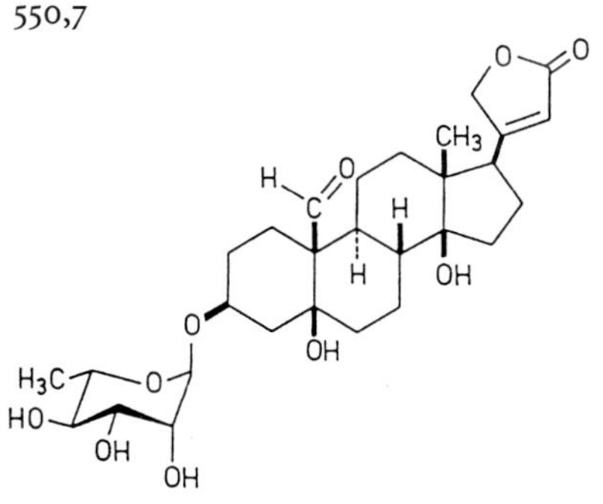

Probenlösung:	0,2 %ige Lösung der Substanz in Methanol
Vergleichslösung:	0,02 %ige Lösung der Substanz in Methanol

Versuchsdurchführung siehe 14.16

Resultat:	Die Hauptzone wird von einigen Nebenzonen begleitet, die jedoch nicht stärker gefärbt sein bzw. keine stärkere Fluoreszenz zeigen dürfen als die Hauptzone der Vergleichslösung.

14.18
Cumarin

2H-Chromen-2-on

Summenformel:	$C_9H_6O_2$
M_r	146,1
Formel:	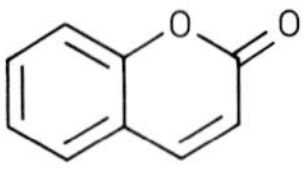

Probenlösung:	0,1 g Substanz werden in 10,0 ml 96 %igem Ethanol gelöst.
Vergleichslösung:	0,1 ml Probenlösung werden mit 10,0 ml 96 %igem Ethanol verdünnt.
Auftragevolumen:	Von jeder Lösung wird jeweils 1 μl aufgetragen.
Stationäre Phase:	Kieselgel 60 F_{254}; Plattengröße 5 cm x 5 cm
Mobile Phase:	12 %ige Essigsäure/Ether/Toluol [33,3+33,3+33,3] werden in einem Scheidetrichter geschüttelt. Nach Trennung der Schichten wird die Oberphase als Fließmittel verwendet.
Laufstrecke:	4 cm
Nachweis:	Die völlig vom Fließmittel befreite Platte wird unter dem kurzwelligen UV-Licht (254 nm) beobachtet.
Resultat:	Kein im Chromatogramm auftretender Nebenfleck darf größer oder intensiver sein als der im Chromatogramm der Vergleichslösung erhaltene Fleck.

14.19
Javanische Gelbwurz

Curcumae xanthorrhizae rhizoma (Curcuma xanthorrhiza Roxburgh)

Versuchsdurchführung siehe 13.3.10

14.20
Curcumin R, RN

1,7-Bis(4-hydroxy-3-methoxyphenyl)-1,6-heptadien-3,5-dion.

Summenformel:	$C_{21}H_{20}O_6$
M_r	368,4

Formel:

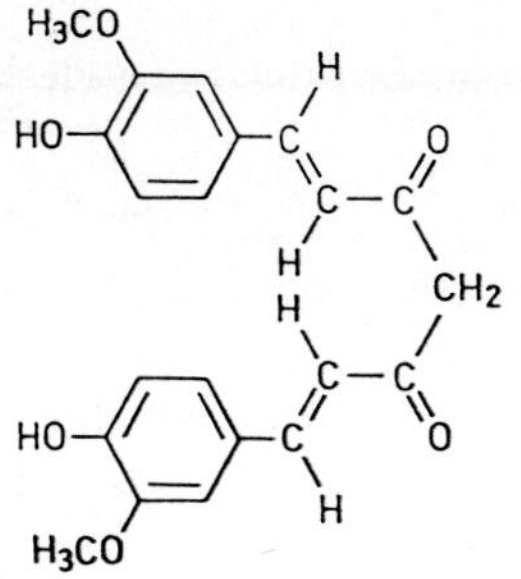

Probenlösung:	Es werden jeweils 2,5 mg Fluorescein und Curcumin in 10 ml Methanol gelöst.
Auftragevolumen:	Von der Leitsubstanz Fluorescein und von Curcumin werden 0,5 µl und 1 µl aufgetragen.
Stationäre Phase:	Kieselgel 60 F_{254}; Plattengröße 5 cm x 5 cm
Mobile Phase:	Toluol/Methanol/Essigsäure [95+5+4]
Laufstrecke:	4 cm
Nachweis:	Unter dem langwelligen Licht (365 nm) erscheinen Fluorescein und Curcumin als stark gelb fluoreszierende Flecken.
Versuchsdauer:	ca. 30 min
Resultat:	Neben der Hauptzone des Curcumins dürfen keine weiteren Zonen in Erscheinung treten (Farbabb. 13.19 siehe S. 205).

14.21 Dimethylgelb R

N,N-Dimethylazobenzol-4-amin; 4-Dimethylaminoazobenzol.

Summenformel: $C_{14}H_{15}N_3$

M_r 225,3

Formel:

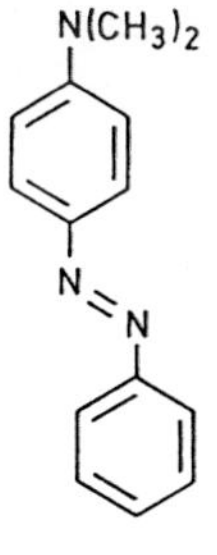

Probenlösung:	Es wird eine 0,01 %ige Lösung von Dimethylgelb in Dichlormethan zubereitet.
Auftragevolumen:	0,5 µl, 1,0 µl und 2 µl
Stationäre Phase:	Kieselgel 60 F_{254}; Plattengröße 5 cm x 5 cm
Mobile Phase:	Dichlormethan
Laufstrecke:	4 cm
Nachweis:	Eigenfarbe

Versuchsdauer: 15 min

Resultat: Das Chromatogramm darf nur einen Fleck zeigen.

14.22 Emodin R

1,3,8-Trihydroxy-6-methylanthrachinon; Syn. Rheum-Emodin

Summenformel: $C_{15}H_{10}O_5$

M_r 270,2

Formel:

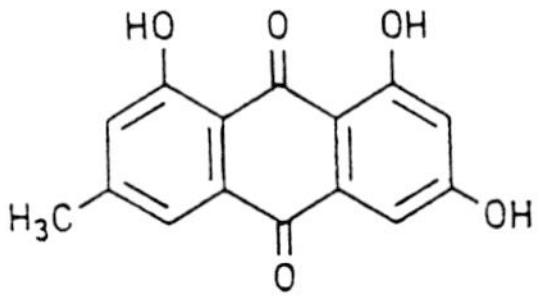

Probenlösung: 1,0 mg Emodin werden in 1 ml Ether gelöst.

Vergleichslösung: Jeweils 1 mg Chrysophanol, Emodin, Rhein und Aloe-Emodin werden in 1 ml Fließmittel I unter leichtem Erwärmen gelöst.

Auftragevolumen: Sowohl von der Proben- als auch von der Vergleichslösung werden 0,5 µl, 1,0 µl und 2 µl aufgetragen.

Stationäre Phase: Kieselgel 60 F_{254}; Plattengröße 5 cm x 5 cm

Mobile Phase: I. Essigsäureethylester/Methanol/Wasser [77+13+10]; Zwischentrocknung.
II. Toluol/Ameisensäureethylester/Ameisensäure [75+24+1]

Laufstrecke: Fließmittel I. 2 cm; Fließmittel II. 4 cm.

Nachweis:
1. Betrachten unter kurzwelligem (254 nm) und unter langwelligem (365 nm) UV-Licht; Zonen markieren.
2. Einstellen in eine Kammer mit Ammoniakdampf; dann Betrachten im Tages- und UV-Licht.

Versuchsdauer: 25 min

Resultat: Emodin darf im Chromatogramm nur einen Hauptfleck zeigen. Die mit Ammoniakdämpfen behandelten Substanzen färben sich alle rot.

14.23 Ephedrakraut

Ephedrae herba (Ephedra sinica Stapf)

Probenlösung: 0,5 g pulverisierte Droge werden in einem Scheidetrichter 1–2 min lang mit 10 ml 10 %iger Ammoniaklösung geschüttelt. Nach einer Einwirkungszeit von 10 min wird die Probe 3 x mit je 10 ml Chloroform ausgeschüttelt. Die vereinigten Chloroformphasen werden über etwa 2 g wasserfreies Natriumsulfat filtriert und das Filter 2 x mit je 2 ml Chloroform nachgewaschen. Das Filtrat wird schonend zur Trockne eingeengt und der Rückstand

	in 3 ml Chloroform gelöst.
Vergleichslösung:	10 mg Ephedrinhydrochlorid werden in 10 ml Ethanol gelöst.
Auftragevolumen:	Von jeder Lösung werden punkt- und/oder bandförmig 0,5 μl, 1,0 μl, 2 μl aufgetragen.
Stationäre Phase:	Kieselgel 60 F_{254}; Plattengröße 5 cm x 5 cm
Mobile Phase:	Chloroform/26 %ige Ammoniaklösung /Isopropanol [5+15+80]
Laufstrecke:	4 cm
Nachweis:	a) siehe 13.6.10 b) Die Platte wird mit Ninhydrin-Reagenz [R7] behandelt.
Nachbehandlung:	zu b) die Platte wird bis zur optimalen Farbbildung vorsichtig auf 100–105 °C erwärmt und *sofort* im Tageslicht ausgewertet.
Versuchsdauer:	35 min
Resultat:	Ephedrin erscheint als blauer Fleck auf gelbem Hintergrund bei Verwendung von a). Bei Verwendung von b) erscheint Ephedrin als tiefrote Zone. Dieser Nachweis ist empfindlicher.

14.24 Ephedrinhydrochlorid

(1*R*,2*S*)-2-Methyl-amino-1-phenyl-1-propanol-hydrochlorid

Summenformel:	$C_{10}H_{16}ClNO$
M_r	201,7
Formel:	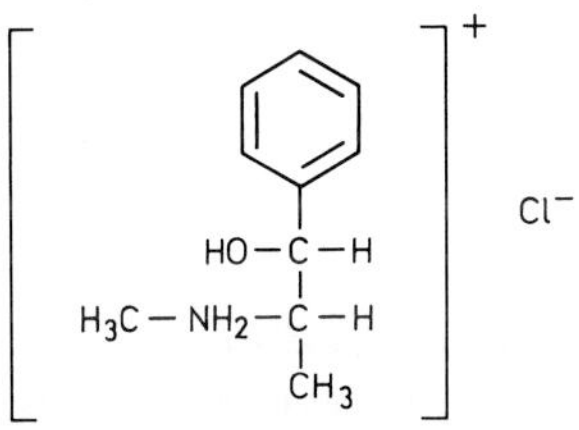

Probenlösung:	10 mg Ephedrin werden in 10 ml 96 %igem Ethanol gelöst
Vergleichslösung:	0,1 ml der Probenlösung werden mit 96 %igem Ethanol auf 10 ml aufgefüllt.
Auftragevolumen:	Sowohl von der Proben- als auch von der Vergleichslösung werden 0,5 μl, 1,0 μl und 2 μl aufgetragen.
Stationäre Phase:	Kieselgel 60 F_{254}; Plattengröße 5 cm x 5 cm
Mobile Phase:	Methanol/26 %ige Ammoniaklösung [99+1] oder Chloroform/ 26 %ige Ammoniaklösung/Isopropanol [5+15+80]

Laufstrecke, Nachweis, Versuchsdauer: siehe 14.23

Resultat:	Mit den entsprechenden Verdünnungen können sowohl Verunreinigungen als auch kleinste Mengen nachgewiesen werden (10 ng).

14.25
Nelkenöl

Nelkenöl *(Caryophylli aetheroleum)* ist das durch Wasserdampfdestillation aus Blütenknospen, Blütenstielen und Laubblättern von Syzygium aromaticum (L.) gewonnene ätherische Öl.

Probenlösung:	5 µl Nelkenöl werden in 1 ml Toluol gelöst.
Vergleichslösung:	2,5 µl Eugenol werden in 1 ml Toluol gelöst.
Auftragevolumen:	Von jeder Lösung werden punkt- und/oder bandförmig 0,5 µl, 1,0 µl, 2 µl aufgetragen.
Stationäre Phase:	Kieselgel 60 F_{254}; Plattengröße 5 cm x 5 cm
Mobile Phase:	Toluol/Dichlormethan [50+50]
Laufstrecke:	4 cm
Nachweis:	a) Die vom Fließmittel völlig befreite Schicht wird unter kurzwelligem UV-Licht (254 nm) betrachtet und die Fluoreszenzminderung markiert. b) Danach wird die Schicht mit Anisaldehyd-Schwefelsäure-Reagenz [R36] behandelt.
Nachbehandlung:	Die Platte wird bis zur optimalen Farbbildung auf 100–110 °C erhitzt.
Versuchsdauer:	20 min
Resultat:	Um $R_f = 0{,}5$ liegt die violettgraue Zone des Eugenols, die nach längerem Liegen ins grüne übergeht. Nahe der Fließmittelfront befindet sich eine rote bis rotviolette Zone des Caryophyllens.

14.26
Fluorescein RN (I); Fluorescein Natrium R (II)

(I) 2-(6-Hydroxy-3-oxo-3H-xanthen-9-yl)benzoesäure
(II)2-(6-Hydroxy-3-oxo-3H-xanthen-9-yl)benzoesäure; Dinatriumsalz
Summenformel (I): $C_{20}H_{12}O_5$ (M_r 332,3)
Summenformel (II): $C_{20}H_{10}Na_2O_5$ (M_r 376,3)
Formeln:

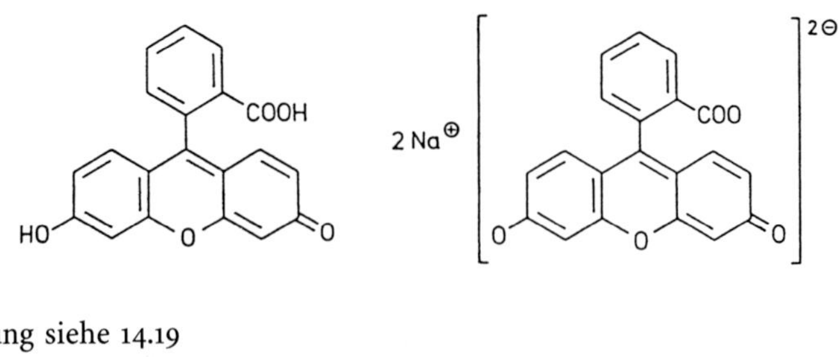

Versuchsdurchführung siehe 14.19

Nachweis:	Die vom Fließmittel völlig befreite Schicht wird im langwelligen UV-Licht (365 nm) betrachtet.

Resultat: Unter dem UV-Licht fluoreszieren beide Substanzen stark gelb. Neben dem Hauptfleck dürfen oberhalb nur wenig sichtbare Zonen vorkommen.

14.27
Ammi-visnaga-Früchte

Ammeos visnagae fructus (Ammi visnaga (L.) LAMARCK)

Probenlösung: 0,5 g pulverisierte Droge werden 30 min lang mit 10 ml 60 %igem Ethanol unter Schütteln extrahiert. Das Filtrat wird auf dem Wasserbad schonend auf 0,5 ml eingeengt.

Vergleichslösung: 1 mg Khellin wird in 1,0 ml 60 %igem Ethanol gelöst.

Auftragevolumen: Sowohl von der Proben- als auch von der Vergleichslösung werden 0,5 μl, 1,0 μl, 2 μl und 3 μl punkt- und/oder bandförmig aufgetragen.

Stationäre Phase: Kieselgel 60 F_{254}; Plattengröße 5 cm x 5 cm

Mobile Phase: Essigsäureethylester

Laufstrecke: 4 cm

Nachweis: Die völlig vom Fließmittel befreite Schicht wird im kurzwelligen (254 nm) und im langwelligen UV-Licht (365 nm) ausgewertet.

Versuchsdauer: 30 min

Resultat: Im kurzwelligen UV-Licht erscheint Khellin in der Probe und in dem Vergleich als dunkle fluoreszenzgeminderte Zone. Im langwelligen UV-Licht fluoresziert die Zone des Khellins deutlich grauorange und die Zone des Visnagins stark hellblau.

14.28
Khellin RN

4,9-Dimethoxy-7-methylfuro[3,2-g]chromen-5-on

Summenformel: $C_{14}H_{12}O_5$

M_r 260,2

Formel:

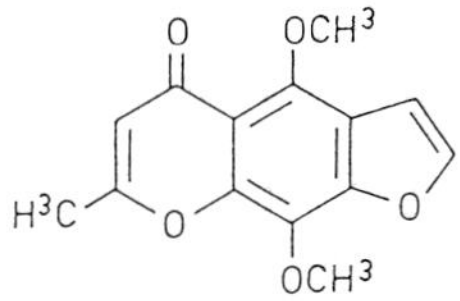

Versuchsdurchführung siehe 14.27

14.29
Proscillaridin RN

14-Hydroxy-3*β*-*α*-L-rhamnopyranosyloxy-14*β*-bufa-4,20,22-trienolid
Summenformel: $C_{30}H_{42}O_8$
M_r 530,7
Formel:

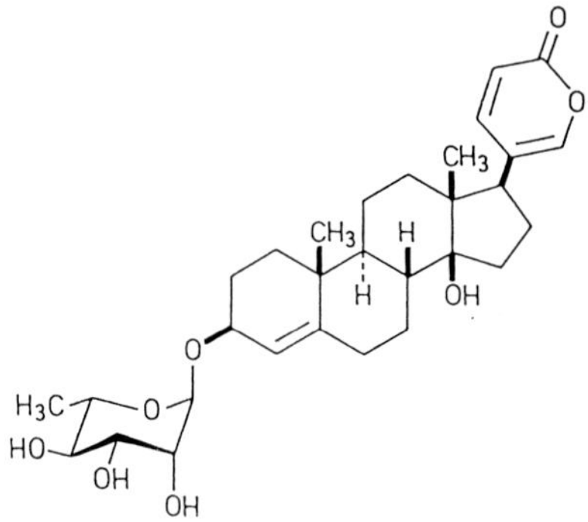

Versuchsdurchführung siehe 13.3.5

14.30
Rhaponticin R

(*E*)-5'-*β*-D-Glucopyranosyloxy-4-methoxy-3,3'-stilbendiol
Summenformel: $C_{21}H_{24}O_9$
M_r 420,4
Formel:

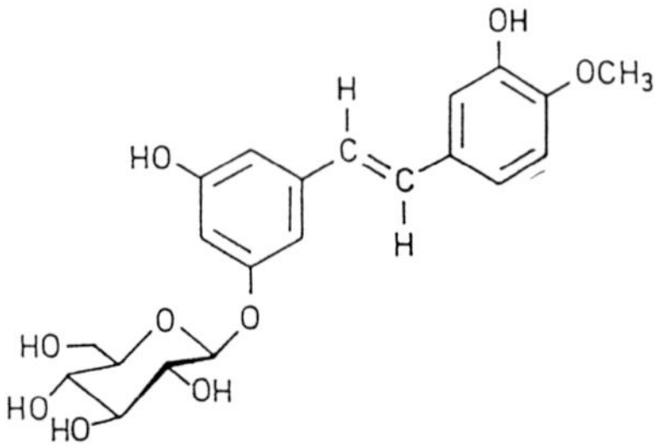

Probenlösung:	1 mg Rhaponticin werden in 1 ml Fließmittel, eventuell unter leichtem Erwärmen, gelöst.
Auftragevolumen:	0,5 µl, 1 µl, 2 µl
Stationäre Phase:	Kieselgel 60 F_{254}; Plattengröße 5 cm x 5 cm
Mobile Phase:	Essigsäureethylester/Methanol/Wasser [77+13+10]
Laufstrecke:	4 cm
Nachweis:	Die völlig vom Fließmittel befreite Schicht wird im kurz- (254 nm) und im langwelligen UV-Licht (365 nm) ausgewertet.
Versuchsdauer:	30 min

Resultat: Im langwelligen UV-Licht fluoresziert Rhaponticin hellblau. Es darf nur ein Hauptfleck sichtbar sein.

14.31 Orthosiphonblätter

Orthosiphonis folium (Orthosiphon aristatus (BLUME) MIQUEL)

Probenlösung: 1,0 g pulverisierte Droge wird 15 min lang mit 10 ml Dichlormethan unter Schütteln extrahiert und anschließend abfiltriert. Das Filtrat dient zum Auftragen zur Chromatographie.

Vergleichslösung: 0,5 mg Scopoletin werden in 10 ml Ethanol gelöst.

Auftragevolumen: Sowohl von der Proben- als auch von der Vergleichslösung werden 0,5 μl und 1,0 μl, punkt- und/oder bandförmig aufgetragen.

Stationäre Phase: Kieselgel 60 F_{254}; Plattengröße 5 cm x 5 cm

Mobile Phase: Essigsäureethylester/Chloroform [40+60]; zur besseren Trennung kann 2 x mit dem gleichen Fließmittel entwickelt werden.

Laufstrecke: 4 cm; oder 2 cm, Zwischentrocknung, 4 cm

Nachweis: Die völlig vom Fließmittel befreite Schicht wird im kurzwelligen (254 nm) und im langwelligen UV-Licht (365 nm) ausgewertet.

Versuchsdauer: 30 min.

Resultat: In der unteren Hälfte des Chromatogramms der Probenlösung sind vier blau fluoreszierende Flavonoid-Zonen zu erkennen. Das intensiv hellblau fluoreszierende Sinensetin liegt etwa auf der Höhe der ähnlich farbig fluoreszierenden Leitsubstanz (Scopoletin). Knapp oberhalb des Sinensetins befindet sich die blauviolett fluoreszierende Zone des Scutellareintetramethylethers. Unterhalb liegt das Eupatorin (blaue Fluoreszenz).

14.32 Scopoletin RN

7-Hydroxy-6-methoxycumarin

Summenformel: $C_{10}H_8O_4$

M_r 192,2

Formel:

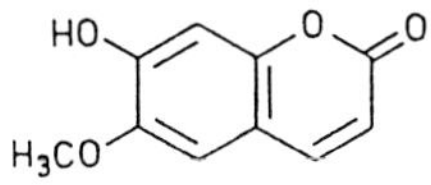

Versuchsdurchführung siehe 14.31

Versuchsdauer: 15 min

Resultat: Im langwelligen UV-Licht (365 mm) fluoresziert Scopoletin hellblau. Es dürfte nur ein Hauptfleck sichtbar sein. (R_f-Wert = 0,4).

14.33
Sudan I RN

1-Phenylazo-2-naphthol

Summenformel:	$C_{16}H_{12}N_2O$
M_r	248,3
Formel:	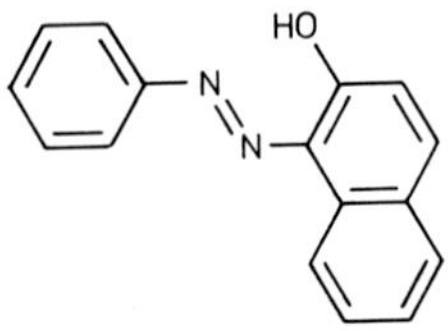
Probenlösung:	Es wird 1,0 mg der Substanz in 10 ml Dichlormethan gelöst.
Auftragevolumen:	0,5 μl und 1,0 μl punkt-und/oder bandförmig
Stationäre Phase:	Kieselgel 60 F_{254}; Plattengröße 5 cm x 5 cm
Mobile Phase:	Dichlormethan
Laufstrecke:	4 cm
Nachweis:	Eigenfarbe
Versuchsdauer:	10 min
Resultat:	Das Chromatogramm darf nur einen Hauptfleck zeigen.

14.34
Sudan III RN

1-(4-Phenylazophenylazo)-2-naphthol

Summenformel:	$C_{22}H_{16}N_4O$
M_r	352,4
Formel:	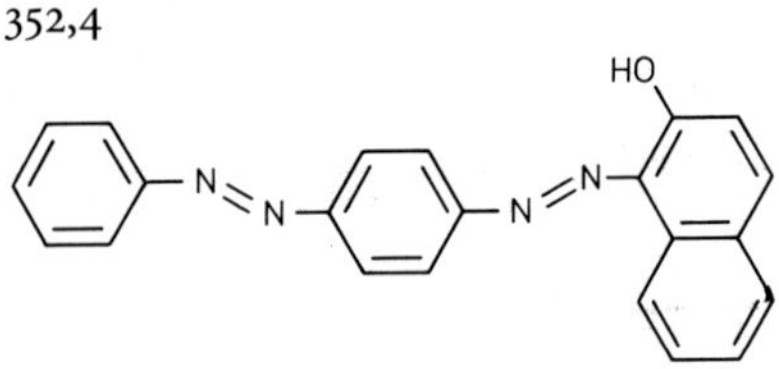
Probenlösung:	Es wird 1,0 mg der Substanz in 10 ml Dichlormethan gelöst.
Auftragevolumen:	0,5 μl und 1,0 μl punkt-und/oder bandförmig
Stationäre Phase:	Kieselgel 60 F_{254}; Plattengröße 5 cm x 5 cm
Mobile Phase:	Dichlormethan
Laufstrecke:	4 cm
Nachweis:	Eigenfarbe
Versuchsdauer:	10 min
Resultat:	Das Chromatogramm darf nur einen Hauptfleck zeigen.

14.35
Sudangelb RN (Sudan 3 G)

3-Methyl-1-phenyl-4-phenylhydrazono-5-pyrazolon

Summenformel: $C_{16}H_{14}N_4O$

M_r 278,3

Formel:

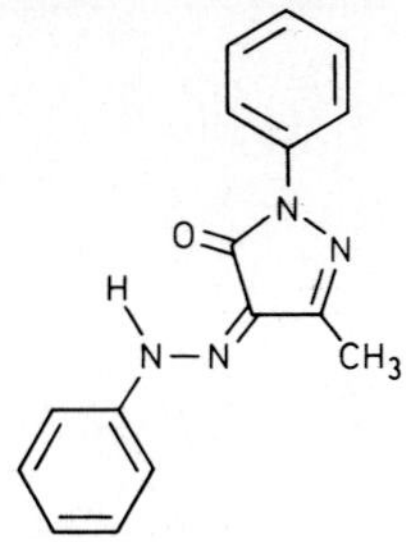

Probenlösung: Es werden 5,0 mg der Substanz in 10 ml Dichlormethan gelöst.
Auftragevolumen: 0,5 µl und 1 µl punkt-und/oder bandförmig
Stationäre Phase: Kieselgel 60 F_{254}; Plattengröße 5 cm x 5 cm
Mobile Phase: Dichlormethan
Laufstrecke: 4 cm
Nachweis: Eigenfarbe
Versuchsdauer: 10 min
Resultat: Das Chromatogramm darf nur einen Hauptfleck zeigen.

14.36
Sudanrot G R

1-(2-Methoxyphenylazo)-2-naphthol
Summenformel: $C_{17}H_{14}N_2O_2$
M_r 278,3
Formel:

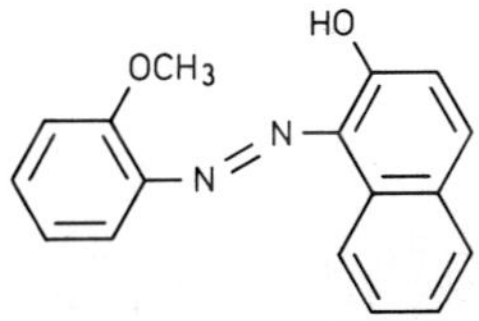

Probenlösung: Es wird 1,0 mg der Substanz in 10 ml Dichlormethan gelöst.
Auftragevolumen: Es werden 0,5 und 1 µl punkt- und/oder bandförmig aufgetragen.
Stationäre Phase: Kieselgel 60 F_{254}; Plattengröße 5 cm x 5 cm
Mobile Phase: Dichlormethan
Laufstrecke: 4 cm
Nachweis: Eigenfarbe
Versuchsdauer: 10 min
Resultat: Das Chromatogramm darf nur einen Hauptfleck zeigen.

Literaturverzeichnis

1 Thompson HS (1850) J Roy Agr Soc Eng 11: 68
2 Way JT (1852) J Roy Agr Soc Eng 13:1123
3 Lemberg J (1870) Z Deut Geol Ges 22:803
4 Lemberg J (1876) Z Deut. Geol Ges 28:526-527
5 Lemberg J (1876) Z Deut Geol Ges 28:590
6 Harm DP 95.447
7 Rümfels A (1903) 5. Int Kongr Angew Chem III:59
8 Gans R (1906) Jahrb Preuss Geol Landesanst 27:63
9 Gans R (1906) Jahrb Preuss Geol Landesanst 27:92
10 Gans R (1906) Jahrb Preuss Geol Landesanst 27:93
11 Gans R (1913) Jahrb Preuss Geol Landesanst 34:281
12 Gans R (1913) Zentralbibl Mineral Geol 741
13 Liebknecht O (1940) USP 2, 191.060 und 206.007
14 Smith P (1940) USP 2, 191.063 und 205.635
15 Adam BA, Holmes EL (1935) J Soc Chem Ind 54:1-6
16 Wintermeyer U (1989) Die Wurzeln der Chromatographie, GIT, Darmstadt
17 Runge FF (1850) Farbenchemie III. Mittler und Sohn, Berlin
18 Runge FF (1855) Zur Farbenchemie; Musterbilder für Freunde des Schönen und zum Gebrauch für Zeichner, Maler, Verzierer und Zeugschmücker; der Bildungstrieb der Stoffe, veranschaulicht in selbständig gewachsenen Bildern; Selbstverlag, Oranienburg
19 Goppelsröder F (1861) Verhandl Naturwiss Ges 3:268
20 Goppelsröder F (1887) Romen's JB 2:4
21 Goppelsröder F (1901) Capillaranalyse. Birkhäuser, Basel
22 Filip A (1953) Ceskoslov Farm 2:323
23 Tswett MS (1906) Ber dtsch botan Ges 24:316, 384
24 Kuhn R, Winterstein A, Lederer E (1931) Hoppe-Seilers Z Physiol Chem 197:141
25 Ismailov NA, Schreiber MS (1938) Farmacia 3:1
26 Williams TJ (1947) Introduction to chromatography. Blackie and Son, Glasgow
27 Meinhard JE, Hall NF (1949) Anal Chem 21:185
28 Kirchner JG, Keller GE (1950) J Am Chem Soc 72:1867
29 Kirchner JG, Miller JM, Keller GE (1951) Anal Chem 23:420
30 Kirchner JG (1967) Thin Layer Chromatography. Interscience, New York
31 Reitsma RH (1954) J Am Pharm Ass 43:414
32 Reitsma RH (1954) Anal Chem 26:960
33 Stahl E (1956) Pharmazie 11:633
34 Stahl E (1958) Chemiker Ztg 82:323
35 Stahl E (1958) Parfüm Kosmetik 39:564
36 Stahl E (1958) Fette, Seifen, Anstrichmittel 60:1027
37 Stahl E (1959) Arch Pharm 292:411
38 Stahl E (1959) Pharm Rundschau 1
39 Martin AJP, Synge RLM (1941) Biochem J 35:1358
40 Consden R, Gordon AH, Martin AJP (1944) Biochem J 38:224
41 James AT, Martin AJP (1952) Biochem J 50:679
42 Giddings JC (1963) Anal Chem 35:2215

43 Kirkland JJ (1971) Modern Practice of Liquid Chromatography. Wiley – Interscience, New York
44 Martin AJP (1947) Endeavour 6:21-28
45 Giddings JC (1958) J Chem Educ 35:588
46 van Deemter JJ, Zuiderweg FI, Klinkenberg A (1956) Chem Eng Sci 5:271
47 Keulemans AJM, Kwantees A (1957) in: Desty DH (Hrsg) Vapour Phase Chromatography. Butterworths Scientific Publ, London, S 15
48 Geiss F (1971) Die Parameter der Dünnschichtchromatographie. Vieweg, Braunschweig
49 Geiss F (1987) Fundamentals of Thin Layer Chromatography. Hüthig, Heidelberg
50 Belenky BG, Nesterov VV, Gankina ES, Smirnov MM (1967) J Chromatogr 31:360
51 Martin AJP, Synge RLM (1941) Biochem J 35:91
52 Snyder LR (1968) Principles of Adsorption Chromatography. Dekker, New York
53 Martin AJP (1949) Biochem Soc Symp (Cambridge, England) 3:4
54 Bate-Smith EC, Westall RG (1950) Biochem Biophys Acta 4:427
55 Proch‘ ázka Z (1965) in: Labler L, Schwarz V (Hrsg) Chromatografie na tenke vrstve. CSAV Verlag, Prag
56 Brenner M, Niederwieser A, Pataki G, Weber R (1962) in: Stahl E (Hrsg) Dünnschichtchromatographie. Springer, Berlin, S 118 ff
57 Pataki G (1962) Diss. Basel
58 Stahl E (1968) Z Anal Chem 236:294
59 Kaiser RE (1977) in: Zlatkis A, Kaiser RE (Hrsg) HPTLC, J Chromatogr Library 9. Elsevier, Amsterdam, S 31ff
60 Hückel W (1954) Theoretische Grundlagen der Organischen Chemie. Geest und Portig, Leipzig, Bd 2, 7. Auflage
61 de Ligny CL, Remijnse AG (1968) J Chromatogr 33:242
62 Saunders DL, Snyder LR (1970) in: Zlatkis A (Hrsg) Advances in Chromatography. Houston, S 307
63 Kraus Lj, Stahl E, Reher G, Richter R (1981) DAZ 121 (42):2299
64 Geiss F, Schlitt H (1968) Chromatographia 5:387
65 Geiss F, Schlitt H, Klose A (1965) Z Anal Chem 213:331
66 Brenner M, Niederwieser A (1961) Experientia 17:237
67 Mistrjukov EA (1962) J Chromatogr 9:311
68 Kraus Lj (1992) Kleines Praktikumsbuch der Dünnschichtchromatographie, Desaga, Heidelberg, 5. Aufl.
69 Quality Control Methods for Medicinal Plant Materals (1992) WHO/Pharm/92.559
70 Stahl E (Hrsg) Dünnschichtchromatographie. Springer, Heidelberg, S 41
71 Pharmacia Firmenschrift Sephadex TLC
72 Müller PB (1943) Helv Chim Acta 26:1945
73 Müller PB (1944) Helv Chim Acta 27:404
74 Glemser O, Rieck G (1956) Angew Chem 68:182
75 Peri WJB, Hannau RB (1960) Phys Chem 64:1526
76 Hermanek S (1965) in: Labler L, Schwarz V (Hrsg) Dünnschichtchromatographie (tsch.) CSAV-Verlag, Prag, S 49 ff
77 Stahl E (1983) Angew Chem 91:518
78 Klein PD (1961) Anal Chem 34:733
79 Kiselev A, Lygin VJ (1953) Kolloidnyj Zurnal 21:581
80 Sidorov AN (1960) Optika i Spektroskopija 8:806
81 Fripiat JJ, Uytterhoeven J (1962) J Phys Chem 66: 800
82 Snyder LR (1961) J Chromatogr 5:430
83 Pitra J, Reichert J, Cekan Z (1963) Colection Czech Chem Commun 28:3072
84 Deutsches Arzneibuch (1986) Deutscher Apotheker Verlag, Stuttgart, 9. Ausgabe
85 Jork H und Mitarbeiter (1989) GDCH Praktikumsunterlagen
86 Horvath C, Melander W (1978) Chromatographie 11:262
87 Günther K (1986) GIT Suppl 3:6
88 Günther K (1988) J Chromatog 448:11
89 Günther K (1987) GIT Suppl 3:27

90 Kirchner JG, Miller JM, Keller GE (1951) Z Anal Chem 23:420
91 Hörhammer L (1964) Methods in Polyphenol Chemistry. Pergamon Press, Oxford, S 89
92 Hörhammer L, Wagner H, Macek K (1967) Chromatogr Rev 9:103
93 Wagner H, Hörhammer L, Macek K (1967) J Chromatog 31:455
94 Zawta B, Hölzel W (1968) Pharmazie 23:174
95 Zawta B, Hölzel W (1968) Pharmazie 23:236
96 Zawta B, Hölzel W (1968) Pharmazie 23:296
97 Endres H (1967) in: Stahl E (Hrsg) Dünnschichtchromatographie. Springer, Heidelberg, S 43
98 Wollenweber P (1964) Lab Pract 13:1194
99 Wollenweber P (1964) in: Marini-Bettolo G (Hrsg) Thin-Layer Chromatography. Elsevier, Amsterdam – New York, S 14
100 Wollenweber P (1965) Österr Chemiker Ztg 66:207
101 Wollenweber P (1965) in: Macek, K, Hais IM (Hrsg) Stationary Phase in Paper and Thin-Layer Chromatography, Elsevier, Amsterdam, S 98
102 Pierce G (1953) J Phys Chem 57:149
103 Wollenweber P (1967) in: Stahl E (Hrsg) Dünnschichtchromatographie. Springer, Berlin, S 37
104 Peterson E A, Sober HA (1956) J Am Chem Soc 78:751
105 Peterson E A, Sober HA (1959) Anal Chem 31:857
106 Pastuska G (1961) Z anal Chem 179:427
107 Grundschober F, Prey V (1961) Monatsh Chem 92:1290
108 Randerath K (1961) Dünnschicht-Chromatographie, Verlag Chemie, Weinheim, S 195 ff
109 Stahl E (1967) Dünnschichtchromatographie. Springer, Berlin, 2. Aufl.
110 Trappe W (1940) Biochem Z 305:150
111 Strain HH (1952) Chromatography Adsorption Analysis. Interscience, New York
112 Jacques J, Mathieu JP (1946) Bull Soc Chim Fr, S 96
113 Reichstein T, Shoppee CW (1949) Discussions Faraday Soc 7:305
114 Neher R (1958) Chromatographie von Sterinen, Steroiden und verwandten Verbindungen. Elsevier, New-York
115 Halpaap H (1976) Kontakte (Merck) 3:24
116 Snyder LR (1978) J Chromatogr Sci 16:223
117 Kraus Lj, Dumont E (1970) J Chromatogr 48:96
118 Dumont E, Kraus Lj (1970) J Chromatogr 48:106
119 Kraus Lj, Dumont E (1970) Z Anal Chem 252:380
120 Kraus Lj, Dumont E (1971) J Chromatogr 56:159
121 Kraus Lj, Stahl E (1981) J Chromatogr 205:457
122 Kraus Lj, Richter R (1980) DAZ, 120 (47):2349
123 Kraus Lj, Reher G (1981) Scientia Pharmaceutica 49:495
124 Kraus Lj, Richter R (1982) Chromatographie Suppl. GIT, S 63
125 Hartwig (1992) PTA-Heute, Deutscher Apotheker Verlag
126 Kaldewey H (1961) Habil.-Schrift, Saarbrücken
127 Kaldewey H (1964) 5th Internat Conf on Plant Growth Subst, Paris. Coll Internat CNRS, 123:421
128 Kraus Lj, Müller (1971) Pflanzenphysiologische Praktikumsversuche, Universität Saarbrücken
129 Snyder F (1956) Radioisotope Sample Measurement Techniques in Medicine and Biology. IAEA, Wien, S 521
130 Jork H, Funk W, Fischer W, Wimmer H (1989) Dünnschichtchromatographie – Reagenzien und Nachweismethoden, Band 1a. Verlag Chemie, Weinheim

131 Borsdorf R, Scholz M (1968) Spekroskopische Methoden in der organischen Chemie, WTB, Vieweg, Braunschweig

132 Günzler H, Beck H (1975) IR-Spektroskopie – Eine Einführung, Verlag Chemie, Weinheim

133 Dibbern HW (1978) UV- und IR-Spektren wichtiger pharmazeutischer Wirkstoffe, Editio Cantor, Aulendorf

134 Ganschow S, Heil W (1980) Über die Anwendung der IR-Spektroskopie in der Arzneimittelkontrolle. Akademie-Verlag, Berlin

135 Hesse M, Meier H, Zeeh B (1984) Spektroskopische Methoden in der organischen Chemie, Thieme, Stuttgart

136 Williams DH, Fleming IF (1984) Spektroskopische Methoden in der organischen Chemie, Thieme, Stuttgart

137 Auterhoff H, Kovar KA (1985) Identifizierung von Arzneistoffen. Wissenschaftliche Verlagsgesellschaft, Stuttgart, 5. Aufl.

138 Stahl E, Schild W (1986) Isolierung und Charakterisierung von Naturstoffen, Gustav Fischer, Stuttgart

139 Rice DD (1967) Anal Chem 39:1907

140 de Klein WJ (1969) Anal Chem 41:667

141 Amos R (1970) J Chromatogr 48:343

142 Goodmann GW (1968) in: E.J. Shellard (Hrsg) Quantitative Paper and Thin-Layer Chromatography. Academic Press, London and New York, S 1

143 Garner HR, Packer H (1967) Appl Spect 22:122

144 Kraus Lj (1969) Unterlagen zum Pflanzenphysiologischen Praktikum, Universität Saarbrücken

145 Stahl E, Schild W (1970) J Chromatog 53:387

146 Székely G (1970) J Chromatogr 48:313

147 Duelli, Krohner (1972) Perkin-Elmer 43 UR

148 Heinz DE, Vitek RK (1975) J Chromatogr Sci 13:570

149 Hahn-Deinstrop E (1989) GIT Suppl. 3, Chromatographie 3:29

150 Randerath K(1962) Dünnschichtchromatographie. Verlag Chemie, Weinheim, S 68

151 Jost W, Hauck HE (1988) GIT 32 Suppl. Chromatographie 3:70

152 Eberle B (1989) Diplomarbeit, Universität des Saarlandes, Saarbrücken

153 Ebel S, Geitz E, Hocke J (1975) in: Bertsch W, Hara S, Kaiser RE, Zlatkis A (Hrsg) Instrumentelle HPLC. Hüthig, Heidelberg, Kap 5

Weiterführende Literatur

Lederer E, Lederer M (1959) Chromatography. A Review of Principles and Applications. Elsevier, Amsterdam, 2. Ed

Linskens HF (1959) Papierchromatographie in der Botanik. Springer, Berlin, 2. Aufl

Waldi D (1959) Chromatographie. Merck, Darmstadt, 2. Aufl

Hais IM, Macek K (1960) Handbuch der Papierchromatographie. VEB Gustav Fischer Verlag, Jena, 1. Aufl., Bd. I

Linskens HF, Stange L (1961) Praktikum der Papierchromatographie. Springer Verlag, Berlin

Cramer F (1962) Papierchromatographie. Verlag Chemie, Weinheim, 5.Aufl

Hashimoto Y (1962) Thin-Layer Chromatography, Hirokawa, Tokyo

Macek K, Hais IM, Gasparic J, Kopecky J, Rabek V (1962) Bibliography of Paper Chromatography 1957 – 1960. Publishing House of the Czechoslovak Academy of Sciences, Prag

Bobbitt JM (1963) Thin-Layer Chromatography. Reinhold, New York

Hais IM, Macek K (1963) Handbuch der Papierchromatographie. VEB Gustav Fischer Verlag, Jena, 1. Aufl., Bd. II

Truter EV (1963) Thin-Film Chromatography. Cleaver-Hume Press, London

Achrem AA, Kuznetsova AJ (1964) Dünnschicht-Chromatographie (russ.) Izdatelstwo Nauk Moskau

Marini-Bettolo GB (1964) Thin-Layer Chromatography, Elsevier, Amsterdam

Labler L, Schwarz V (1965) Thin-Layer Chromatography, CSAV, Prag

Macek K, Hais IM (1965) Stationary Phase in Paper- and Thin-Layer Chromatography, Elsevier, Amsterdam

Pataki G (1966) Dünnschicht-Chromatographie in der Aminosäure- und Peptidchemie, Walter de Gruyter, Berlin

Randerath K (1966) Dünnschicht-Chromatographie. Verlag Chemie, Weinheim, 2. Aufl.

Kirchner JG (1967) Thin-Layer Chromatography, Interscience Publishers, New York, London, Sydney

Stahl E (1967) Dünnschicht-Chromatographie. Springer Verlag, Berlin, 2. Aufl.

Sarsunova M, Schwarz V, Michalec C, Kraus Lj, Perenyi F (1968) Thin-Layer Chromatography in Pharmacy and Clinical Biochemistry, Verlag-Obzor, Bratislava

Snyder LR (1968) Principles of Adsorption Chromatography. Marcel Dekker, New York

Stahl E, Dumont E, Jork H, Kraus Lj, Rozumek K-E, Schorn PJ (1970) Mikroskopische und chromatographische Untersuchungen, Fischer, Stuttgart

Kaiser RE (Hrsg) (1976) Einführung in die Hochleistungs-Dünnschichtchromatographie. Eigenverlag Inst. f. Chromatographie, Bad Dürkheim

Blome J et al. (Hrsg) (1977) High Performance Thin-Layer Chromatography. Elsevier, Amsterdam

Gasparic J, Churacek J (1978) Laboratory Handbook of Paper and Thin-Layer Chromatography. Wiley, New York

Fried B, Sherma J (1982) Thin-Layer Chromatography, Techniques and Applications. Marcel Dekker, New York

Touchstone JC (Hrsg) (1982) Advances in Thin-Layer Chromatography. Wiley, New York

Wagner H, Bladt S, Zgainski EM (1983) Drogenanalyse Dünnschichtchromatographische Analyse von Arzneidrogen. Springer, Heidelberg

Touchstone JC, Sherma J (1985) Techniques and Applications of Thin-Layer Chromatography. Wiley, New York

Geiss F (1986) Fundamentals of TLC (Planar Chromatography). Hüthig, Heidelberg
Kaiser RE (Hrsg) (1986) Planar Chromatography. Hüthig, Heidelberg
Sherma J (1986) Thin-Layer and Paper Chromatography. Anal Chem:69R-81R
Hamilton R, Hamilton S (1987) Thin-Layer Chromatography. Wiley, Chichester
Kaiser RE (1987) Einführung in die HPTLC. Hüthig, Heidelberg
Jork H, Funk W, Fischer W, Wimmer H (1988) Dünnschichtchromatographie (Reagenzien und Nachweismethoden). Verlag Chemie, Weinheim, Bd. 1a
Bauer K, Gros L, Sauer W (1989) Dünnschichtchromatographie – Eine Einführung. Merck, Darmstadt
Grinberg N (Hrsg) (1990) Modern Thin-Layer Chromatography. Marcel Dekker, New York
Touchstone JC Levin S (Hrsg) (1990) Planar Chromatography in the Live. Wiley, Chichester
Sherma J, Fried B (Hrsg) (1991) Handbook of Thin-Layer Chromatography. Marcel Dekker, New York
Pachaly P (1992) DC-Atlas (Dünnschichtchromatographie in der Apotheke). Wissenschaftliche Verlagsgesellschaft, Stuttgart
Frey H-P, Lieloff K (1993) Quantitative und qualitative Dünnschichtchromatographie (Grundlagen und Praxis). Verlag Chemie, Weinheim
Jork H, Funk W, Fischer W, Wimmer H (1993) Dünnschichtchromatographie (Reagenzien und Nachweismethoden). Verlag Chemie, Weinheim, Bd. 1b
Kraus Lj (1994) Kleines Praktikumsbuch der Dünnschichtchromatographie. Desaga, Heidelberg, 5. Aufl.
Schwedt G (1994) Chromatographische Trennmethoden. Thieme, Stuttgart, 3. Aufl.

Sachwortverzeichnis

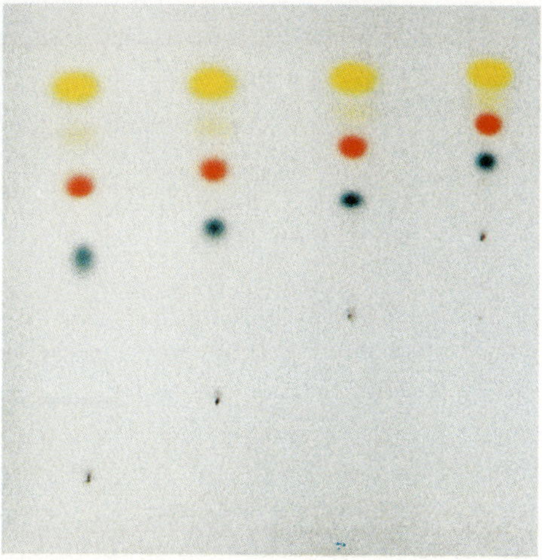

Abb. 4.4 Einfluß des R_f-Wertes und der Diffusion auf die Fleckverbreiterung. Trennstrecke: links 4 cm, nach rechts hin abnehmend auf 1,5 cm; Laufzeit 2 min

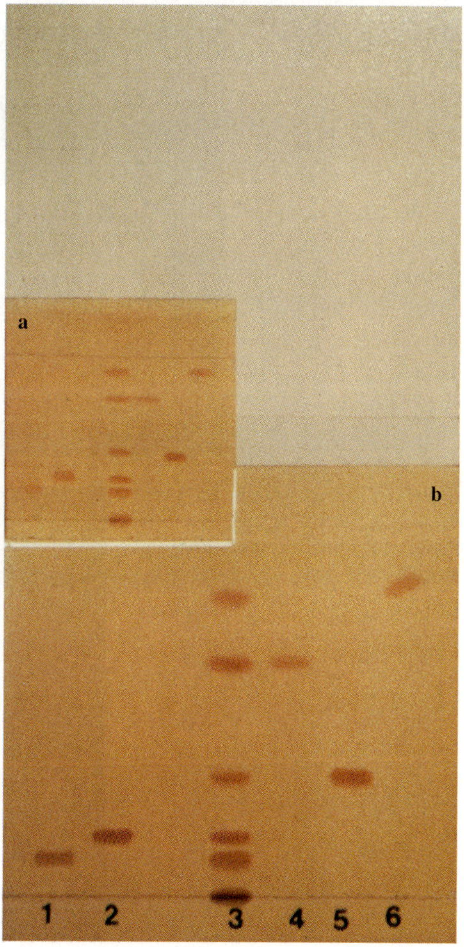

Abb. 4.5 Vergleich der Trennung von Opiumtinktur (3) auf konventionellen DC-Platten (**a**) mit der auf einer 5 cm x 5 cm-Platte (**b**) Vergleichssubstanzen Morphin (1), Codeinphosphat (2), Papaverinhydrochlorid (4), Thebain (5) und Narcotin (6); stationäre Phase Kieselgel 60 F_{254}; mobile Phase Toluol/Aceton/ Ethanol 96 %/Ammoniak 25 % [40+40+6+2]; Nachweis: Dragendorffs-Reagenz; Nachbehandlung: 12.5 %ige ethanolische Salzsäure

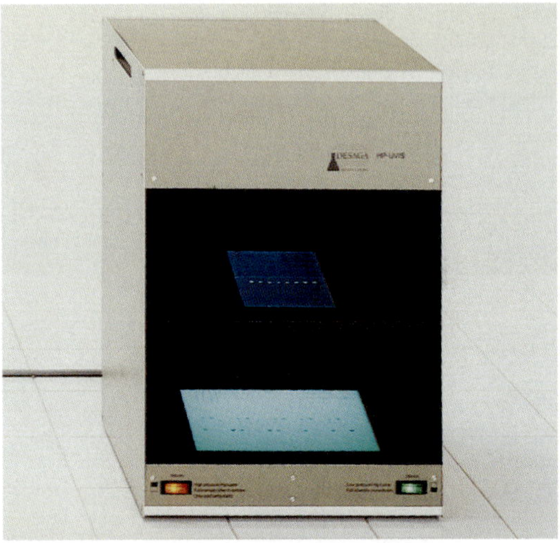

Abb. 8.2 HP-UVIS-UV-Cabinet (Desaga) zur Betrachtung im kurz- (λ = 254 nm) und langwelligen (λ = 366 nm) UV-Licht

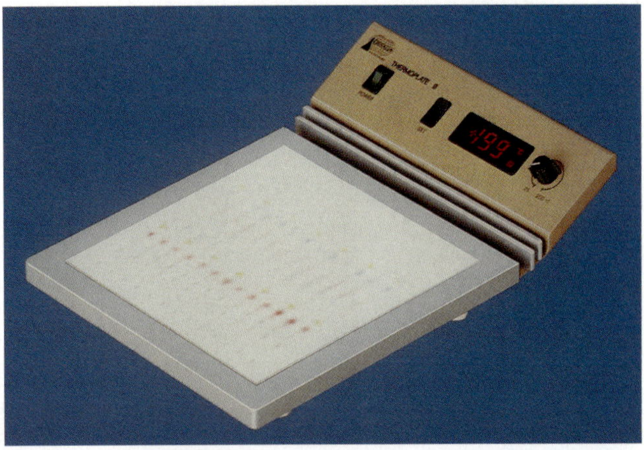

Abb. 9.2 Thermoplatte (Desaga)

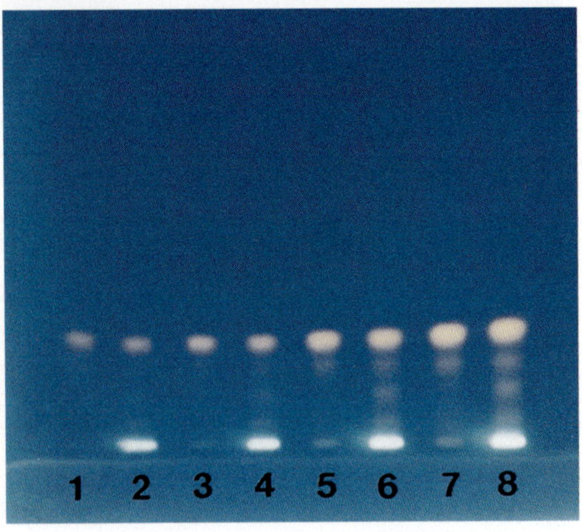

Abb. 11.1 Chromatogramm der quantitativen Aloinbestimmung in einem Fertigarzneimittel (Versuchsbedingungen siehe Text)

Abb. 13.1 Nachweis von Myristinsäure und Trimyristin in Muskatnuß. (1) Myristinsäure 1 µl, (2) Probenlösung 2 µl, (3) Trimyristin 2 µl, (4) Probenlösung 1 µl

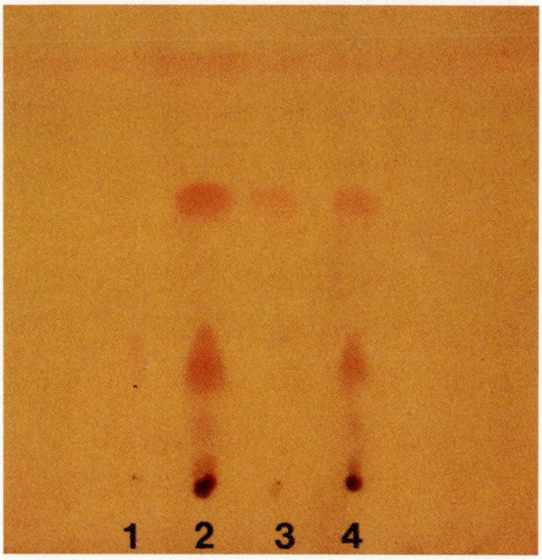

Abb. 13.2 Nachweis von Arbutin in Majoran und Wildem Majoran. (1) Hydrochinon 1 µl, (2) Origanum vulgare I 1 µl, (3) Origanum vulgare II 2 µl, (4) Arbutin 1 µl, (5) Majorana hortensis I 1 µl, (6) Majorana hortensis II 1 µl

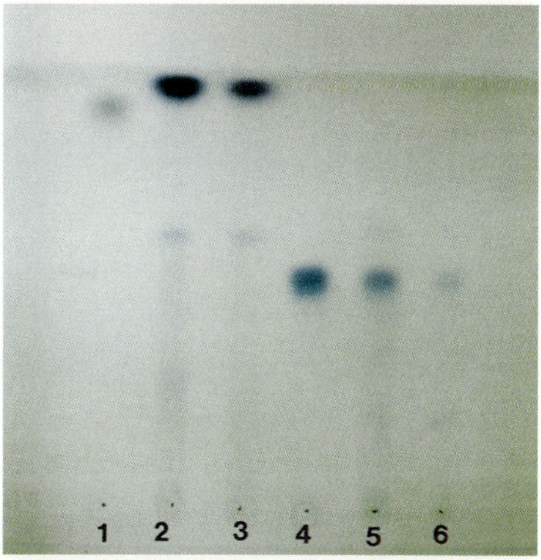

Abb. 13.3 Nachweis von Herzglykosiden in Oleanderblättern. (1) Probenlösung 2 µl, (2) Oleander-Gesamtglykosid 2 µl, (3) Probenlösung 5 µl

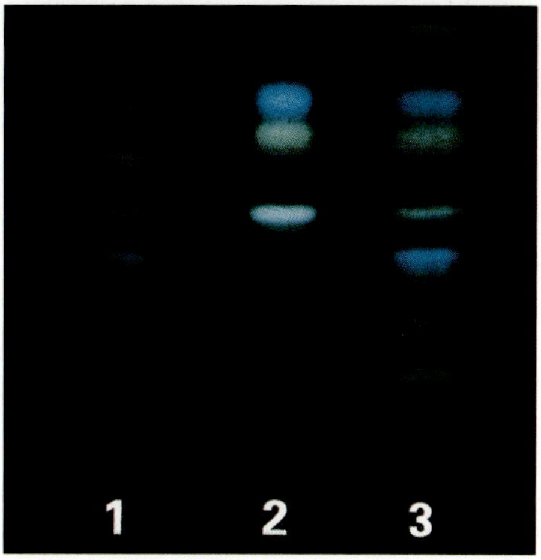

Abb. 13.4 Nachweis der Valepotriate in indischer Baldrianwurzel. (1) Anisaldehyd 0,5 μl, (2) Valeriana officinalis 5 μl, (3) Valeriana wallichii 2 μl, (4) Arzneimittel 2 μl, (5) Valtrat 2 μl, (6) Didrovaltrat 2 μl, (7) IVHD-Valtrat 2 μl, (8) Vanillin 0,5 μl

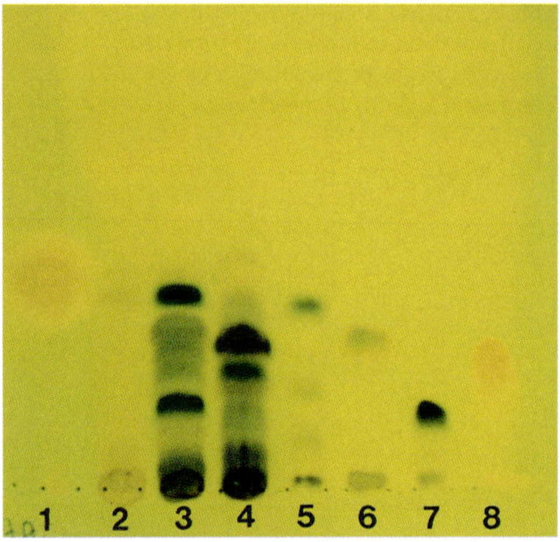

Abb. 13.5 Unterscheidung zwischen der Javanischen Gelbwurz und dem Curcumawurzelstock. (1) Thymol, (2) Curcuma xanthorriza, (3) Curcuma longa, (4) Curcumin, je 0,5 μl

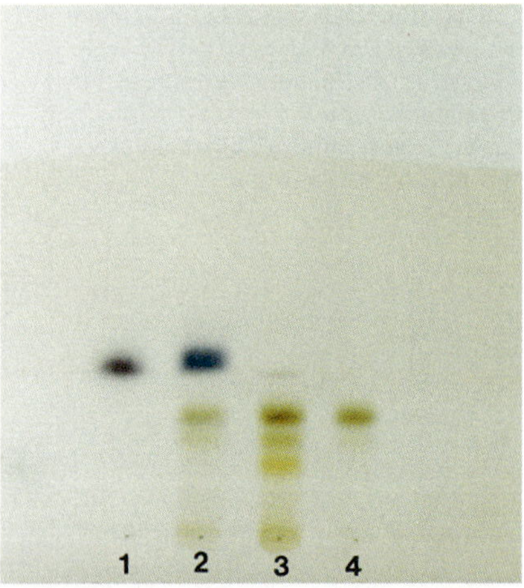

Abb. 13.6 Nachweis des Atropins und des Scopolamins. (1) Atropin 2 μl, (2) Hyoscyami folium 2 μl, (3) Scopolamin 2 μl, (4) Hyoscyami folium 1 μl

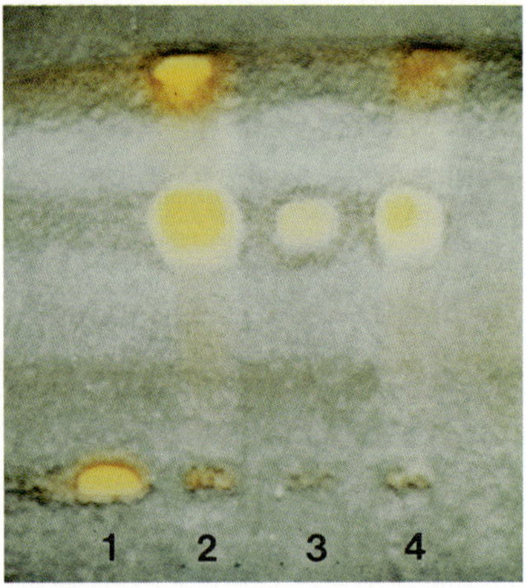

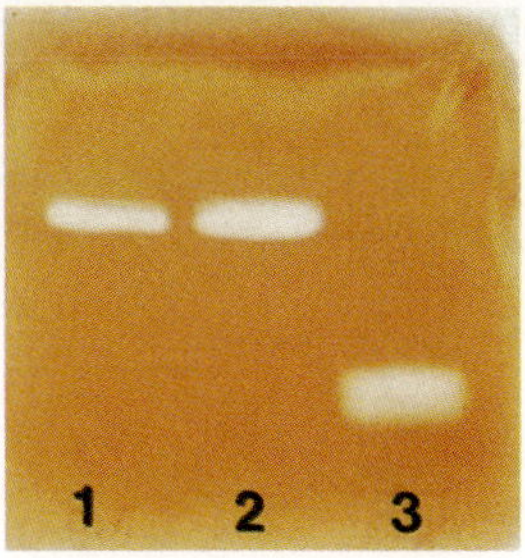

Abb. 13.7 Trennung von Aescin und Saponin und Identifizierung in Opino® retard Dragees. (1) Aescin 2 µl, (2) Opino retard Drgs. 2 µl, (3) Saponin 2 µl

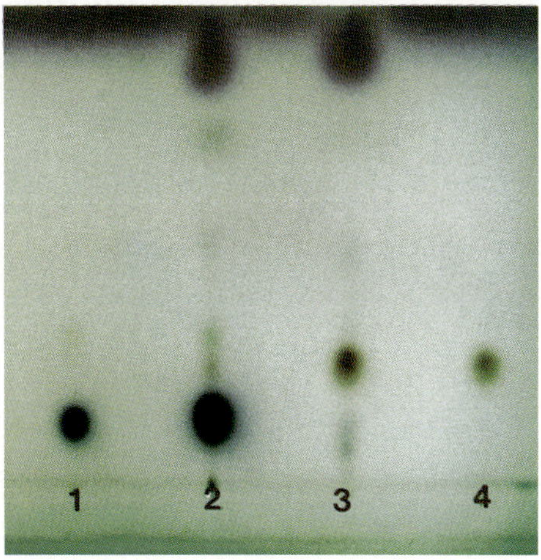

Abb. 13.8 Nachweis von Menthol und Carvon in verschiedenen Zahnpasten. (1) Menthol 1 µl, (2) Zahnpasta I 0,5 µl, (3) Zahnpasta II 2 µl, (4) Carvon 1 µl

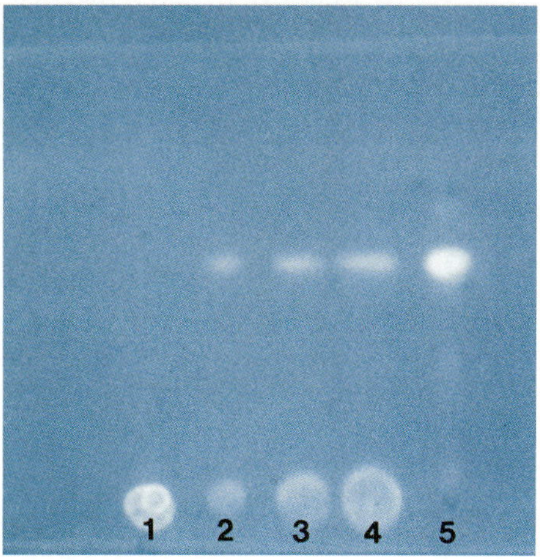

Abb. 13.9 Saure Hydrolyse in situ von Glykosiden am Beispiel von Hesperidin. (1) Hesperidin 2 µl, (2) Probenlösung 1 µl, (3) Probenlösung 2 µl, (4) Probenlösung 5 µl, (5) Hesperetin 1 µl

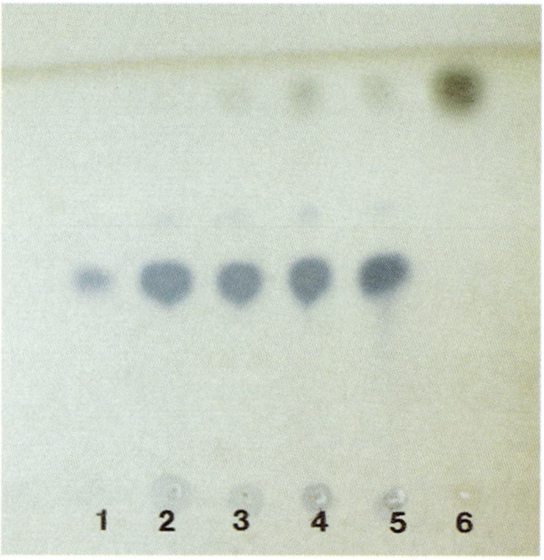

Abb. 13.10 Überprüfung der enzymatischen Aktivität von Emulsin mit Hilfe der Spaltung von Arbutin zu Hydrochinon. (1) Arbutin, (2) – (5) Probenlösung (zeitlicher Verlauf), (6) Hydrochinon

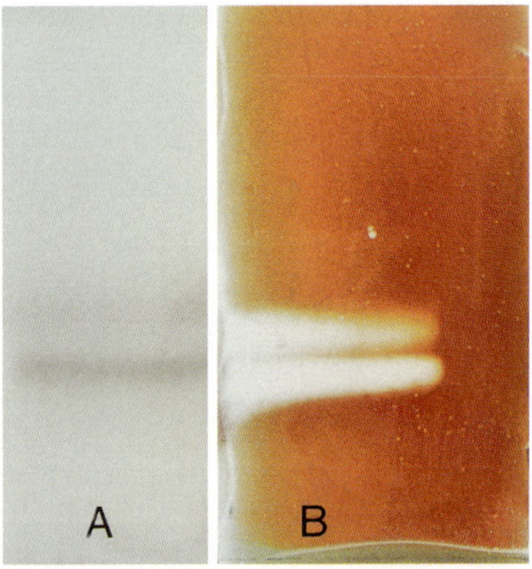

Abb. 13.11 Nachweis von Aescin R und RN

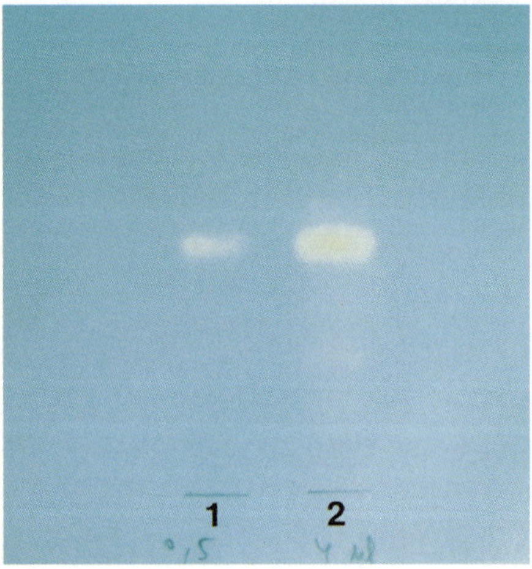

Abb. 13.12 Nachweis von Aloin R. (1) Probenlösung 0,5 µl, (2) Probenlösung 4 µl

Abb. 13.13 Nachweis von Arbutin RN. (1) Arbutin 0,5 μl, (2) Hydrochinon 0,5 μl, (3) Methylhydrochinon 0,5 μl

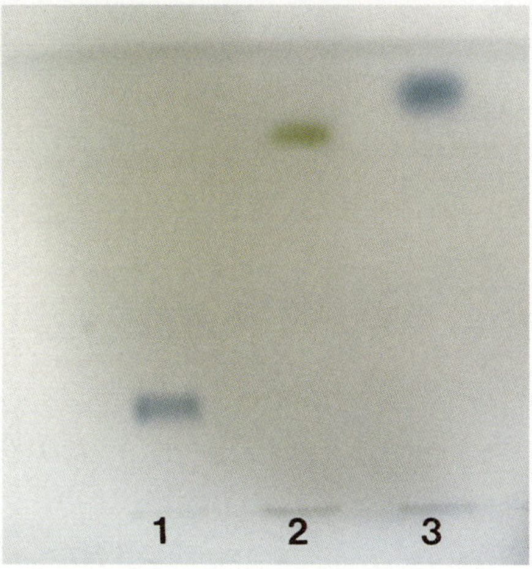

Abb. 13.14 Nachweis von Bornylacetat R. (1) Probenlösung 0,5 μl, (2) Probenlösung 1 μl, (3) Probenlösung 2 μl

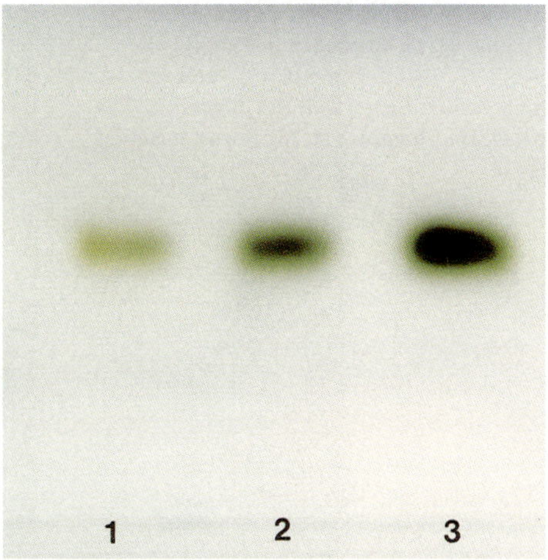

Abb. 13.15 Nachweis von Carvon RN. (1) 0,25 μl, (2) 0,50 μl, (3) 1 μl, (4) 2 μl, (5) 5 μl

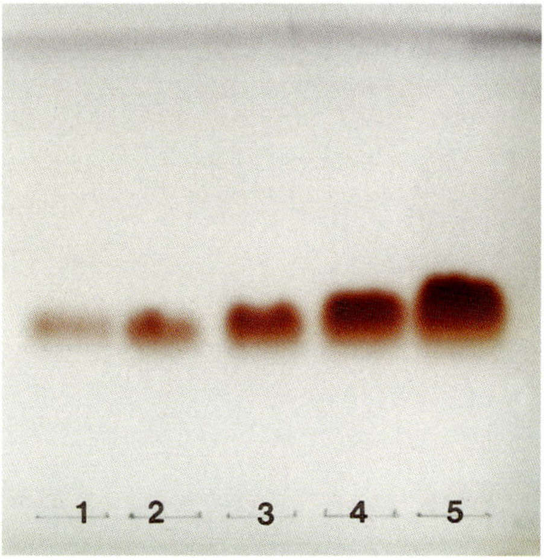

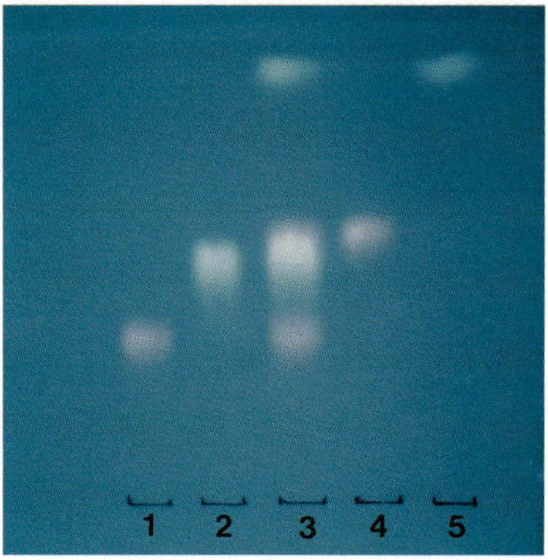

Abb. 13.16 Nachweis von Chlorogensäure RN. (1) Rutosid, (2) Chlorogensäure, (3) Gemisch der Probenlösungen, (4) Hyperosid, (5) Kaffesäure

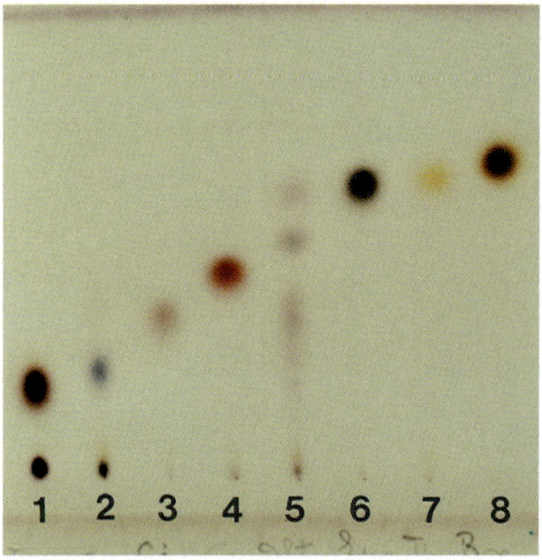

Abb. 13.17 Nachweis von Cineol R. (1) Terpineol 2 µl, (2) Fenchon 2 µl, (3) Cineol 2 µl, (4) Carvon 2 µl, (5) Terebinthinae aetheroleum 2 µl, (6) Eugenol 0,5 µl, (7) Thymol 2 µl, (8) Bornylacetat 0,5 µl

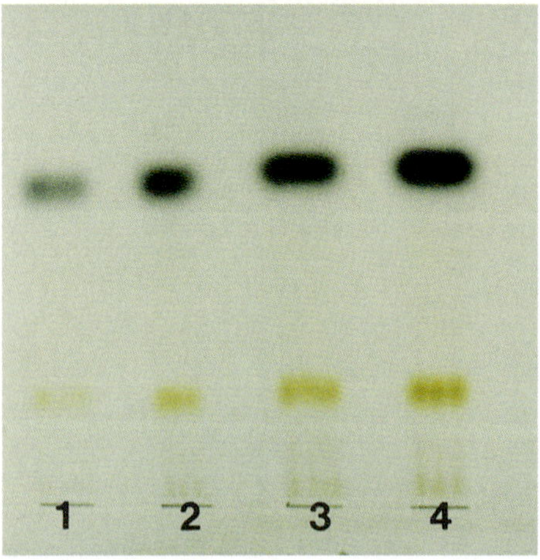

Abb. 13.18 Nachweis von Citral R. (1) 1 µl, (2) 2 µl, (3) 4 µl, (4) 6 µl

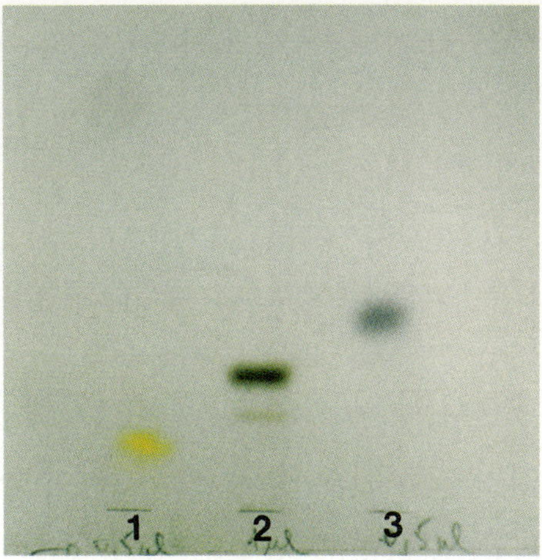

Abb. 13.19 Nachweis von Curcumin RN. (1) Fluorescein, (2) Curcumin, (3) Thymol

Springer-Verlag und Umwelt

Als internationaler wissenschaftlicher Verlag sind wir uns unserer besonderen Verpflichtung der Umwelt gegenüber bewußt und beziehen umweltorientierte Grundsätze in Unternehmensentscheidungen mit ein.

Von unseren Geschäftspartnern (Druckereien, Papierfabriken, Verpackungsherstellern usw.) verlangen wir, daß sie sowohl beim Herstellungsprozeß selbst als auch beim Einsatz der zur Verwendung kommenden Materialien ökologische Gesichtspunkte berücksichtigen.

Das für dieses Buch verwendete Papier ist aus chlorfrei bzw. chlorarm hergestelltem Zellstoff gefertigt und im pH-Wert neutral.

Springer-Verlag und Umwelt

Als internationaler wissenschaftlicher Verlag sind wir uns unserer besonderen Verpflichtung der Umwelt gegenüber bewußt und beziehen umweltorientierte Grundsätze in Unternehmensentscheidungen mit ein.

Von unseren Geschäftspartnern (Druckereien, Papierfabriken, Verpackungsherstellern usw.) verlangen wir, daß sie sowohl beim Herstellungsprozeß selbst als auch beim Einsatz der zur Verwendung kommenden Materialien ökologische Gesichtspunkte berücksichtigen.

Das für dieses Buch verwendete Papier ist aus chlorfrei bzw. chlorarm hergestelltem Zellstoff gefertigt und im pH-Wert neutral.

Druck: Saladruck, Berlin
Verarbeitung: Buchbinderei Lüderitz & Bauer, Berlin